混凝土力学特性及界面机理
——基于碳纳米管-碳纤维多尺度协同增强效应

陆 松 夏 伟 著

科学出版社

北 京

内 容 简 介

随着高技术武器的不断发展,防护工程面临的碰撞、冲击、侵彻、爆炸等威胁日益严峻。混凝土作为建造防护工程的主要材料,其力学性质直接关系到工程结构的战时保障效能。本书聚焦于通过研发新型混凝土材料,以强化防护工程的抗力水平,具有重要的科研价值与工程意义。本书基于碳纳米管-碳纤维多尺度协同增强效应,系统研究了混凝土材料的力学性能提升与界面优化机理。全书共 9 章,详细阐述了碳纳米管-碳纤维多尺度增强混凝土的制备技术、动力特性和界面增强机制,旨在为提升传统混凝土材料的力学特性提供新的解决方案。其中,第 1 章为综述,第 2 章至第 5 章为多尺度纤维增强混凝土力学特性研究,第 6 章至第 8 章为多尺度纤维增强混凝土界面特性分析,第 9 章为结论与展望。

本书适用于土木工程、混凝土材料、防护工程等领域从事科研、教学、研发及应用等方面工作的专业技术人员,并且可以作为高等学校相关学科专业教师、研究生和本科生的教学参考书。

图书在版编目(CIP)数据

混凝土力学特性及界面机理: 基于碳纳米管-碳纤维多尺度协同增强效应 / 陆松, 夏伟著. -- 北京: 科学出版社, 2025.7. -- ISBN 978-7-03-080810-3

I. TU528.572

中国国家版本馆 CIP 数据核字第 2024LC3221 号

责任编辑: 赵敬伟 郭学雯 / 责任校对: 高辰雷
责任印制: 张 伟 / 封面设计: 无极书装

科学出版社 出版
北京东黄城根北街 16 号
邮政编码: 100717
http://www.sciencep.com

北京中石油彩色印刷有限责任公司印刷
科学出版社发行 各地新华书店经销

*

2025 年 7 月第 一 版 开本: 720×1000 1/16
2025 年 7 月第一次印刷 印张: 11 3/4
字数: 235 000
定价: 118.00 元
(如有印装质量问题,我社负责调换)

作者简介

陆松，男，1990年生，湖南临湘人，博士。现任职于中国人民解放军空军工程大学，入选中国科学技术协会青年人才托举工程、陕西省科学技术协会青年人才托举工程，主要从事工程防护与毁伤效能评估研究，主持并完成国家自然科学基金、军队重点项目、省级计划课题等科研项目7项，发表学术论文30余篇，主要研究成果编入机场防护工程相关标准、教材、专著等技术资料中。

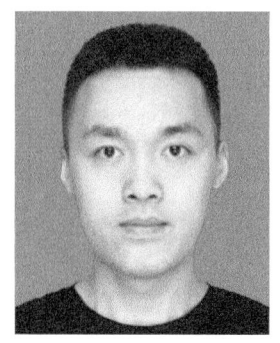

夏伟，男，1996年生，山东日照人，博士。主要从事防护工程结构与材料方面的科研工作。现已在国内外期刊发表学术论文10余篇，部分研究成果已成功应用于机场防护工程建设领域。

前　言

近年来，各种威力巨大的高科技军事武器蓬勃发展，致使防护工程所面临的碰撞、冲击、侵彻、爆炸等硬杀伤威胁愈发严峻。混凝土作为建造防护工程的主要结构材料，其力学性质将直接影响防护工程的战时综合保障效能。因此，为提升传统混凝土材料在中高应变率荷载作用下的力学特性，进一步巩固强化防护工程的抗力水平，有必要持续研发承载能力强、耐剧烈冲击的新型混凝土材料。

本书依托国家自然科学基金项目 (51908548) 和陕西省高校科协青年人才托举计划项目 (20200415) 的研究成果，立足于强化混凝土结构抗震、防爆、耐冲击性能的工程背景，聚焦于碳纳米管–碳纤维多尺度增强混凝土力学特性及界面机理分析。本书通过试验测试、理论分析、模型构建和数值模拟相结合的研究手段，对纤维增强混凝土的力学特性进行了深化研究，并引入了一类新型纤维——碳纳米管–碳纤维复合多尺度纤维（CNT-CF）。这种纤维由纳米量级的碳纳米管与微米量级的碳纤维相互连接构筑而成，具有特殊的微纳分级结构，能够显著增加碳纤维的表面活性与粗糙程度，同时解决碳纳米管易聚集成团的问题，从而形成良好的界面结合。CNT-CF 的掺入，可以克服碳纤维表面性能差、与混凝土基体黏结力弱等缺点，充分发挥碳纤维和碳纳米管的跨尺度协同增强效应，改善增强体与基体之间的机械啮合力以及界面应力传递能力，最终有效提升混凝土的力学性能。鉴于此，本书针对现有研究存在的不足和工程实践中亟待解决的基础性关键科学问题，将 CNT-CF 掺入混凝土中，制备碳纳米管–碳纤维多尺度增强混凝土（CMFRC）。本书内容涵盖 CMFRC 的制备技术、动力特性和界面增强机制等方面，归纳了相关的计算模型、试验数据以及微观机理。通过对 CNT-CF 在复合材料中的应用、CMFRC 的力学性能及界面机理的深入分析，本书不仅揭示了 CNT-CF 对混凝土力学性能的改性机理，而且为新型纤维增强混凝土材料在工程实践中的推广与应用奠定了理论基础。此外，本书还探索了 CNT-CF 对混凝土静动态力学性能及微观结构的影响，建立了 CMFRC 在中高应变率荷载作用下的动态压缩损伤本构模型，进一步揭示了 CNT-CF 对混凝土材料的微观界面增强机制。

相关研究成果不仅能够为混凝土类复合材料的界面优化及力学性能改良设计提供合理的实践方向和科学依据，还可以为碳纳米管–碳纤维多尺度增强混凝土在国防军工以及民用基础设施建设中的实际推广应用奠定理论和技术基础，具有重要的科研价值与工程意义。本书的研究成果对于推动材料科学创新发展、提升防护工程抗力水平具有重要意义，适用于土木工程、混凝土材料、防护工程等领域的研究人员、教师及学生参考。书中彩图可扫描封底二维码查看。

本书绝大部分内容是作者及其团队研究工作的总结，许金余教授给予了许多宝贵的指导意见，白二雷、王腾蛟和杜宇航在全书公式校对、图形绘制方面做了大量工作，在此对他们的辛勤付出表示感谢。在本书的编写过程中还参考了相关文献和资料，在此向这些作者表示感谢。

由于水平有限，书中难免存在疏漏之处，衷心希望读者批评指正。

2025.6.3

目　录

前言
第1章　综述 ··· 1
1.1　相关背景及意义 ·· 1
1.2　国内外研究现状 ·· 3
　　1.2.1　碳纤维和碳纳米管分散性研究现状 ································· 3
　　1.2.2　纤维增强混凝土研究现状 ·· 7
　　1.2.3　碳纤维表面改性研究现状 ··· 11
　　1.2.4　碳纳米管-碳纤维复合多尺度纤维研究现状 ······················· 16
　　1.2.5　混凝土本构模型研究现状 ··· 19
　　1.2.6　混凝土界面过渡区研究现状 ·· 20
　　1.2.7　分子模拟研究现状 ·· 22
1.3　现有研究存在的问题与不足 ·· 24
1.4　本书研究内容 ·· 24
第2章　碳纳米管-碳纤维复合多尺度纤维的制备及性能表征 ············ 26
2.1　引言 ··· 26
2.2　试验原料与仪器设备 ··· 26
　　2.2.1　原材料及试剂 ·· 26
　　2.2.2　试验仪器及设备 ··· 26
2.3　电泳沉积制备 CNT-CF ·· 28
　　2.3.1　电泳沉积技术 ·· 28
　　2.3.2　碳纤维表面沉积碳纳米管 ··· 29
　　2.3.3　超声辅助电泳沉积机理分析 ·· 32
2.4　CNT-CF 的性能测试与表征 ·· 33
　　2.4.1　CNT-CF 表面形貌特征 ·· 34
　　2.4.2　CNT-CF 表面化学状态 ·· 35
　　2.4.3　CNT-CF 微观界面剪切 ·· 37
　　2.4.4　CNT-CF 的界面增效机制 ··· 38
2.5　小结 ··· 41

第 3 章 多尺度纤维增强混凝土力学试验设计 ·············· 42
3.1 引言 ·············· 42
3.2 混凝土试件的制备 ·············· 42
3.2.1 原材料及其性能 ·············· 42
3.2.2 配合比设计 ·············· 46
3.2.3 试件制备 ·············· 47
3.3 试验设计与方法 ·············· 51
3.3.1 试验方案 ·············· 51
3.3.2 试验设备及方法 ·············· 52
3.3.3 动力试验应变率的选择 ·············· 55
3.4 SHPB 试验原理与相关技术 ·············· 57
3.4.1 SHPB 试验基本原理 ·············· 57
3.4.2 波形整形技术 ·············· 58
3.4.3 平均应变率的确定 ·············· 59
3.5 小结 ·············· 60

第 4 章 多尺度纤维增强混凝土静态力学特性研究 ·············· 62
4.1 引言 ·············· 62
4.2 静力强度特性分析 ·············· 62
4.2.1 抗压强度 ·············· 62
4.2.2 抗折强度 ·············· 64
4.2.3 折压比 ·············· 66
4.3 破坏失效模式分析 ·············· 67
4.3.1 立方体压缩破坏 ·············· 67
4.3.2 棱柱体断裂破坏 ·············· 70
4.4 与 CFRC 的对比分析 ·············· 71
4.5 机理分析 ·············· 72
4.6 小结 ·············· 74

第 5 章 多尺度纤维增强混凝土动态压缩力学特性研究 ·············· 76
5.1 引言 ·············· 76
5.2 CMFRC 的动态压缩力学特性 ·············· 76
5.2.1 应力-应变曲线 ·············· 78
5.2.2 强度特性 ·············· 80
5.2.3 变形特性 ·············· 82
5.2.4 冲击韧性 ·············· 83
5.2.5 破坏形态 ·············· 85

   5.3   分析与讨论 ··· 87
   5.4   CMFRC 的动态压缩本构关系 ·· 88
   5.5   小结 ··· 93

第 6 章 多尺度纤维增强混凝土界面过渡区研究 ······························· 95
   6.1   引言 ··· 95
   6.2   试验方法 ··· 95
   6.3   试验结果与分析 ··· 99
       6.3.1   试验结果 ··· 99
       6.3.2   物相体积分数分析 ·· 101
       6.3.3   界面过渡区物相分析 ··· 107
   6.4   混凝土界面过渡区均匀化模型 ·· 108
       6.4.1   均匀化理论简介 ··· 108
       6.4.2   均匀化模型 ·· 109
   6.5   小结 ·· 113

第 7 章 多尺度纤维增强混凝土界面拉拔模拟研究 ···························· 115
   7.1   引言 ·· 115
   7.2   分子力场 ·· 115
       7.2.1   分子力场的能量项 ·· 115
       7.2.2   常见的分子力场 ··· 118
   7.3   分子系综 ·· 120
   7.4   温度控制方法 ·· 121
   7.5   动力学模型的建立 ··· 122
       7.5.1   碳纳米管模型 ··· 122
       7.5.2   碳纤维初始模型 ··· 123
       7.5.3   混凝土模型 ·· 123
       7.5.4   环氧树脂模型 ··· 125
       7.5.5   多尺度纤维/混凝土界面模型 ······························· 126
       7.5.6   普通碳纤维/混凝土界面模型 ······························· 127
       7.5.7   多尺度纤维/环氧树脂界面模型 ···························· 129
       7.5.8   普通碳纤维/环氧树脂界面模型 ···························· 130
   7.6   相互作用能与界面作用力的计算 ····································· 132
       7.6.1   相互作用能 ·· 133
       7.6.2   最大拉拔力 ·· 133
   7.7   小结 ·· 134

第 8 章 多尺度纤维增强混凝土的微观结构及机理分析 ·············136
8.1 引言 ·············136
8.2 微观结构测试与分析 ·············136
8.2.1 试样准备及测试仪器 ·············136
8.2.2 基于 SEM 试验技术的微观形貌特征分析 ·············138
8.2.3 基于 MIP 试验技术的孔隙结构特征分析 ·············140
8.2.4 基于 XRD 试验技术的水化物相特征分析 ·············153
8.3 CMFRC 的微观改性机理分析 ·············156
8.3.1 纤维结构的多尺度设计 ·············156
8.3.2 CMFRC 的微观结构物理模型 ·············157
8.3.3 CNT-CF 对混凝土的改性机制 ·············158
8.4 小结 ·············160

第 9 章 结论与展望 ·············161
9.1 结论 ·············161
9.2 展望 ·············163

参考文献 ·············165

第 1 章 综 述

1.1 相关背景及意义

当今世界，局部冲突、恐怖袭击和自然灾害频发，军事及民用领域建筑结构的服役环境日趋复杂多变。建筑材料是维持工程结构在使用过程中安全稳固的物质基础。因此，着重针对建筑材料实现其力学性能的优化与升级，进而提高建筑结构在极端荷载作用下的生存能力，已经成为学术界钻研探索的热点课题。

防护工程作为国防建设的关键组成部分，历来被认为是国家安全的重要屏障，其对于抵抗敌方武器的杀伤破坏作用，保障己方人员生命财产及能源物资安全具有一定的战略意义。20 世纪 90 年代以来，全球科技创新进入前所未有的活跃时期，各种新概念武器蓬勃发展，其攻击范围、命中精度和杀伤能力实现了质的飞跃，这使得防护工程所面临的威胁与考验形势日趋严峻。2017 年 4 月 7 日，美军向叙利亚霍姆斯市附近的沙伊拉特空军基地发射了 59 枚 "战斧" 式巡航导弹[1]，致使叙军多处单机掩蔽库及作战防御工事被严重摧毁 (图 1.1)，从而在美军发动的空袭中陷入被动挨打的尴尬境地。近年来的局部战争，特别是由土耳其主导的 "春天之盾" 军事行动以及阿亚战争 (纳卡冲突) 更是将空袭作战推进无人机时代[2]。如图 1.2 所示，随着人工智能和云技术的高速发展，武装无人机力量可充分利用高维度优势对低维度战场军事设施和防护工程体系实施精确打击。实践表明，信息化高科技战争条件下，矛盾较量、攻防对抗的战争基本样式并没有发生本质改变，而攻击性武器的毁伤效果却对防护工程的防御能力提出了更加严苛的新要求[3]。建筑材料是决定防护工程抗力水平的核心因素，因此，针对高强、高性能的建筑材料进行更加深入的探究具有非常重要的意义。与此同时，随着社会经济实力的飞速增长，我国在交通运输、土木工程等领域不断取得骄人的成就，民航机场、跨海桥梁、高速铁路、超高层建筑等越来越多的大型基础设施陆续建成并投入运营[4-6]。这些民用建筑工程的建造及其维护同样离不开高性能建筑材料的研发与应用。

当前，混凝土凭借其易于施工、经久耐用、可设计性强等优点俨然已成为国防工程和基础设施建设中使用最为普遍的建筑材料[7]。值得关注的是，普通混凝土属于典型的非均质准脆性材料，其韧性差、抗拉强度和极限变形都相对较小，并且具有显著的应变率敏感性，在动荷载作用下会表现出与静态时不同的力学特征

(a) 被摧毁的单机掩蔽库　　　　　　　(b) 导弹击穿机库毁伤战机

图 1.1　叙利亚某军事基地遭受空袭

 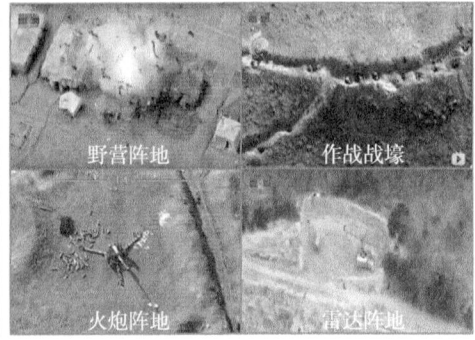

(a) 空中来袭的无人机蜂群　　　　　　(b) 无人机打击的典型战场目标

图 1.2　无人机正成为空袭作战的重要力量

和破坏行为[8]。而混凝土结构在整个服役过程中往往不可避免地承受急剧变化的动态荷载，比如地震、爆炸、高速撞击等，尤其是军事防护工程，有很大概率会遭受武器袭击、导弹侵彻等强烈冲击荷载的作用。因此，为了满足混凝土结构抗震防爆性能的要求、持续提高防护工程的抗力水平和保障能力，亟须实现混凝土材料力学性能的新跃升。

添加纤维材料是对混凝土改性的一种重要方法[9,10]。其中，碳纤维(carbon fiber，CF)掺入混凝土后可以起到增强、阻裂的作用，并且能赋予混凝土导电、压敏、电磁屏蔽等智能化功能特性[11]。然而，碳纤维表面光洁圆滑，呈现化学惰性，难以与基体材料实现有效的界面结合，同时受自身尺度所限，碳纤维无法抑制混凝土内部纳米级微裂纹的萌生与扩展。碳纳米管(carbon nanotube，CNT)是一种管状的纳米材料[12,13]，其不仅可以单独分散到复合材料的基体内作为增强填料，还可以应用到纤维复合材料之中，对纤维复合材料进行辅助增强，被认为是纤维增强复合材料的理想添加相[14]。为实现对碳纤维的表面改性，研究人员通过相应的技术手段在碳纤维原丝上引入碳纳米管，成功地制备出碳纳米管–碳纤维多尺度增强体[15](本书称之为碳纳米管–碳纤维复合多尺度纤维 (carbon nanotube/carbon fiber composite multi-scale fiber, CNT-CF)，简称多尺度纤维)。CNT-CF 是一种由纳米量级的碳纳米管与微米量级的碳纤维相互连接构筑而成，拥有特殊微纳分级结构的全碳体系多尺度纤维材料，其既能够增加碳纤维的表面活性与粗糙程度，又可以解决碳纳米管易聚集成团的问题，进而使复合材料形成良好的界面结合[16]。因此，CNT-CF 可较好地应用于混凝土增强技术研究中，利用 CNT-CF 对混凝土进行改性，可以克服碳纤维表面性能差、与混凝土基体黏结力弱等缺点，对于充分发挥碳纤维和碳纳米管的跨尺度协同增强效应，改善增强体与基体之间的机械啮合力以及界面应力传递能力，最终有效提升混凝土的力学性能具有极大潜力。

鉴于此，本书依托国家自然科学基金项目"中高应变率下碳纳米管/碳纤维多尺度增强混凝土的动力特性及界面增强机制研究"(51908548) 和陕西省科学技术协会青年人才托举计划项目"碳纳米管/碳纤维改性混凝土静动力学特性及微观破碎机制研究"(20200415)，针对现有研究存在的不足和工程实践中亟待解决的基础性关键科学问题，聚焦于进一步巩固强化军事防护工程及民用建筑结构的抗力水平，将 CNT-CF 掺入混凝土中，制备碳纳米管–碳纤维多尺度增强混凝土 (carbon nanotube/carbon fiber multi-scale reinforced concrete, CMFRC，简称多尺度纤维增强混凝土)，结合 CMFRC 的基本静力性能及其在冲击荷载作用下的动态压缩力学特性，探究 CMFRC 静动态力学行为的响应规律。最后，基于损伤力学和 Weibull 统计理论对 CMFRC 动态全应力–应变曲线进行本构方程拟合，并从微观层面阐释 CNT-CF 对混凝土宏观力学性能的影响机制。相关研究成果不仅能够为混凝土类结构性复合材料的性能改良设计提供探索方向和必要的科学依据，还可以为 CMFRC 在国防军工及民用设施建设中的实际应用奠定理论和技术基础，具有重要的科学内涵与工程意义。

1.2 国内外研究现状

随着经济社会的快速发展，对混凝土性能的要求越来越高，碳纤维和碳纳米管凭借其优异的力学、电学、热学特性而被认为在混凝土等水泥基复合材料的改性研究中具有广阔的应用前景。本节结合国内外文献，对相关领域所涉及的重点研究方向及重要研究进展进行总结与提炼分析。

1.2.1 碳纤维和碳纳米管分散性研究现状

对于混凝土等水泥基复合材料而言，增强组分在基体中的良好分散性是充分发挥其自身优异性能的关键前提。目前国内外关于碳纤维和碳纳米管在水泥基复合材料中分散性的试验研究已经有较多代表性的报道。

1. 碳纤维在水泥基复合材料中的分散性

碳纤维的抗拉强度和弹性模量很高,而且比重低、耐高温、抗腐蚀,利用碳纤维对水泥基材料进行改性研究的历史可以追溯至 20 世纪中叶[17]。只有当碳纤维的分散均匀性满足要求时,其对水泥基复合材料的改良作用才能得到充分发挥[18]。

在国外,Chung 等[19,20] 最早通过一系列试验测试发现,采用甲基纤维素作为分散剂,能够避免已分散开的碳纤维再次聚集成团,有效促进碳纤维在水泥浆体中的分散;同时该研究团队还指出,采用对碳纤维表面进行修饰处理的方法[21-23],使其表面形成具有亲水性的基团或涂层,也可以较好地提升碳纤维的分散效果。Garcés 等[24] 经过试验研究发现,在普通水泥砂浆中分别掺入占水泥质量 0.5%、20% 的碳纤维和硅灰,可以制备出孔隙率较低的碳纤维增强水泥砂浆,这说明超细硅灰的掺入对碳纤维的分散性具有优化作用。Al-Dahawi 等[25] 对比分析了超声波处理和物理搅拌两种混合方式对碳纤维改性水泥基复合材料电阻率及抗压强度的影响,认为采取将所有干燥原材料混合后机械搅拌 10 min,加水后再继续搅拌 10 min 的方法,可以制备得到基体导电性及抗压强度相对最优的碳纤维增强水泥基复合材料,这主要是因为超声波处理对碳纤维的分散效果较弱,不如机械搅拌过程中由物料之间的相互剪切效应而产生的摩擦分散作用效果明显。Gao 等[26] 通过比较分析碳纤维在普通硅酸盐水泥中的多种掺加方案,系统研究了投料顺序对碳纤维在水泥基复合材料中分散程度的影响,结果表明,预混法(先将碳纤维投入搅拌,再掺加水泥) 的分散效果要优于后掺法(水泥加水搅拌成浆体后,再投入碳纤维)。Lu 等[27] 提出采用在碳纤维表面包覆一层薄 SiO_2 涂层从而改善其分散性能的方法,进一步丰富和发展了碳纤维在水泥基复合材料中的分散技术。此外,Raunija 等[28] 发现在不添加任何分散剂的情况下,利用球磨机物理研磨的方式,可以使碳纤维单丝剥离,从而有助于碳纤维达到均匀分散的效果。

国内相关领域的学者同样针对碳纤维在水泥基复合材料中的分散性进行了大量试验研究。尚国秀[29] 将碳纤维分别采用浓硝酸与次氯酸钠溶液进行处理,通过观察处理之后碳纤维的微观形貌状态,发现氧化处理能够增加碳纤维表面的亲水性,而且提高了碳纤维与水泥石基体之间的界面黏结强度。钱觉时等[30] 通过对碳纤维增强水泥砂浆进行扫描电子显微镜 (SEM) 测试与微观孔结构分析发现,相较于甲基纤维素而言,聚羧酸减水剂对碳纤维分散效果的促进作用更加明显;同时该研究表明,聚羧酸减水剂既能够调整水泥基复合材料拌和物的工作性能,还可以改善碳纤维在水泥基体中的分散性,因此,合理使用聚羧酸减水剂对于提高碳纤维增强水泥基复合材料的整体性能具有积极效应。岳彩兰[31] 通过分析投料顺序对新拌混凝土坍落度的影响,发现采用干混同掺的制备工艺,即直接将碳纤维投入粗

1.2 国内外研究现状

细骨料的固体混合物中进行充分搅拌,更有利于碳纤维在混凝土内部达到均匀分散的效果。孙杰和魏树梅[32]将碳纤维分散到含有羟乙基纤维素的水溶液中,再将该分散液倒入含有超细硅粉的固体混合物中,通过人工快慢交替搅拌的方式,制得碳纤维增强水泥基复合材料,针对材料微观结构的测试结果表明,大多数碳纤维在水泥基体中呈现单丝状态,分布比较均匀,分散状态比较理想。

上述文献分析表明,国内外学者针对碳纤维的分散性探索了许多处理方法,主要集中于掺加分散剂、表面改性处理、调整制备工艺等方面。虽然每项试验研究中所采用的材料配比并不相同,现有评价碳纤维分散均匀程度的方法也不尽统一,但这些研究成果推进了碳纤维分散手段的进一步发展,能够较好地解决碳纤维在水泥基复合材料中的分散问题。

2. 碳纳米管在水泥基复合材料中的分散性

碳纳米管是纳米量级的纤维类材料,根据碳原子层数的不同,可分为如图 1.3 所示的单壁和多壁两种结构形式[33,34]。碳纳米管长径比极高 (100~1000),比表面积巨大 (是碳纤维的 390 倍),平均弹性模量约为 1 TPa,抗拉强度 (50~200 GPa) 是同体积钢材的 100 倍,质量却仅为钢材的 14%~17%。碳纳米管相较于常规纤维的力学特性更加出色,在作为填料对水泥基复合材料进行增强方面具有非常大的发展潜力[36,37]。但碳纳米管颗粒之间存在很强的分子间作用力,使其极易相互缠绕结团,难以分散在水溶液或其他溶剂中[38-40]。

一般而言,需要首先对碳纳米管进行分散处理,然后才能将其更加均匀地掺入水泥浆体中,从而确保其充分发挥对水泥基复合材料的改性增强效果。目前,相关学者已经针对物理处理 (研磨、机械搅拌以及超声波处理) 和化学处理 (共价键修饰、非共价键修饰)[41,42]对碳纳米管分散性的影响开展了许多探索与研究。

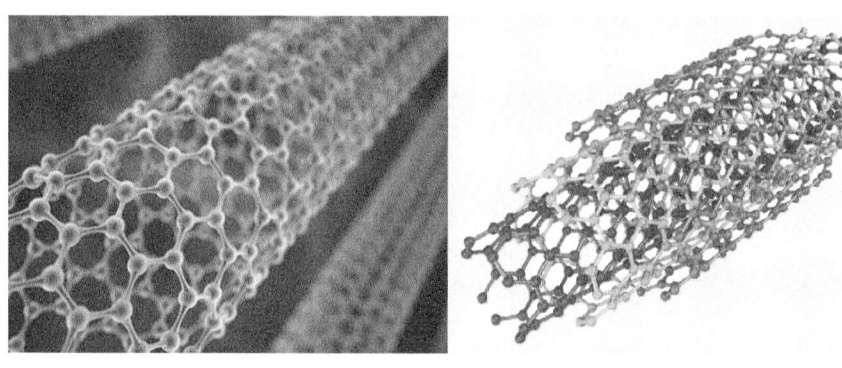

(a) 单壁碳纳米管　　　　　　　　(b) 多壁碳纳米管

图 1.3　碳纳米管的结构示意图[35]

李庚英和王培铭[43]依次将碳纳米管与水泥、砂、消泡剂混合，经 10 min 快速搅拌后制得碳纳米管增强水泥砂浆，结果表明，碳纳米管在基体中分散较好，并且能够改善水泥砂浆的孔隙结构；在此基础上，后续试验研究发现[44]，将碳纳米管与粉煤灰混合后，再采用球磨机高速研磨 2 h，可进一步提升碳纳米管的分散效果。而 Parveen 等[45]认为，直接将碳纳米管与其他原材料混合并进行机械搅拌，碳纳米管的分散效果依然有限，应该首先使碳纳米管在液体中分散，从而使其随混合液一同加入水泥浆体中。Materazzi 等[46]借助机械搅拌的方式，成功将液体中的碳纳米管分散到水泥基体中，制备出可用于监测结构应变动态响应的碳纳米管/水泥基复合材料传感器。Szleifer 和 Yerushalmi[47]发现利用超声波处理技术可使碳纳米管之间的范德瓦耳斯力减弱，从而有助于其达到良好的分散效果。Koh 等[48]研究了超声处理过程中所采用的功率对碳纳米管在水溶液中分散特性的影响，结果显示，较低功率和较长时间的超声处理可使碳纳米管以单根形态分散到水溶液中。Mendoza 等[49]发现，利用超声的方法对碳纳米管进行分散处理之后，存在时间可逆性，尤其是氢氧化钙的碱性环境会导致碳纳米管分散液发生再团聚现象，而加入高效减水剂作为分散剂能够延长碳纳米管分散体系的稳定时间。

Eitan 等[50]利用环氧基官能团对碳纳米管表面进行羧基化处理，结果表明，经过修饰后的碳纳米管在溶剂中的分散性发生改变，而且将碳纳米管添加到聚合物基复合材料中能够提高其界面黏结性能。Li 等[51]利用硫酸和硝酸的混合液对碳纳米管进行改性处理，使含氧官能团结合在碳纳米管表面，研究发现，碳纳米管的溶解程度和分散性能均得到了显著改善，可以均匀地分散到水泥基体中。Xu 等[52]发现在表面活性剂的作用下，碳纳米管分散液经离心处理后，能够稳定储存三个月以上，均匀分散在基体中的碳纳米管可使水泥基复合材料的强度明显提高。吴辰[53]发现，当碳纳米管表面带有羧基或羟基官能团时，其在水泥砂浆中的分散性有所提高，并且可使水泥基复合材料的力学性能得到提升。罗健林等[54,55]研究了 5 种表面活性剂单独使用和混合使用时对碳纳米管在水泥浆体中分散性的影响，结果显示，将不同类型的表面活性剂混掺能够有效地促进碳纳米管的均匀分散。

为使碳纳米管在水泥基复合材料中获得更好的分散效果，通常综合多种分散方法共同使用。张姣龙等[56]在超声波条件下，以聚乙烯吡咯烷酮为表面活性剂制备出均匀分散的碳纳米管悬浮液，并将其与水泥拌和，改善了碳纳米管在水泥砂浆中的分散性。Yousefi 等[57]同样采用表面活性剂处理结合超声波作用的分散方法，使碳纳米管在水泥浆体中的分散性大幅提升。此外，Nasibulina 等[58]采用强酸氧化处理结合超声波作用的分散方法，改善了碳纳米管的亲水性，使其聚集程度有所降低，提升了碳纳米管在水泥基复合材料中的分散效果。

1.2 国内外研究现状

综合上述文献可以看出,碳纳米管的分散技术仍处于不断向前发展的探索与研究阶段。虽然综合采用机械搅拌、超声波处理、表面修饰等物理与化学方法能够在一定程度上改善碳纳米管的分散特性,但在碳纳米管水泥基复合材料的制备与实际应用过程中,仍然存在碳纳米管分散效果欠佳、分散效率较低、分散状态不稳定等困扰。碳纳米管难以分散、容易团聚的缺陷并没有得到根本克服,这严重限制了碳纳米管在水泥基复合材料中增强作用的有效发挥。

1.2.2 纤维增强混凝土研究现状

在混凝土内部存在大量微孔洞和微裂缝,在外部荷载的作用下,这些微孔洞、微裂缝等缺陷部位易发生应力集中现象,这会导致混凝土内部应力分布不均匀,进而导致裂缝的发展。这些内部缺陷是混凝土发生破坏的诱导因素,也是混凝土性能降低的主要原因之一。目前对混凝土性能的提高主要有两种思路:一种是研发更高性能的混凝土,另一种是加入纤维等改性材料对混凝土进行增强[59],以提高混凝土的力学特性并优化其脆性。

纤维增强混凝土是以普通混凝土为基材,在其中加入取向随机、分布匀实的纤维增强体而构成的改性水泥基复合材料,其力学性能会发生相应的改善[60,61]。随着纤维增强混凝土技术的持续深入发展,目前,在军事设施以及民用建筑工程中逐步推广应用的纤维混凝土主要有钢纤维增强混凝土、玄武岩纤维增强混凝土、聚丙烯纤维增强混凝土和碳纤维增强混凝土。

1. 钢纤维增强混凝土

在混凝土中加入钢纤维可以显著提高混凝土的强度、耐久性等。1910年,美国科学家 Porter 首次提出在混凝土中掺入钢纤维来提高混凝土抗拉强度的研究思路,次年,美国科学家 Graham 首次尝试在混凝土中加入钢纤维,并发现与普通混凝土相较,加入钢纤维后混凝土力学性能有一定程度提高。20世纪70年代,美国在全球范围内首次研究出钢纤维熔抽技术,这项技术的突破使钢纤维成本大幅降低,为后续钢纤维在各行各业的发展提供了前提条件,钢纤维增强混凝土也因此得到了迅速发展。钢纤维增强混凝土自近代以来发展非常迅速,应用范围最为广泛,但其仍处于继续研究和不断完善的阶段。

Yazici 等[62]研究了钢纤维长径比及体积掺量对混凝土基本强度特性的影响规律,结果表明,混凝土的抗折强度、劈裂抗拉强度均随钢纤维长径比和体积掺量的增大而有所升高。Bernal 等[63]采用不同体积掺量的钢纤维来增强碱矿渣混凝土,并对钢纤维增强碱矿渣混凝土的早期力学性能进行测试,发现其抗压强度随钢纤维掺量的增加逐渐下降,而抗折强度却有很大程度的提高。Wille 等[64]利用改进的拉伸试验装置,对不同纤维掺量的钢纤维增强混凝土开展了单轴直接拉伸试验,并将数据分析与微观裂纹形貌表征相联系,发现钢纤维增强混凝土在强度、延性和耗能能力方面均有一定程度的提高。Wu 等[65]系统研究了钢纤维含量和形状对超高性能混凝土力学性能的影响，试验结果显示，体积掺量为 2%的钩状钢纤维对混凝土抗压强度及抗折强度的提升效果最佳。焦楚杰等[66]通过开展钢纤维增强混凝土压缩试验，根据实测的应力-应变曲线建立了钢纤维增强混凝土在准静态受压条件下的双参数本构方程。张玥[67]针对钢纤维增强混凝土在工程实践中出现的诸多问题，开展了钢纤维增强混凝土的系列物理力学性能试验，发现适量钢纤维的掺入有利于提高混凝土的抗裂等级以及力学性能，而当钢纤维掺量超过临界值后，其在混凝土基体内分布不均匀，无法充分发挥阻裂、增韧效果。叶中豹等[68]对 3 种不同钢纤维体积掺量的混凝土进行动态压缩试验，得到不同应变率条件下钢纤维增强混凝土的应力-应变曲线，结果分析指出，钢纤维增强混凝土的强度和变形均随钢纤维掺量及应变率水平的提高而增大，并基于此提出了一种新形式的钢纤维增强混凝土动态受压本构关系模型。

2. 玄武岩纤维增强混凝土

玄武岩纤维是一种环保绿色建材，将其掺入混凝土中，有助于提高混凝土的强度和耐久性。玄武岩纤维具有强度高、耐腐蚀、耐高温等优良特性，因此，玄武岩纤维增强混凝土也是研究人员关注的重点之一。掺加玄武岩纤维可以在一定程度上改善传统混凝土脆性大、易开裂、极限延伸率小和抗拉强度低等缺点[69-71]。

Kizilkanat 等[72]对比分析了玄武岩纤维和玻璃纤维对于混凝土的改性效果，试验结果表明，相较于玻璃纤维，玄武岩纤维对混凝土的延性具有更大程度的改善。Branston 等[73]通过对两种纤维长度的玄武岩纤维增强混凝土开展抗折及落锤冲击试验，观察混凝土碎块的微观形貌，发现玄武岩纤维与水泥水化产物相互黏连，使得玄武岩纤维与基体的黏结力增强，初裂强度有所增大。Dong 等[74]研究了玄武岩纤维增强再生骨料混凝土的力学性能，扫描电子显微镜测试结果表明，附着在浆体表面的玄武岩纤维能够显著改善界面过渡区的微观结构，从而有效提高混凝土的强度和延性。Sun 等[75]采用力学试验和数值模拟相结合的方法研究了玄武岩纤维增强混凝土的抗压、劈拉和抗折性能；结果显示，随着玄武岩纤维掺量的增加，混凝土的抗压强度呈现出先升后降的变化趋势，而抗折强度则不断增大。Liu 等[76]设计并制备了 8 种玄武岩纤维体积掺量 (0%、0.05%、0.10%、0.15%、0.20%、0.25%、0.30%、0.35%) 的玄武岩纤维增强混凝土，研究了不同体积掺量玄武岩纤维增强混凝土的动态力学性能；结果表明，玄武岩纤维提高了混凝土的密实度，优化了混凝土的孔隙结构，从而提高了混凝土的动态力学性能。空军工程大学的许金余教授课题组[77-81]对玄武岩纤维增强混凝土的静动态力学性能及其高温后声学特性进行了较为系统的研究，并指出在基体材料中合理加入玄武岩纤维有助于提升混凝土的整体性能。王斌等[82]利用霍普金森压杆试验系统对 6 种纤维体积掺量的玄武岩纤维增强混凝土进行了冲击压缩试验,着重探讨了混凝土韧性与应变率和纤维含量之间的关系,并进一步阐释了玄武岩纤维对混凝土的微观改性机理。陈峰宾等[83]基于玄武岩纤维增强混凝土的抗压试验以及计算机断层扫描 (computed tomography, CT) 试验,对玄武岩纤维增强混凝土进行可视化三维重构,定量描述了不同玄武岩纤维掺量下混凝土孔隙结构的变化特征以及玄武岩纤维的分布状态,深入研究了玄武岩纤维对混凝土抗压强度的影响机理。

3. 聚丙烯纤维增强混凝土

自 20 世纪末开始,聚丙烯纤维逐渐成为混凝土改性应用的纤维材料之一[84,85]。Choi 和 Yuan[86]测试了聚丙烯纤维增强混凝土的 7 d、28 d 和 90 d 劈裂抗拉强度与抗压强度,发现聚丙烯纤维的加入使混凝土的劈裂抗拉强度产生了 20%~50%的提高幅度。Bagherzadeh 等[87]研究了聚丙烯纤维增强混凝土的基本物理力学性能与纤维长径比之间的关系,认为聚丙烯纤维对混凝土抗压强度的影响规律并不明显,而聚丙烯纤维的加入则可使得混凝土的韧性指数、弯拉力学特性呈现出增强的发展趋势。Kakooei 等[88]关于聚丙烯纤维增强混凝土性能的试验研究同样表明,在混凝土中掺入聚丙烯纤维,能够提高混凝土的抗弯、抗折强度,以及抗裂、抗渗等耐久性能。Wang[89]通过试验研究了聚丙烯纤维掺量对混凝土力学特性的影响规律,并分析了聚丙烯纤维对混凝土的作用机理,结果表明,在适当掺量范围内,随聚丙烯纤维掺量的增加,混凝土的抗压强度和劈裂抗拉强度有增大的趋势,而弹性模量却逐渐减小。刘新荣等[90]研究了聚丙烯细纤维和聚丙烯粗纤维对混凝土抗冲击性能的影响,发现混掺聚丙烯粗、细纤维可提高混凝土的结构整体性,使其在受冲击破坏前后两个阶段的抗冲击性能均得到提高。张悦[91]对比分析了聚丙烯纤维增强混凝土的力学特性及其改性效果,发现存在一个最佳纤维掺量,使聚丙烯纤维增强混凝土的抗拉与抗折强度提高幅度达到最大,并提出相关力学试验中混凝土的应力–应变本构关系计算模型。

4. 碳纤维增强混凝土

随着建筑材料不断向高强、高性能、智能化方向发展,碳纤维凭借其优异的力学性质和优良的电、热功能特性在混凝土中的应用越来越广泛。Safiuddin 等[92]测试了碳纤维增强混凝土 (纤维体积掺量为 0%~1%) 的强度特性指标,结果显示,其抗压强度有所减小,降低幅度为 36.6%~58.9%,而其劈裂抗拉强度提高了 13.1%~17%,在混凝土表现出最佳的强度特性时,碳纤维的体积掺量为 0.25%。Ivorra 等[93]的试验研究结果则表明,将平均粒径为 1~60 μm 的硅粉掺入混凝土拌和物中有助于促进碳纤维在混凝土基体内的均匀分散,并且能够使硬化后碳纤维增强混凝土的孔结构得到优化,强度特性显著提高。Wu 等[94]针对纤维种类 (纤维的相对掺量相同) 对混凝土力学性能的影响展开研究,并探讨了碳纤维、钢纤维、聚丙烯纤维混合掺加时混凝土强度和韧性的变化规律，结果表明，碳纤维对混凝土力学性能的增强、增韧效果相对于钢纤维较弱，而碳纤维和钢纤维组合使用可以使混凝土获得最佳的强度特性和弯曲韧性。王晓初和刘洪涛[95]研究了 4 种碳纤维长度对混凝土力学性能的增强效果，试验结果表明，掺入碳纤维后，混凝土的脆性破坏模式得到改善，当纤维长度为 10 mm 时，碳纤维增强混凝土的抗压强度提升幅度最大，而当纤维长度大于 30 mm 时，碳纤维对混凝土几乎无增益作用。周乐等[96]开展了 9 组碳纤维增强混凝土 (纤维体积掺量为 0%~0.62%) 的轴心压缩试验，并对实测应力-应变曲线进行拟合，建立了不同纤维掺量下碳纤维增强混凝土应力-应变关系的分段式数学表达式，为碳纤维增强混凝土在工程实践中的强度分析预测提供了依据。王璞等[97]在引入混杂效应系数的基础上，定量分析了碳纤维、钢纤维以及聚丙烯纤维对混杂纤维增强混凝土抗冲击性能的影响，结果表明，碳纤维所发挥的增强效应最为显著。此外，Zhang 等[98]、Liu 等[99]也对碳纤维增强混凝土的动力特性进行了可靠的试验研究。这些研究成果对于科学认识碳纤维的增强效应具有重要意义，但随着对碳纤维增强混凝土相关研究的持续深入，人们逐渐认识到原始碳纤维表面界面性能较差，需要对其表面进行改性处理，从而进一步提升碳纤维增强混凝土的动力特性[100]。

碳纤维不仅是一种力学性能出色的增强材料，也是具有多种其他优异性能的功能材料，在智能混凝土领域也有较为广泛的应用[101,102]。碳纤维增强混凝土不仅力学性能明显优于普通混凝土，同时也具有良好的压敏性、温敏性、导电性和电磁屏蔽性等，这些优异的功能性也可以帮助工程人员对建筑结构的安全性和健康状况进行无损检测，例如工程人员可以利用碳纤维电阻率的变化间接了解混凝土构件的受力情况。因此，碳纤维增强混凝土是近几年来的热点研究方向之一。总体而言，碳纤维增强混凝土的导电性优良，压敏性、温敏性较好，被称为"未来混凝土"，同时具有优良的电磁屏蔽特性，在军事工程中也有大量应用，但其表面光滑、易拔出，这些缺点在一定程度上限制了碳纤维增强混凝土的使用。

5. 碳纳米管增强混凝土

纳米材料和纳米技术的蓬勃发展为混凝土带来了崭新的生命力。在众多纳米材料中，碳纳米管凭借优异的力学、电学、化学特性而备受关注，其在对复合材料进行改性方面具有极大潜力。近年来，碳纳米管的生产成本有所降低，生产规模逐步扩大，碳纳米管增强水泥基材料成为学者们聚焦的研究热点。Collins 等[103]发现，使用聚羧酸盐外加剂可以改善碳纳米管在低水灰比水泥浆体中的分散性，减少碳纳米管团聚现象的发生，从而使得硬化水泥浆体的抗压强度提高了 25%。Rocha 等[104]探讨了碳纳米管对水泥浆体断裂能、弯曲和拉伸性能的影响，发现当碳纳米管的掺量达到 0.10%(占胶凝材料的质量比例，除特别说明外，下同) 时，水泥

1.2 国内外研究现状

浆体的断裂能提高了 90%，抗弯强度和抗拉强度的增长幅度超过了 45%，碳纳米管可以作为水泥水化产物的成核位点，抑制微裂纹的形成与扩张。Gao 等[105]针对碳纳米管直径对水泥基材料基本力学性能和微观结构的影响进行了研究，发现水泥基材料的抗压强度随碳纳米管直径的增大而减小，抗折强度则随碳纳米管直径的增大而增大，微观测试表明，直径为 10~20 nm 的碳纳米管更有助于优化水泥基材料的孔隙结构。郑冰森等[106]制备了不同碳纳米管掺量 (0.05%、0.10%、0.15%) 的混凝土，并对碳纳米管增强混凝土的断裂性能进行了系统分析，结果表明，碳纳米管在混凝土内部具有一定的桥接作用，对混凝土的抗压强度、劈裂抗拉强度、起裂韧度、失稳韧度以及断裂能均具有良好的增强效果。黄山秀等[107]进行了碳纳米管增强混凝土的单轴压缩试验，研究了碳纳米管掺量 (0.05%、0.10%、0.30%、0.50%) 和应变率 ($5\times10^{-3}\mathrm{s}^{-1}$、$2\times10^{-4}\mathrm{s}^{-1}$、$1\times10^{-5}\mathrm{s}^{-1}$) 对混凝土力学性能与能量演化特征的影响规律，指出当碳纳米管掺量相同时，混凝土的单轴抗压强度随应变率的增大而增大，在相同应变率条件下，混凝土峰值应力处各能量随碳纳米管掺量的增加而先增大后减小。张迪等[108]利用分离式霍普金森压杆 (split Hopkinson pressure bar, SHPB) 试验对碳纳米管水泥浆体的抗冲击性能进行研究，结果发现碳纳米管对水泥浆体的动态抗压强度和韧性均有较大的提升。

综上所述，纤维种类、掺量和表面形态等因素均会对纤维增强混凝土的力学性能产生重要影响，而应用较多的钢纤维增强混凝土、玄武岩纤维增强混凝土、聚丙烯纤维增强混凝土以及碳纤维增强混凝土在工程实践中同样凸显出不可回避的缺陷[109]：钢纤维容易锈蚀，导致钢纤维增强混凝土耐久性不足，而且结构表层的钢纤维难免会使人员和设备受到损害；玄武岩纤维掺量较大的新拌混凝土工作性差，纤维的均匀分散无法实现，造成施工困难；聚丙烯纤维弹性模量低，抗拉强度弱，在混凝土受荷时易被拉断，致使结构的抗打击能力并没有得到较大提高；碳纤维表面光滑，与混凝土基体的黏结性能差，在强烈的外荷载作用下，碳纤维增强混凝土易发生界面失效破坏。

1.2.3 碳纤维表面改性研究现状

前已述及，目前普遍认为碳纤维对混凝土的改性机理是碳纤维在混凝土内部孔隙中的桥接阻裂作用，但同时研究发现碳纤维表面光滑，在受到外力作用时容易从混凝土基体中拔出，这极大地削弱了碳纤维对混凝土的改性效果。因此，急需寻找一种替代碳纤维的改进材料，使其能改进传统碳纤维的不足，同时兼具碳纤维优良的工程特性。于是，研究人员尝试对纤维表面进行改性，以充分发挥碳纤维的作用效果。但按照改性机理和方式的不同，目前碳纤维表面改性技术主要有碳纤维表面接枝技术、碳纤维表面氧化处理技术、碳纤维表面涂层技术和等离子表面改性技术等。

1. 碳纤维表面接枝技术

碳纤维表面接枝技术在近二十年来发展较为迅速，该方法是在碳纤维表面接枝一层聚合物层，从而提高碳纤维与其他材料间的界面黏聚力、层间剪切强度等力学性能，间接地提高了复合材料的宏观力学性能。根据碳纤维表面接枝方法的不同，可将表面接枝技术分为化学接枝技术、等离子体接枝聚合技术和辐射接枝聚合技术三种。

1) 化学接枝技术

化学接枝技术是通过化学方法在碳纤维表面引入可以与外部聚合物发生接枝聚合的活性点，然后通过纤维上的活性点与外部材料发生接枝和聚合的方法。对于碳纤维的化学接枝而言，经过氧化处理后的碳纤维表面会形成—COOH或—OH的含氧基团，这些含氧基团可与含有—OH、—COOH、—NH$_2$或环氧基等官能团的聚合物发生化学反应并形成化学键连接，而化学键的存在使得碳纤维与聚合物的接枝强度明显提高。研究表明，经过氧化等化学处理后的碳纤维表面存在大量的活性官能团，这些官能团的存在为后续接枝提供了更好的表面条件。

2) 等离子体接枝聚合技术

等离子体接枝聚合技术最早在金属、塑料等材料中有着较为广泛的应用，直到20世纪初才在纤维等材料中有一定应用。等离子体接枝聚合技术是指在放电等离子体的作用下，在碳纤维表面形成大量的活性自由基，或者将碳纤维表面的化学键打断引发等离子体化学反应，同时，引入—COOH、—C—O、—NH$_2$、—OH等官能团使得碳纤维表面被活化，之后与化学接枝类似，将需要进行化学接枝的聚合物与碳纤维表面的活化点接触使其聚合接枝。在等离子体接枝聚合过程中不需要任何化学试剂，故对环境污染少、效率高、耗时短、设备较为简单。

3) 辐射接枝聚合技术

辐射接枝聚合技术是指利用高能射线(例如γ射线、β射线、电子束等)在碳纤维表面产生游离基，从而引发聚合物的接枝聚合反应。辐射接枝聚合操作方法简单，对温度没有过多的要求，在常温下即可发生反应，同时可以人为控制接枝率。但是，辐射接枝聚合技术在接枝过程中会产生大量的辐射，这些辐射可以穿透纤维表面从而对碳纤维内部产生影响，同时，根据所接枝的聚合物不同，对辐射的敏感度、辐射强度、辐射剂量等要求也不同。

国内外学者对辐射接枝聚合技术也进行了大量的研究，Chen等[110]利用γ射线对碳纤维表面进行辐射，从而在其表面接枝乙烯-环氧乙烯共聚物，发现在辐射剂量为40 kGy、反应温度为110 ℃的条件下可以达到最高15%的接枝率，其表面能提高到了22 mJ/m^2。李峻青等[111]通过^{60}Co对碳纤维表面进行辐射，利用辐射在碳纤维表面产生大量活性自由基，从而将环氧氯丙烷接枝在碳纤维表面，

1.2 国内外研究现状

发现与普通碳纤维相比,该材料与环氧树脂的界面剪切强度提高了37%。

2. 碳纤维表面氧化处理技术

碳纤维表面氧化处理技术是目前常用的碳纤维表面处理方法之一,根据氧化的方式主要分为阳极氧化、液相氧化和气相氧化三大类。在对纤维表面进行氧化处理时,应竭力避免过度氧化,从而对碳纤维本身力学性能产生较大的影响。

1) 阳极氧化法

碳纤维具有良好的导电性,而阳极氧化法正是利用碳纤维的导电性对碳纤维表面进行处理的方法。具体过程为:首先配制电解质溶液,目前在阳极氧化法中通常选择硝酸、硫酸、磷酸、醋酸、碳酸铵、氢氧化钠、硝酸钾等作为电解质溶液。然后将碳纤维作为阳极进行电解,在电解的过程中会产生活性氧,这些活性氧会在纤维表面进行氧化反应进而实现对纤维的改性。阳极氧化法由于具有处理时间较短、易于操作等优点,在工业生产中有着大量的应用,但该方法对电解后的电解质溶液清洗较为复杂,且对环境有一定污染性与危害性。许昆鹏和潘书刚[112]通过研究发现,经过阳极氧化法处理后的碳纤维接触角有一定降低,但分散性、粗糙度、界面剪切强度、层间剪切强度均有一定程度提高。刘杰等[113]通过该方法对碳纤维进行处理与改性,使得碳纤维的界面剪切强度提高20%以上。

2) 液相氧化法

研究表明,经液相氧化法处理后的碳纤维对提高纤维与环氧树脂的层间剪切强度有较好的效果。同时,研究证实[114],通过液相氧化法处理后的碳纤维与基体材料间结合力大幅提高,液相氧化法的实施环境比阳极氧化法温和,不会对纤维本身产生较大影响,但液相氧化法处理碳纤维所需时间较长,间歇操作较多。

3) 气相氧化法

与液相氧化法不同,气相氧化法是通过在碳纤维表面产生氧化性气体,利用氧化性气体对碳纤维表面进行氧化的方法。利用气相氧化法处理碳纤维时,所使用的气体通常为空气、臭氧、氧气等含氧气体。相对而言,气相氧化法原理简单,可操作性强,易于实现工业化生产,但其对碳纤维本身抗拉强度损伤较大,在相同条件下,对不同的碳纤维处理效果也不同,不利于同一环境下的操作。Zhang等[115]通过研究发现,通过气相氧化法对纤维进行改性处理后,其剪切强度提高了10%。袁晓君等[116]通过该方法得到改进后的碳纤维,并将其加入燃料电池生产所使用的碳纸中,有效地改进了碳纸的物理力学性能。

3. 碳纤维表面涂层技术

碳纤维表面涂层技术是指在碳纤维表面通过物理、化学或其他方法形成一层具有一定厚度的界面层。目前,在碳纤维中常见的表面涂层技术有表面气相沉积处理、表面聚合物涂层、表面电聚合涂层、化学接枝聚合涂层、偶联剂涂层和表面晶须化等。

1) 表面气相沉积处理

碳纤维表面气相沉积处理常用的方法有两种。一种是通过对碳纤维高温加热，加热时温度一般会达到 1200 ℃ 左右，然后用甲烷 (或乙炔、乙烷) 与氮气组成的混合气体处理，在试验中，甲烷 (或乙炔、乙烷) 会在高温的碳纤维表面分解，进而在表面形成一层无定型的碳结构涂层。研究证实，经过表面气相沉积处理后的碳纤维复合材料，界面剪切强度可提高将近一倍。另一种是先利用 0.1% 的聚苯基喹啉溶液处理碳纤维，然后烘干，将干燥后的碳纤维加热到 1600 ℃，在此温度下碳纤维会发生裂解，最终得到碳纤维复合材料，经过测试，该方法可将复合材料表面界面剪切强度提高近 1.7 倍。但有部分研究人员认为，表面经过高温处理后的碳纤维会对其内部造成损伤，导致碳纤维自身强度降低。

2) 表面聚合物涂层

表面聚合物涂层法是指通过一定方法在纤维表面人工附着一层薄薄的聚合物，这层聚合物可以有效提高纤维的界面性能，同时也可以起到保护碳纤维的作用[117]。Varelidis 等[118] 在碳纤维表面附着一层尼龙材料，使得纤维界面剪切强度大约提高 10 MPa。聚合物涂层法也被用来制备碳纤维接枝碳纳米管等复合材料，柴进等[119] 经过大量研究，利用该方法在碳纤维表面成功附着一层碳纳米管。

3) 表面电聚合涂层

表面电聚合涂层法是通过电化学作用对碳纤维表面进行处理的方法，该方法具有操作较为简单、产量较高且设备造价低、对纤维损伤小等优点，但工序较为复杂，且部分电聚液稳定性较差，不便于进行连续操作。张爱玲等[120] 通过该方法在碳纤维表面成功聚合一层噻吩，并对改性后纤维与环氧树脂的层间剪切强度进行研究。Lin 等[121] 利用电聚合法在碳纤维表面成功进行了吡咯的聚合。

4) 化学接枝聚合涂层

化学接枝聚合涂层法是指利用化学方法在碳纤维表面引入可以聚合的活性点，然后通过单体与该活性点聚合从而实现对碳纤维表面的处理。化学接枝聚合涂层最大的优点是，通过不同单体所具有的不同性质可以人为形成不同模量的涂层。该方法可以明显提高纤维界面剪切强度并且对纤维本身损伤较小，但其产出效率低下，即同等时间所产出的产物远不及其他方法，因此，目前该方法以实验室研究居多，与应用还有较大的距离。由于该方法对纤维改性效果较好，刘丽等[122] 通过化学接枝涂层法成功制备 CF/PAA 复合材料，通过测试发现其表面界面剪切强度大约提高了 65.2%。

5) 偶联剂涂层

在偶联剂涂层中，研究人员以一个双官能团的分子为媒介，将该分子其中一

1.2 国内外研究现状

个官能团与碳纤维基体连接并形成化合键,另一个官能团与外部材料连接。该方法利用偶联剂发挥纽带与枢纽作用,因此碳纤维与外部材料连接更加紧密。目前,研究人员发现和使用的偶联剂有很多,使用广泛的主要有铬合物、硅有机化合物、钛酸酯等。钱春香和陈世欣[123]研究证实,对碳纤维表面进行偶联剂处理后,碳纤维与环氧树脂的界面黏结强度可提高113%。

6) 表面晶须化

表面晶须化的基本原理是通过化学方式在碳纤维表面生长一层较为密集且强度较高的晶须,从而实现对碳纤维界面性能的提高。研究证实,通过表面晶须化处理后的碳纤维可明显提高其界面性能,但该方法费用较高,且难以精确处理与控制,因此目前未能在工业领域大规模应用。在学术领域,Harwell等[124]通过该方法在碳纤维表面成功附着一层碳化硅,通过测试,发现其界面剪切强度提高了约40%。国内对该方法也进行了较为深入的研究,早在1993年,国内研究人员就已经开始对碳纤维表面气相生长碳晶须进行研究[125]。

4. 等离子表面改性技术

任何物质都具有能量,等离子粒子也不例外,在等离子粒子中,通常具有几电子伏到几十电子伏的能量,这些能量使得材料中各种化学键发生断裂与重组,甚至在材料表面引入极性基团,同时也可以使材料表面分子发生活化,而活化的分子在碳纤维表面形成大量的活化点。同时,在等离子表面改性时必然会伴随着温度的上升,而温度的升高会使得表面分子活性增强,甚至会使分子发生重新排列,进而破坏材料表面微晶晶格,导致材料表面比表面积发生改变。目前,等离子表面改性作用主要包括等离子处理和冷等离子接枝处理两大类。

1) 等离子处理

等离子处理主要包括高温等离子处理和低温等离子处理,在实际应用中,低温等离子处理方式由于自身的诸多优点被广泛使用。低温等离子处理是依靠气体高频或低频放电产生等离子进而对材料表面进行改性处理。目前,国内外对等离子体处理法已有较为深入的研究。王大伟等[126]通过低温等离子体表面改性技术对碳纤维增强树脂复合材料进行研究,结果发现该方法可对碳纤维材料的表面基团产生重组效应,但当活性粒子密度和能量过大时却会起到相反的效果。大量研究表明,虽然经过等离子处理法处理后的碳纤维对其自身强度的影响较小,但通过该方法长时间处理后的碳纤维,其自身强度也会有一定降低。总体而言,经过等离子处理的碳纤维较为干燥、干净,无须进行后续处理,但该方法设备复杂、条件苛刻,不利于大规模生产。

2) 冷等离子接枝处理

经过冷等离子接枝处理技术处理的碳纤维,会在其表面引入具有特定结构的官能团,这些官能团的存在将对材料与基体间极性相互作用产生一定的改变,增强了化学键合作用,从而提高了纤维材料界面黏合强度。目前,国内外对于冷等离子接枝处理技术的研究较多。贾玲等[127]通过冷等离子接枝处理技术将聚芳基乙炔(Polyaryla cetylene,PAA)单体接枝在碳纤维上,并对改性后的碳纤维与普通碳纤维进行对比研究,发现相比于普通碳纤维,接枝后的碳纤维界面剪切强度有较大的提高。刘新宇等[128]采用马来酸酐作为接枝材料进行接枝,同时也对复合材料的界面剪切强度进行测试,结果发现该复合材料的界面剪切强度提高了 21%。邹田春等[129]也利用该方法成功提高了碳纤维与环氧树脂的界面性能。

1.2.4 碳纳米管–碳纤维复合多尺度纤维研究现状

近些年来,碳纤维和碳纳米管的生产成本有所降低,生产规模逐步扩大。基于此,在原始碳纤维表面引入碳纳米管构造碳纳米管–碳纤维复合多尺度纤维(CNT-CF),进而制备多尺度纤维增强复合材料,已成为学者们聚焦的研究热点。

1. CNT-CF 的制备方法

目前,在复合材料增强体的构造设计领域,将碳纳米管接枝至碳纤维表面制备 CNT-CF 的方法主要包括化学气相沉积法、电泳沉积法和化学接枝法等。

化学气相沉积(chemical vapor deposition,CVD)法是现有文献报道中涉及最多、在实验室中应用最为普遍的一种制备 CNT-CF 的方式。早在 20 世纪 90 年代初,Down 和 Baker[130]就利用化学气相沉积法将一种经过催化形成的纳米物质(碳纳米纤维(carbon nanofiber))覆盖在碳纤维表面,相关试验测试结果表明,该工艺可使本体纤维结构的表面积增大 250~500 倍。此后,Thostenson 等[131]在化学气相沉积法的基础上,采用预先沉积金属催化剂的技术在碳纤维上直接生长出均匀包裹在纤维表层的碳纳米管。随着化学气相沉积法的持续发展,更多科研工作者的研究目标主要集中于探索如何选择更加适宜且温和的生长反应条件[132,133],从而改善碳纳米管在碳纤维表面的沉积形貌。中国科学院炭材料重点实验室的安锋、吕春祥等[134,135]系统地研究了雾化辅助、固定、浮游等不同形式的化学气相沉积工艺对碳纳米管沉积形貌和反应前后碳纤维基本物理力学性能的影响。Qian 等[136]着重从催化剂沉积方面综合报道了热蒸发、等体积浸渍以及聚合物–金属复合沉积等多种方法,并针对碳纳米管在基体中直接分散和碳纳米管附着在纤维表面改性复合材料这两种手段进行了对比。Zheng 等[137]成功地研发出一种新工艺,利用特殊的开放式化学气相沉积炉,使碳纳米管能够在可移动的碳纤维表面持续生长,从而实现了 CNT-CF 的批量化生产。

采用电泳沉积(electrophoretic deposition,EPD)法制备 CNT-CF 是对碳纤维表面进行改性的一种重要途径,该方法基于电泳原理,即在施加外部电场的条件下,带有电荷的颗粒能够在溶剂中(通常以水或醇作为溶剂)朝向与其电性相反

1.2 国内外研究现状

的电极一侧移动。Bekyarova 等[138]通过试验发现，经过酸处理之后的碳纳米管表面会被引入大量羧基官能团，这不仅有利于碳纳米管的均匀分散，也可使其在分散液中呈现电负性，进而借助电泳的方式便能够将分散在水相介质中的碳纳米管沉积涂覆到碳纤维丝束表面（碳纤维在此条件下与电源正极相连，充当阳极）。Lee 等[139,140]的进一步研究则表明，使用聚乙烯亚胺等试剂对碳纳米管进行化学修饰后，碳纳米管可被官能化，成为带有正电荷的碳纳米管粒子，从而在电泳过程中能够向阴极方向迁移并沉积（碳纤维在此条件下与电源负极相连，充当阴极），微观测试结果显示，由该种阴极电泳沉积工艺制得的 CNT-CF 对于改善复合材料的结构和功能特性具有极大潜力。Guo 等[141]在对酸化后碳纳米管的水分散液进行电泳沉积时，引入超声波作为辅助手段，有效减弱了水电解对碳纳米管沉积形貌造成的不利影响，提高了沉积效率和质量，使碳纤维表面形成了致密的碳纳米管网状结构；在此基础上，为了达到碳纳米管在碳纤维表面快速沉积的目标，该研究团队尝试以添加有六水合硝酸镁的乙醇作为分散介质，发现分散于该有机溶剂中的碳纳米管可以在短时间内（1~3 min）实现在碳纤维丝束以及连续的碳纤维织物表面均匀而良好的沉积[142,143]。Zhang 等[144]通过将电泳沉积过程与碳纤维商业生产中的上浆过程相结合，探索出一种制备 CNT-CF 的简易方法，该方法连续、有效，同时可使碳纳米管沉积附着到碳纤维表面并与之紧密相连。Liu 等[145]通过间歇超声定向电泳沉积技术制备出 CNT-CF，然后采取激光瞬态加热的方式将碳纳米管与碳纤维的沉积接触界面处进行了"焊接"(加固)，提高了碳纤维与碳纳米管之间的界面结合强度，并在碳纤维表面形成了有利于基体材料渗透的多孔结构。

化学接枝（chemical grafting，CG）法需要首先对碳纤维以及碳纳米管的表面进行化学性能活化处理，使其表面获得丰富的可发生反应的极性官能团，再将二者置于特定的反应介质中相互接触并发生脱水、酯化或酰胺化等一系列复杂的化学反应[146]，从而在碳纤维和碳纳米管之间形成牢固的化学键连接来制备 CNT-CF。哈尔滨工业大学由赫晓东教授负责的多功能多尺度复合材料研究团队[147-150]基于以上理论，通过开展大量的试验研究，发现 CNT-CF 表面碳纳米管的接枝效果与所使用的偶联剂密切相关，大分子聚合物对于提升 CNT-CF 的制备效果具有积极影响。这为后续相关科研人员制备高强、高性能的复合多尺度纤维提供了重要的参考依据。Laachachi 等[151]通过一系列化学反应制得 CNT-CF，并对其接枝效果进行表征，测得 CNT-CF 表面接枝的碳纳米管质量占比约为 1.8%。李玉鑫[152]将化学法和电泳法结合，创造性地设计出化学电泳法用于制备 CNT-CF，即首先利用电泳沉积工艺使碳纳米管沉积至碳纤维表面，再使碳纳米管在催化剂的作用下与碳纤维上含有的氨基发生酰胺缩合反应，从而实现较强的化学键连接。李玮和程先华[153]考虑到稀土元素的化学活性较高且配位数较大，并通过试验证明铈能够使碳纤维官能化，于是将马来酰亚胺官能化的碳纳米管与碳纤维混合，同时采用三氯化铈进行处理，制备得到 CNT-CF，该工艺不仅清洁环保、成本低廉，而且对进一步利用无污染方式获得高质量的 CNT-CF 具有重要借鉴意义。

相较而言，化学气相沉积法能够调控碳纳米管的生长形貌，但由于高温、催化剂的使用以及受到处理空间的限制，其目前仅限于实验室理论研究而难以推广应用。化学接枝法可以形成化学键，从而使碳纳米管与碳纤维有效连接，但是接枝过程中涉及大量化学试剂的使用，且整个试验周期较长，因此也无法满足工业化制备需求。电泳沉积法是在碳纤维表面引入碳纳米管的一种行之有效的工艺，尽管由该方法制备而成的 CNT-CF 存在碳纳米管与碳纤维之间相互联系较弱等不足，但是电泳沉积法所需设备简单，而且成本低、效率高，碳纤维表面改性效果明显，有利于大规模的工业化实际生产和应用。

2. CNT-CF 在复合材料中的应用

CNT-CF 作为一种复合多尺度纤维增强体，不仅可以提升碳纤维的表面活性，而且能够改善碳纤维与基体之间的力学特性，是复合材料增强组分的理想选择。当前，CNT-CF 凭借优异的力学性能而广泛应用于树脂基、聚合物基复合材料领域。Wu 等[154] 基于重氮化反应，使碳纳米管上带有氨基官能团，再将功能化的碳纳米管接枝至碳纤维表面，研究了不同浓度的碳纳米管与碳纤维结合后对复合材料界面强度的影响，与未经处理的普通纤维复合材料相比，CNT-CF 改性的树脂基复合材料具有较好的增强效果，纤维与基体之间的相互浸润性有所改善，且 CNT-CF 的掺入显著优化了复合材料的界面性能。郭金海[155] 在超声辅助的条件下运用电泳沉积工艺制备得到 CNT-CF 及其环氧复合材料，通过进行单纤维拉伸及拔出试验可知，CNT-CF 的拉伸强度与黏附功分别增加了 16% 和 22%，而 CNT-CF 增强环氧复合材料的层间剪切强度则表现出高达 68.8% 的提升幅度。眭凯强等[156] 利用电泳沉积技术将羧基化的碳纳米管负载到碳纤维表面制备 CNT-CF，并对由其改性制得的复合材料界面性能进行研究，结果表明，当碳纳米管溶液质量分数为 0.1% 时，负载碳纳米管后的碳纤维表面粗糙程度明显增大，CNT-CF 对树脂的浸润性得到改善，且复合材料具有 72.93% 的界面剪切强度提高率。蔡安宁[157] 通过化学接枝法制备出 CNT-CF，并与环氧树脂共混制备成改性复合材料，达到了提高树脂基复合材料力学性能的目的。邱延田等[158] 采用硫醇烯反应在碳纤维表面构建了由碳纳米管与石墨烯组成的多尺度界面，并通过密炼的方式制备出聚丙烯腈基碳纤维增强聚合物基复合材料，测试结果显示，多尺度结构的存在显著提高了聚丙烯基体与纤维之间的界面结合强度。可见，应用 CNT-CF 对复合材料进行改性增强，能够改善复合材料界面性能差的问题，从而在很大程度上有效提升了复合材料的整体力学性能。CNT-CF 改性复合材料在新能源汽车、船舶制造业以及航空航天和国防军事等领域的应用价值正在逐步攀升[159]。

综上可知，国内外众多学者进行了广泛而深入的研究工作，有效地推动了 CNT-CF 制备技术的发展和突破，开辟了 CNT-CF 改性复合材料的应用路线，这些研究成果使得 CNT-CF 在混凝土等水泥基复合材料中的实际改性增强应用具有了可操作性与可实现性。然而 CNT-CF 在混凝土领域的应用研究仍处于实验室探索阶段，CNT-CF 在水泥基复合材料碱性环境中的分散特点、CNT-CF 对混凝土在准静态加载条件及中高应变率荷载作用下力学性能的影响规律等诸多基础性科学问题都鲜见报道，迫切需要开展相应的研究。

1.2.5 混凝土本构模型研究现状

研究人员对混凝土本构模型进行了大量的研究，根据研究方法的不同，总体可分为两类：基于试验所建立的混凝土本构模型和基于理论推导所建立的混凝土本构模型。基于理论推导所建立的本构模型又可分为基于经典力学的本构模型和基于新兴理论的本构模型两大类。基于经典力学的本构模型主要是指弹性本构模型、塑性本构模型、黏弹性本构模型、黏弹性-弹塑性本构模型、黏塑性本构模型等。基于新兴理论的本构模型主要是指断裂力学理论模型、人工神经网络模型等。以下介绍几种具有代表性的经典力学本构模型和新兴理论本构模型。

弹性本构模型：弹性本构模型可分为线弹性本构模型和非线弹性本构模型两类。其中，线弹性本构模型认为，在混凝土受到荷载作用时，混凝土材料变形在加荷和卸荷时在同一条直线上，且卸荷后无残余变形。而非线弹性本构模型则属于经验型模型，该模型计算较为简单，对混凝土单轴、双轴甚至三轴比例加载均有较好的描述，但不适用于复杂的非比例加载。

塑性本构模型：塑性本构模型常用来描述金属材料，在金属材料中，塑性应变是指在材料中由晶格错位导致材料发生不可恢复的应变；但对混凝土材料而言，塑性应变是指由混凝土内部微裂缝、微损伤的扩展导致混凝土发生不可恢复的应变。混凝土塑性本构模型通常包括初始屈服面、破坏面、强化法则、加卸载准则和流动法则等。该模型具有较大的灵活性，可以通过定义不同的破坏面来考虑不同加载条件下混凝土的破坏行为。

黏弹性本构模型：黏弹性是指在介质内，一点的应力与作用在该点处的应变速率具有一定相关性。在混凝土动态冲击试验中，混凝土的应变率强化效应或者混凝土蠕变、应力松弛等现象均表明混凝土具有一定的黏性性质。而混凝土具有黏性效应的原因是在混凝土材料内部有一定的孔隙水，而孔隙水的存在会产生斯特藩 (Stefan) 效应，该效应认为，夹在两相邻且运动的平板之间的薄膜黏性液体(例如水) 会对这两块平板产生反作用力，且这种反作用力与平板分离速度成正比。

研究认为，黏弹性本构模型可以用弹性元件和黏性元件的不同组合表示，如麦克斯韦 (Maxwell) 模型、开尔文 (Kelvin) 模型，其他更加复杂的组合模型均可由弹性元件和黏性元件组合表示。当混凝土受到的荷载的幅值和平均值都较小时，通常可将混凝土视为黏弹性体，该模型不适用于材料出现塑性效应的情况。

黏弹性–弹塑性本构模型：若混凝土所受到动态荷载的幅值较小，但平均值较大，且平均值几乎等同于静态荷载，则这时混凝土适用于黏弹性–弹塑性本构模型。该模型可以理解为混凝土在静态荷载的作用下叠加一个循环动荷载，且静荷载的值远大于循环动荷载最大幅值。黏弹性–弹塑性本构模型认为，由于动荷载幅值较小，可以将静荷载与动荷载两者近似视为简单叠加，对静荷载通过弹塑性本构模型进行分析，对动荷载通过黏弹性本构模型进行分析。

黏塑性本构模型：当混凝土受到量值影响较大的单调动荷载作用或幅值较大的荷载作用时，混凝土可视为黏塑性材料且适用于黏塑性本构模型。黏塑性本构模型认为，任何材料的总应变率由两部分组成：弹性应变率和黏塑性应变率。在应用黏塑性本构模型时，需要定义一个屈服面，当材料中应力位于屈服面以内时，认为材料满足弹性应力–应变关系；而当材料应力超过所假定的屈服面时，认为材料将发生黏塑性应变。

断裂力学理论模型：在混凝土领域，断裂力学主要研究混凝土内部裂缝尖端处的应力、位移等问题。目前，在断裂力学理论中对混凝土非线性变形过程描述常用的模型有两种：一种是在达到材料的应力强度之前材料的本构关系，另一种是在材料达到应力强度之后材料断裂区的应力和开裂宽度的关系。而目前研究人员广泛使用的断裂力学理论模型有虚拟裂缝模型和裂缝带模型，在研究过程中，部分学者将断裂模型与混凝土压缩模型相结合，在此基础上发展成为更加复杂与全面的混凝土本构模型。

1.2.6 混凝土界面过渡区研究现状

混凝土由骨料、水泥浆体，以及存在于骨料与水泥浆体之间的界面过渡区组成。混凝土界面过渡区的力学性质与混凝土基体存在明显不同，同时，研究表明，在混凝土变形破坏时常伴随有裂缝的发展与新裂缝的产生，而裂缝的发展与新裂缝的产生往往是从界面过渡区开始的。因此，对混凝土界面过渡区的研究十分有意义。

学者最初通过光学显微镜发现在集料周围存在一个白色圆环，因此提出过渡环的概念。Bentz 等[160]进一步对界面过渡区物相组成和孔隙进行研究，结果发现界面过渡区氢氧化钙含量较多，孔隙率与孔径较大。随着背散射电子扫描仪与纳米压痕技术的发展，研究人员对界面过渡区的研究逐渐深入。Scrivener 等[161]通过背散射电子扫描仪对界面过渡区孔隙率、氢氧化钙晶体趋向性等不同参数进

1.2 国内外研究现状

行研究,结果发现界面过渡区孔隙率高,且在未发生破坏之前即存在大量微裂纹,而这些微裂纹的发展与破坏是影响混凝土力学性质的决定性因素之一,同时,界面过渡区氢氧化钙含量随着距离的增加而降低,直至接近混凝土本身的含量。目前对混凝土界面过渡区研究最常用也最成熟的方法是纳米压痕试验,大量学者通过纳米压痕技术对界面过渡区的力学性能进行研究。经过对混凝土界面过渡区的大量研究,研究人员发现相比于基体,集料的界面过渡区弹性模量较低,界面过渡区宽度在 30~50 μm,且水灰比和外加剂均会对混凝土界面过渡区的力学性能产生影响。影响界面过渡区的因素有很多,目前认为混凝土材料的水灰比和龄期、外加剂和含量,以及集料的形状均会对混凝土的界面过渡区产生影响。目前普遍认为界面过渡区的形成主要有以下几个原因。

1) 单边生长效应

混凝土内部的集料可分为两种:活性集料与非活性集料。活性集料和水泥浆体均能够参与混凝土内部的水化反应;而非活性集料不能参与水化反应,即在混凝土中,只有水泥浆体的水化反应对内部孔隙起到填充作用,这种现象也叫单边生长效应。这为改进界面过渡区提供了一种新的思路,即通过对集料改性,使集料与胶凝材料均发生化学作用,从而改进界面过渡区的力学特性,提高混凝土强度。

2) 边壁效应

在混凝土内部,相比于水泥基体,集料表面的凝胶颗粒浓度更高,而在距离集料较远的地方,颗粒凝胶浓度低,这种现象称为边壁效应。边壁效应的存在为离子的迁移提供了理论基础,进一步导致氢氧化钙 (CH) 和针尖状钙矾石 (C-A-S-H) 在集料表面大量富集,最终导致界面过渡区孔隙率过高的现象。

3) 微区泌水效应

微区泌水效应认为,在混凝土水化过程中,混凝土中集料或纤维表面会发生水分的富集,而富集在集料或纤维表面的水分会导致在这些地方水灰比相对而言有一定程度的提高,随着后期水分的蒸发,蒸发的水会在该区域留下孔洞,这导致了界面过渡区处力学性能的降低与孔隙的增加。

4) 絮凝成团作用

絮凝成团作用认为,在混凝土拌和时,当混凝土中的粒子足够小时,粒子之间会发生完全的接触,粒子间通过接触相互抵消了本身所含有的电荷和能量,而电荷和能量的抵消导致水泥微粒的稳定性下降,在混凝土内部易形成纤维状结构,从而导致孔隙增多。

5) 离子迁移与沉积及成核作用

混凝土水化会产生大量的钙离子、硫酸根离子、氢氧根离子和铝离子,而这些离子的溶解度和迁移速度随着水泥水化的进行并不是一成不变的,在水化中,大部分的钙离子、硫酸根离子和部分铝离子会在集料表面生成氢氧化钙和针尖状钙矾石，且由于微区泌水效应的存在，集料表面水灰比高，使得在集料附近的产物孔隙率高，同时，氢氧化钙晶体会在集料表面定向排列，导致界面处密实度降低。

6) 浆体收缩作用

在水泥水化前期，相比于临界浓度，水泥浆体中离子浓度较高，离子间必然存在大量相互作用力，这些相互作用力的存在会促使离子凝聚成团。而在这个过程中，胶凝材料会产生收缩。同时，包裹在其中的溶剂会被挤出，这些被挤出的溶剂会在集料表面形成一层水膜，水膜的存在同样会导致混凝土局部水灰比的变大，从而使得界面过渡区结构发生变化。

上述观点是从多种不同角度对界面过渡区形成机制进行研究的结果，也是目前被研究人员广为接受的观点。目前学术界普遍认为以上六种机理是有可能共存且相互影响的。虽然研究人员对界面过渡区已经进行了大量研究，但依然存在以下两方面的不足：

(1) 对集料与混凝土的界面过渡区研究较多，但对碳基纤维材料与混凝土的界面过渡区的力学性能研究较少；

(2) 大量研究已经证实，界面过渡区微观结构主要有低密度水化硅酸钙凝胶、高密度水化硅酸钙凝胶和氢氧化钙等，但对其水化产物的量化分析依然较少。

1.2.7 分子模拟研究现状

1. 分子模拟方法

分子模拟是基于原子水平的分子模型，利用计算机技术进行分析与模拟进而得到分子结构和运动轨迹，最终得到分子的热力学、动力学等信息的方法。通过分子模拟，可以得到试验难以得到的数据或现象。目前，研究人员通过分子模拟对化学反应机理、两种材料界面处的力学性质进行大量研究。

分子模拟的计算方法主要有量子力学方法、分子力学方法、分子动力学方法和蒙特卡罗方法四种，这四种方法在材料学、医学等领域的研究中发挥着不可或缺的作用。

其中，量子力学方法中最常使用的计算方法为从头算法，该方法的特点是体系中没有经验参数与过度简化，导致该方法虽然计算精度较高，但耗时长。在此基础上逐步发展出更为简单的计算方法，如半经验轨道计算法，与从头算法相比，半经验轨道计算法精度较差，但极大地减少了试验耗时。

分子力学方法是以经典力学为依据逐步发展起来的方法，该方法可计算庞大且复杂的分子稳定构相以及热力学性质等，且操作简单，因此在研究领域也有一定应用。

分子动力学方法是以牛顿运动方程为基础，并结合分子力场所发展而成的方法。该方法是对体系中各个分子运动方程进行求解，进而得到各个时刻、各个分子

1.2 国内外研究现状

的坐标与动量，然后利用统计的方法得到多系统的静态和动态特性，最后得到宏观特性。分子动力学方法在计算分子构相和能量等领域有着非常广泛的应用，其基本原理是通过改变粒子分布的集合位置使得能量最小，从而获得体系最佳的结构。当研究人员需要研究短时间尺度的动力学过程时，分子动力学方法具有明显的优势[162]。目前，该方法在研究中应用最为广泛。

蒙特卡罗方法的中心思想是，根据所模拟系统中分子或原子的运动，并结合统计学中的概率分配原理进行模拟，目前，该方法在多个领域均有一定应用。

2. 分子模拟应用

随着计算机行业的发展，分子模拟已经在材料力学、界面力学研究中有大量的应用，其中，对复合材料界面研究主要集中在聚合物与聚合物的界面、碳纳米管与聚合物的界面，以及金属与聚合物的界面等几个方向上。研究人员通过分子模拟方法可以实现对材料性质的预测与优化、对材料加工过程的研究等。

1) 对材料性质进行预测

研究人员通过分子模拟材料的结构，进而实现对材料的物理化学性能的预测，通过该方法可极大地降低研究成本与风险。

2) 对材料性质进行优化

在材料学中，可以通过分子模拟方法对包括陶瓷材料、金属材料在内的多种材料做出多种优化方案并进行对比，进而得到最优设计，以减少研究成本。

3) 对材料加工过程进行研究

研究人员可以通过分子模拟技术，对加工中的材料经过冷、热等处理后的内部晶界特性、聚集缺陷等进行研究，进而提出更优的材料处理方法。

4) 研究催化剂的催化机理

催化剂可以极大地促进化学反应速度，提高化学反应效率，是现代化学工业的重要基础。研究人员可以通过分子模拟对催化剂催化化学反应过程进行研究，从而找出更优异的催化剂，进而更好地为现代工业服务。

在混凝土领域，目前已经有部分研究人员将分子模拟方法应用在混凝土中，但由于混凝土结构复杂，其微观结构组成依然存在一定争议[163]，现有技术对混凝土进行精确模拟依然存在一定困难。因此，目前研究人员在模拟时普遍用托贝莫来石的晶体结构代替混凝土。

总的来说，目前分子模拟在材料学、化学等学科中已经有了较多的应用，为研究人员对不同环境下材料性能的预测、材料的开发与应用起到不可或缺的作用，但目前分子模拟在混凝土等传统学科中应用较少，对纤维与混凝土界面的研究更加稀少。未来，随着计算机技术的发展，分子模拟将会在传统学科中发挥越来越重要的作用。

1.3 现有研究存在的问题与不足

通过前文对相关文献的梳理与总结可知，国内外学者在碳纤维和碳纳米管分散性、纤维增强混凝土以及碳纳米管-碳纤维复合多尺度纤维等方面开展了大量探索性试验和理论研究工作，并且取得了一定的研究成果，但仍存在以下几点问题与不足之处，有待进一步深入探究。

(1) 在碳纳米管水泥基复合材料的制备与实际应用中，碳纳米管易团聚、难分散的问题并没有得到根本解决，这严重束缚了碳纳米管在水泥基复合材料中积极作用的有效发挥；碳纤维表面呈现化学惰性，致使其与混凝土基体之间的界面黏结性能较差，削弱了碳纤维在基体内部承载及应力传递过程中所应具有的阻裂和约束效果，进而导致碳纤维增强混凝土的整体力学性能受到了限制。

(2) 现有关于纤维增强混凝土力学性能的研究大部分集中于钢纤维增强混凝土、玄武岩纤维增强混凝土、碳纤维增强混凝土以及聚丙烯纤维增强混凝土等，仍然局限于采用单一尺寸、单一品种的纤维对混凝土进行增强与增韧，而单一尺度或性质的常规纤维难以契合混凝土材料多尺度的结构特点以及多阶段的破坏过程，纤维增强体的种类有待丰富，纤维增强混凝土的界面黏结性能还存在进一步改善的空间。

(3) 尽管研究人员在 CNT-CF 这种新型纤维材料的制备方面已经取得了突破性进展，但目前关于 CNT-CF 在混凝土等水泥基复合材料领域的研究与实际应用中尚且处于起步阶段，CNT-CF 与常规纤维不同，则针对 CNT-CF 对混凝土力学性能的改性效果和增强机理与其他类型的纤维增强混凝土也会存在一定差异，有必要探明 CNT-CF 对混凝土静动态力学性能的影响规律及作用机制。

(4) 对碳基纤维增强混凝土界面过渡区的研究较少。大量研究证实，在骨料与混凝土界面之间存在界面过渡区，同样地，在纤维类材料与混凝土之间也存在界面过渡区。但是目前对碳纤维，尤其是经过表面处理的碳纤维、碳纳米管等碳基材料与混凝土的界面过渡区的研究较少。

(5) 对纤维类材料与混凝土基体界面的模拟研究不足。随着计算机技术的发展，通过计算机对界面进行模拟，逐步成为研究界面特性、化学反应机理的主要方法之一，但是目前对纤维类材料与混凝土界面模拟的研究相对较少。因此，通过计算机模拟研究混凝土中的 CNT-CF 纤维在拔出过程中能量和拉拔力的变化，对研究多尺度纤维改性机理是十分有意义的。

1.4 本书研究内容

本书以 CMFRC 为主要研究对象，采用试验测试、理论分析、模型构建和数值模拟等手段相结合的研究方法，探究 CMFRC 的基本静态力学性能及其在冲击荷载作用下的动态压缩力学特性,并从微观层面分析 CNT-CF 对混凝土材料的影响机制。具体研究内容如下所述。

(1)CNT-CF 及 CMFRC 的制备工艺。采取电泳沉积技术,同时辅以超声处理手段制备 CNT-CF,对其表观形貌、接枝效果进行测试与表征,并以 "裹砂石法" 为基础,综合考虑 CNT-CF 的分散稳定性及各原材料的基本特性,优化纤维增强混凝土拌和流程,制备 5 种 CNT-CF 体积掺量 (0%、0.1%、0.2%、0.3%、0.4%) 的 CMFRC 试件。

(2)CMFRC 的基本静态力学性能。利用建筑材料试验机对混凝土试件开展静态单轴压缩、抗折试验,获得 CMFRC 的抗压强度、抗折强度、折压比及破坏形态等性能指标,研究 CNT-CF 体积掺量对 CMFRC 静力强度特性和破坏失效模式的影响规律,并与碳纤维增强混凝土进行对比,进而分析讨论 CNT-CF 对混凝土基础力学性能改善效果的优越性。

(3)CMFRC 的动态压缩力学特性。通过 $\phi100$ mm 分离式霍普金森压杆试验装置开展 CMFRC 在冲击荷载作用下的压缩试验,测得其在不同应变率条件下的应力–应变全过程曲线,以峰值应力、极限应变、冲击韧度及试件破坏形态等作为评价指标,分析应变率效应和 CNT-CF 含量对 CMFRC 动力强度、变形与冲击破坏时能量耗散特征的影响规律。

(4)CMFRC 的动态压缩本构模型。基于试验结果特征分析,依据损伤力学和统计理论,引入应变率强化因子、纤维增益因子、韦布尔 (Weibull) 分布形式的损伤演化变量,计及应变率效应与 CNT-CF 的多尺度增强效果对混凝土动态受压力学特性的影响,建立适用于 CMFRC 的动态压缩损伤本构模型,并拟合试验数据确定其本构方程的具体参数。

(5)CMFRC 的界面黏结性能。通过纳米压痕试验对 CMFRC 界面过渡区进行研究,分析纤维/基体 (F/M) 界面过渡区的微观力学特性,此外,通过 LAMMPS 软件建立 CNT-CF 与混凝土的微单元模型,并对该模型进行模拟拉拔试验,从最大拉拔力和相互作用能两个角度对 F/M 界面进行研究,结合相关理论更好地研究 CNT-CF 与混凝土基体之间的界面性能。

(6)CMFRC 的微观结构特征。借助 X 射线衍射 (XRD)、扫描电子显微镜、压汞试验 (MIP),观测分析 CMFRC 的物相组成、微观形貌,以及孔隙结构的基本参数与孔径分布特征,揭示 CNT-CF 对混凝土基体、纤维–基体界面过渡区的改性机理,以及其对混凝土内部孔隙构造的影响规律,阐释 CNT-CF 对混凝土宏观力学性能的作用机制,并提出 CMFRC 各组分构成的微观结构物理模型。

第 2 章　碳纳米管–碳纤维复合多尺度纤维的制备及性能表征

2.1　引　　言

　　掺加碳纤维是对混凝土进行改性的重要途径，但由于经过预氧化、高温碳化等工业生产处理过程，碳纤维形成了缺乏活性基团、仅带少许沟槽的惰性表面，这使得其与基体材料的界面黏结强度较低，在很大程度上影响了碳纤维增强混凝土 (CFRC) 应有的、理想的力学性能。近年来，将碳纳米管与碳纤维相互连接构建 CNT-CF 在学术界掀起了一股研究热潮。CNT-CF 具有特殊的微纳分级结构，目前在树脂基、聚合物基复合材料中已经实现了工程应用并取得了良好效果，但 CNT-CF 在水泥基复合材料领域的研究尚处于起步阶段。现代土木工程结构的服役环境日趋复杂，这对建筑材料的力学性能提出了更高的要求，使用 CNT-CF 对混凝土进行改性已成为推动材料科学创新发展的必然趋势。

　　CNT-CF 的主要制备方式有化学气相沉积法、化学接枝法和电泳沉积法等，其中，电泳沉积法凭借其所需装置简单且易于操作的优点而备受青睐。本章基于已有研究成果，选择电泳沉积的方式，使碳纳米管在电场力的作用下沉积附着在碳纤维表面，制得开展后续混凝土力学试验所必需的、接枝效果良好的多尺度纤维材料，并通过扫描电子显微镜、X 射线光电子能谱仪对电泳沉积处理前后碳纤维的微观形貌及表面元素特征进行测试与表征。

2.2　试验原料与仪器设备

2.2.1　原材料及试剂

　　表 2.1 列出了利用电泳沉积法制备 CNT-CF 所需要的主要原材料及试剂。

2.2.2　试验仪器及设备

　　表 2.2 展示了利用电泳沉积法制备 CNT-CF 所需要的主要试验仪器及设备。其中，恒温干燥箱如图 2.1 所示。

2.2 试验原料与仪器设备

表 2.1　试验原料及相关信息

名称	规格及性质	生产厂家
碳纳米管	XFM06，化学气相沉积法制备，多壁，羧基化，直径 5～15 nm	江苏先丰纳米材料科技有限式会社
碳纤维	T700-12K，聚丙烯腈基，单丝直径 7 μm	日本东丽株式会社
丙酮	无色透明液体，化学分析纯	天津市富宇精细化工有限公司
碳纳米管分散助剂	TNWDIS，XFZ20	江苏先丰纳米材料科技有限公司
十六烷基三甲基溴化铵	白色粉末状固体，化学分析纯	生工生物工程 (上海) 股份有限公司
无水乙醇	化学分析纯	国药集团化学试剂有限公司
去离子水	无色透明液体，一级，分析纯，pH 6.5～7.5	深圳市华南高科水处理设备有限公司

表 2.2　电泳沉积法制备 CNT-CF 所需仪器与设备

仪器设备	规格及型号	生产厂家
超声波清洗机	AK-100ST	深圳市钰洁清洗设备有限公司
低速离心机	SC-3614	上海禾汽玻璃仪器有限公司
电子分析天平	FA2204C	上海精科天美科学仪器有限公司
电泳仪电源	DYY-8C	北京六一生物科技有限公司
电泳槽	—	实验室自制
恒温干燥箱	DHG-9140A	上海鸿都电子科技有限公司
数显恒温水浴锅	HH-1/HH-4	常州金坛良友仪器有限公司

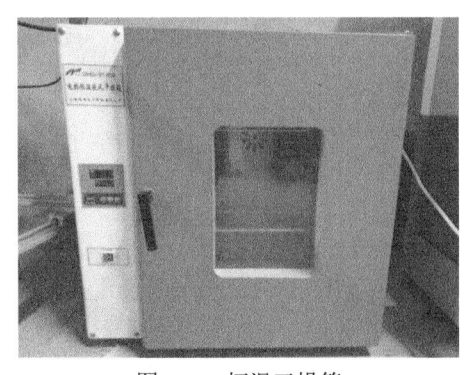

图 2.1　恒温干燥箱

对制备得到的 CNT-CF 相关特性进行测试表征，所使用的仪器及型号如表 2.3 所示。其中，通过扫描电子显微镜 (scanning electron microscope，SEM) 可观察 CNT-CF 的微观形貌，用来分析电泳沉积处理前原始碳纤维的表面形态以及电泳沉积处理后 CNT-CF 表面碳纳米管的沉积状态；通过 X 射线光电子能谱仪 (X-ray photoelectron spectrometer，XPS) 能够分析出试验前后碳纤维及 CNT-CF 表面的化学元素组成情况。

表 2.3　CNT-CF 测试表征仪器及相关信息

仪器名称	型号	生产厂家
扫描电子显微镜	JSM-6700F	日本电子株式会社
X 射线光电子能谱仪	ESCALAB 250Xi	美国赛默飞世尔科技公司

X 射线光电子能谱仪 (图 2.2) 的技术参数：Al Kα 射线 (1253.6 eV) 作为激发源，进行荷电校正时以 C1s=284.80 eV 结合能为能量标准，分析室真空度设置为 5×10^{-10} MPa。扫描电子显微镜的主要技术指标介绍见 8.2.1 节。

图 2.2　X 射线光电子能谱仪

2.3　电泳沉积制备 CNT-CF

电泳沉积工艺是利用电解液中带电粒子的定向移动特性，只需进行相对简单的操作便可在碳纤维表面涂覆具有优越导电性能的纳米碳材料。本节依据电泳的相关技术理论，使碳纳米管沉积到碳纤维表面，制备 CNT-CF。

2.3.1　电泳沉积技术

随着越来越多纳米量级新型结构材料的不断涌现，电泳沉积作为一种有效的电化学处理方法，由于其设备简单、试验条件温和、成本低、效率高，而且产物的成分和性能高度可控，在近半个多世纪以来得到了长足的发展。从本质上来讲，该技术包含电泳 (液体中的带电粒子在电势差的作用下向电极方向迁移) 和沉积 (带电粒子在电极表面形成沉积层) 两个基本过程。如图 2.3 所示，电泳沉积技术可根据电解液中悬浮粒子的带电情况区分为两种基本的实现形式。

通常情况下，被羧基功能化的碳纳米管表面含有大量含氧官能团 (主要为 —COOH)，—COOH 可在水相溶剂中发生电离，使碳纳米管带有负电荷。基于此，羧基化碳纳米管在水相电解液中呈现电负性，从而在电势差的作用下，含有羧基的碳纳米管向充当阳极的碳纤维表面定向移动，形成沉积层。研究表明，羧

2.3 电泳沉积制备 CNT-CF

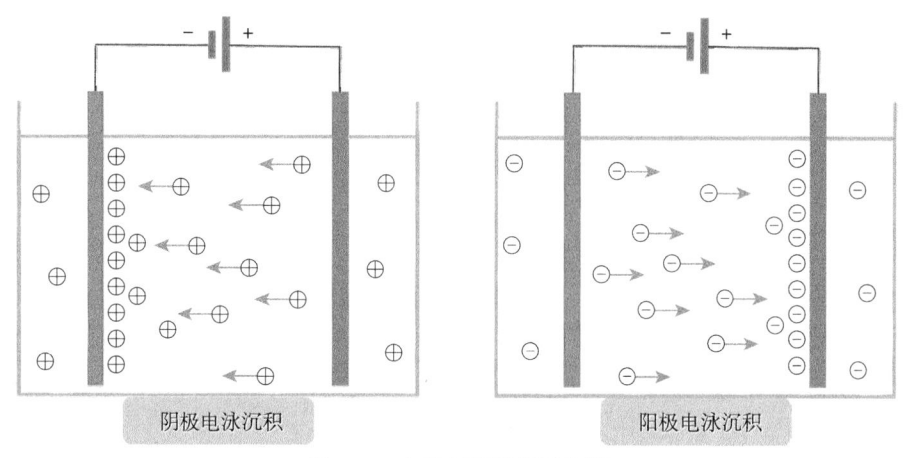

图 2.3 电泳沉积原理示意图

基化碳纳米管在电解液中不仅可以呈现电负性，借助相应的表面活性剂处理还可令其在水性悬浮液中带有正电荷[140]。此外，带相同种类电荷的碳纳米管粒子之间具有相互排斥作用，能够有效抑制碳纳米管聚集结团现象的发生，从而实现碳纳米管的均匀分散。本研究使用十六烷基三甲基溴化铵 (CTAB) 对羧基化的碳纳米管进行表面改性。CTAB 是一种阳离子型表面活性剂[164,165]，其溶于水中电离出的阳离子可以通过静电作用与带负电荷的羧基化碳纳米管相互吸引，包裹在碳纳米管表面，与—COOH 等官能团的负电荷相中和并整体上表现为正电性，从而使羧基化碳纳米管在水相电解液中的表面带电荷类别有所改变。另外，当在碳纳米管分散液中添加 CTAB 作为表面活性剂时，由于水相溶剂的极性与碳纳米管的非极性，吸附于碳纳米管粒子上的 CTAB 分子有序排列，该表面活性剂分子的非极性端连接在碳纳米管表层，而极性端伸向水中，并且带正电荷，这同样可促使羧基化碳纳米管在 CTAB-水相电解液中呈现正电性。

2.3.2 碳纤维表面沉积碳纳米管

碳纳米管和碳纤维表现出优良的导电性能。基于碳纳米管在电解液中能够在电场力作用下定向移动的性质，本研究利用电泳沉积技术在碳纤维表面覆盖碳纳米管从而制备 CNT-CF：以无上浆碳纤维作为负极，以由无水乙醇、去离子水洗涤的不锈钢片作为正极，施加直流电场后，电势差的存在使羧基化碳纳米管在电解液中向负极的无上浆碳纤维方向移动，并最终沉积接枝至碳纤维表面。

利用电泳沉积法制备 CNT-CF 主要包括三个步骤：原始碳纤维脱浆处理 → 配制羧基化碳纳米管水相分散液 → 电泳沉积制备 CNT-CF。

1. 碳纤维脱浆处理

束状碳纤维中存在数以万计的单丝,为防止大量原丝疏松错乱,商业化碳纤维在生产过程中会在其表面均匀施加一层浆料(主要成分为环氧树脂)。商业浆料的存在将严重限制碳纤维表面的改性效果,同时碳纤维与复合材料基体之间的相互作用也会被削弱,因此当碳纤维被用作增强体时,需要去除其表层的上浆剂,从而增强其表面黏附力,该过程便称为碳纤维脱浆处理[166]。本研究以丙酮作为溶剂,使用索氏(Soxhlet)提取的方法对原始带浆碳纤维进行脱浆处理[157]。具体操作流程为:首先用去离子水清洗束状的原始碳纤维,除掉其表面附着的杂质;待碳纤维干燥后,再将其放入索氏提取器中进行水浴加热处理,通过浸提从而去除碳纤维表面的上浆剂(提取瓶中预先加入丙酮,水浴加热温度为 75 ℃,浸提时间为 48 h)。反应结束后,将碳纤维分别用无水乙醇和去离子水各清洗两次,而后将其置于恒温干燥箱中在 60 ℃ 下干燥 24 h,取出备用。

2. 碳纳米管分散处理

碳纳米管的分散稳定性是后续利用电泳沉积工艺制备 CNT-CF 的重要基础条件,必须保证碳纳米管在水相溶剂中具有良好的分散效果。本研究采用去离子水作为分散介质,以 CTAB 作为表面活性剂对碳纳米管表面进行修饰,从而使羧基化碳纳米管向负极方向迁移,这既避免了碳纤维作为阳极而被氧化,同时可以提高电泳速率及沉积层的均一性。

通过物理搅拌并结合超声辅助的方式配制质量分数为 0.15%~0.20%的碳纳米管分散液,具体步骤如下所述。①首先称取适量碳纳米管粉末和分散助剂置于烧杯中,按比例添加去离子水,并使用玻璃棒缓慢搅拌,使碳纳米管粉末被液体完全润湿,再称取与碳纳米管等质量的 CTAB 粉末加入其中,边水浴加热至 40 ℃ 边用玻璃棒充分搅拌。②借助超声波清洗机对碳纳米管混合液进行水浴式超声分散处理(图 2.4),超声输出功率为 150 W,每超声 5 min 即将烧杯取出并置于冰水中降温,保持碳纳米管分散剂的活性,同时可冷却消泡,而后继续进行超声处理,累计超声时间为 0.5 h(6 次 ×5 min)。③超声分散结束后,将碳纳米管混合液放入低速离心机内离心沉降 30 min,去除混合液底部未分散开的团聚颗粒及其他沉淀,即可得到分散均匀的碳纳米管悬浮液,见图 2.5(a)。

将碳纳米管加入水相分散溶剂并经过水浴式超声和离心沉降处理后,混合液变为黑灰色的悬浮液,液体中没有出现肉眼可见的聚集体;静置 24 h 后再次观察经过上述处理的碳纳米管混合液,如图 2.5(b) 所示,可见该分散体系均匀稳定,其中仍未发生分层、沉降或再团聚现象。

2.3 电泳沉积制备 CNT-CF

图 2.4 水浴式超声分散处理碳纳米管混合液

(a) 超声处理结束时　　　　　　(b) 超声处理24 h后

图 2.5　碳纳米管的分散效果

3. CNT-CF 的制备

本研究利用阴极电泳沉积技术,辅以超声处理手段,使用自制可批量化处理的电泳装置在碳纤维表面沉积碳纳米管。参考相关资料[156,167]并结合前期的预试验研究分析,最终确定电泳沉积的具体参数:极板材料为不锈钢片,正负极板之间的距离为 20 mm,直流电压为 60 V,沉积时间为 1 h。主要试验步骤为:取一束去除上浆剂的碳纤维,裁剪成大约 20 cm 每段,拉直并平铺固定于网格状玻璃制框架上;将碳纤维和不锈钢片分别作为对称电极连接到电泳仪电源的负极和正极,平行插入电泳槽中并固定;将预先配制好的碳纳米管分散液倒入电泳槽内,确保液体浸没两极板的绝大部分,以碳纤维作为阴极、不锈钢片作为对电极,通电沉积;电泳处理完毕,使用去离子水浸泡清洗沉积之后的碳纤维,除掉其表层残留的杂质,放入恒温干燥箱中在 80 ℃ 下干燥 3 h,冷却至常温后保存备用。

图 2.6 所示为利用电泳沉积法制备 CNT-CF 的基本试验流程。电泳沉积的整个过程中均采用水浴式超声处理作为辅助手段。需要说明的是,在直流电源开通之前,需要首先对浸没在碳纳米管悬浮液中的碳纤维束进行 2 min 的超声处理,促使束状碳纤维分散成较为松散的单丝状态,从而有利于液体中的碳纳米管在电

势差的驱动下渗透到碳纤维束内部,提高沉积效果。经过电泳沉积,碳纤维的表面被羧基化碳纳米管所修饰改性,即 CNT-CF。

图 2.6　CNT-CF 的制备流程示意图

2.3.3　超声辅助电泳沉积机理分析

在利用电泳沉积法对碳纤维进行改性处理时,电解液中的水分子同时会发生电解,从而导致碳纤维表面产生气泡,限制碳纳米管的沉积质量,因此常规的电泳沉积工艺无法保证碳纳米管均匀稳定地沉积到碳纤维表面。本研究在原有电泳装置的基础上添加水浴式超声设备作为辅助手段[155],对电泳沉积工艺进行优化,并探讨了超声辅助对电泳沉积碳纳米管修饰碳纤维表面工艺的影响机理。

水在标准状况下发生电解的理论最小电压值为 1.23 V,因此在水相电泳沉积制备 CNT-CF 的过程中,直流电场的持续施加势必会引起水分子发生电解,具体反应如下所示:

$$\left.\begin{array}{l} 阳极反应: 4OH^- - 4e^- \rightleftharpoons 2H_2O + O_2 \uparrow \\ 阴极反应: 2H^+ + 2e^- \rightleftharpoons H_2 \uparrow \\ 总反应式: 2H_2O \rightleftharpoons 2H_2 \uparrow + O_2 \uparrow (通电) \end{array}\right\} \quad (2.1)$$

根据水电解的电极反应式 (2.1) 可知,作为阴极的碳纤维表面会在通电过程中产生大量的氢气,这些气泡逐渐合并成更大的气泡并相互贴附在碳纤维表面,而

2.4 CNT-CF 的性能测试与表征

这也正是碳纳米管的沉积区域。电泳过程中气泡的出现对于沉积过程具有不利的影响，因为随着所生成的气泡逐渐变大，若不能将其及时从沉积位点移除，它们就会在沉积电极表面形成空隙或者隔绝层，使得碳纳米管粒子不能有效地填充，进而降低沉积速率，影响沉积形貌或者导致沉积层出现较多的孔隙结构。当在水相电泳沉积过程中引入超声波作用时，极板表面由水电解而形成的气泡会被瞬间击破并迅速从沉积位点移除，悬浮液中的碳纳米管可以快速地重新补充到相应的位置，从而降低了水的电解对沉积过程造成的负面影响。

在 CNT-CF 的电泳沉积制备过程中，通过对比发现，未使用超声辅助时，在阴极碳纤维区域观察到由于水电解而出现"冒泡"现象，碳纤维表面依附有大量的微小气泡，难以自行脱离。水分子发生电解形成的气隔离在碳纤维与碳纳米管之间 (图 2.7(a))，减少了碳纤维表面的沉积区域，影响了碳纳米管的沉积效果。值得注意的是，若在电泳沉积工艺中增加超声波辅助处理，气泡形成后将立即脱落并从沉积位置移除，如图 2.7(b) 所示。引入超声波能够促使碳纳米管均匀地分散在电解液中，避免电泳沉积过程中碳纳米管无法均匀分散而发生的团聚问题；同时，超声波的"轰击"作用可及时处理碳纤维表面的气泡，使碳纳米管充分接触碳纤维，保证了碳纳米管的沉积效果。

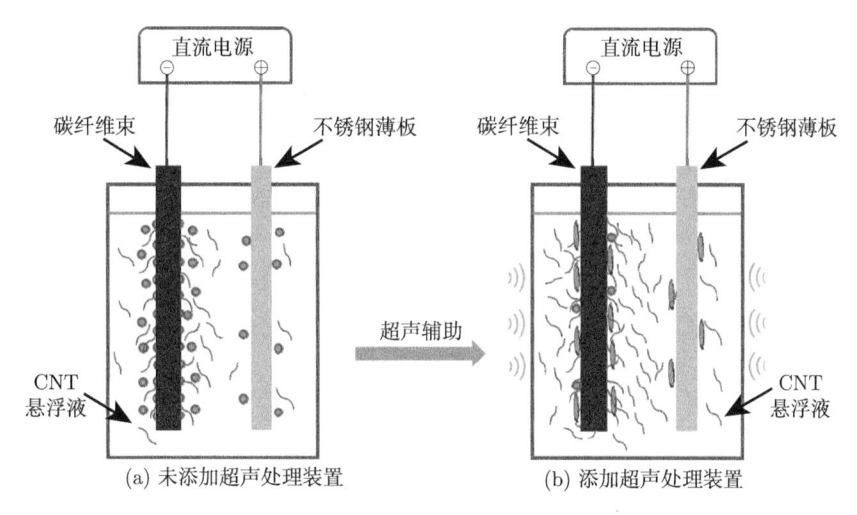

图 2.7 电泳沉积碳纳米管改性碳纤维表面工艺示意图

2.4 CNT-CF 的性能测试与表征

制备 CNT-CF 的首要目的是增加原始碳纤维的表面粗糙程度及化学活性，从而有效提升碳纤维与基体之间的界面黏结强度。因此，经过电泳沉积处理后纤维材料的表面形貌及化学状态是衡量碳纳米管接枝碳纤维效果优劣的关键。CNT-CF 的基本表面性能特征决定了其与基体界面的机械黏结力、化学键合力以及分子间作用力的强弱，进而决定着其所形成的结构性复合材料的最终力学性能。

2.4.1 CNT-CF 表面形貌特征

图 2.8、图 2.9 分别展示了原始碳纤维及其经过电泳沉积改性处理之后 (CNT-CF) 在微观层面的表面形貌。可以清晰地看出，原始碳纤维表面光洁顺滑，几乎不存在任何附着物；通过在碳纤维表面电泳沉积碳纳米管之后，碳纤维表面变得凹凸不平，出现了大量的"毛刺"状物质，粗糙程度明显增加。这充分说明利用电泳沉积工艺制备 CNT-CF 是可行的，碳纤维表面被碳纳米管沉积层所覆盖，具有了微纳分级多尺度的结构特征。

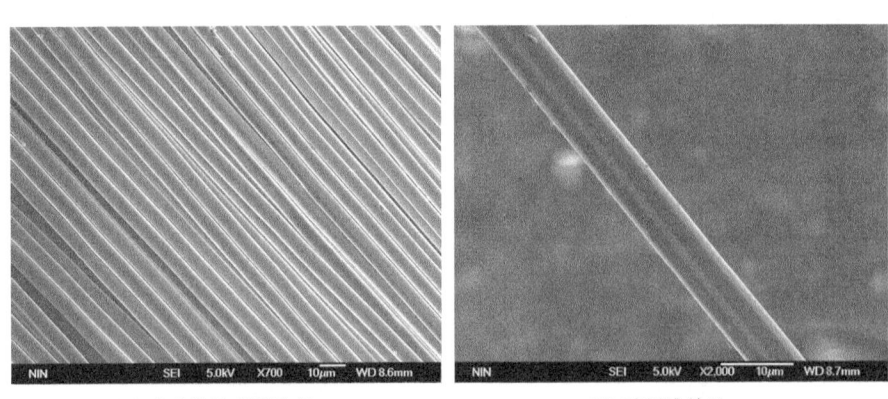

(a) 未分散的碳纤维束　　　　　　　　(b) 碳纤维单丝

图 2.8　未经电泳沉积处理的碳纤维 SEM 图

值得注意的是，在添加超声辅助条件的电泳沉积情况下，碳纳米管的沉积形貌与未辅以超声作用时有着较为明显的差别，具体表现为：未辅以超声作用时，碳纤维表面沉积有相对稀疏、无具体排列规则的碳纳米管，碳纳米管的分布区域非常不均匀，而且碳纳米管的沉积密度比较低，大多数以团聚体的形式附着在碳纤维表面。而在超声辅助电泳沉积条件下，碳纤维表面沉积有大量相互交织、分布均匀的碳纳米管，形成了致密的沉积层，而且碳纳米管极少出现缠结成团的现象。这进一步说明采用超声辅助电泳沉积的方法可以快速有效地制备得到表面具有良好多尺度结构形貌的 CNT-CF，碳纳米管在碳纤维表面的沉积效果能够满足后续试验要求。

碳纳米管具有极高的比表面积，这会使得碳纳米管极易聚集在一起，通常以团聚体的形式存在于溶剂中，导致碳纳米管难以固定在碳纤维表面，进而不利于电

2.4 CNT-CF 的性能测试与表征

泳沉积制备 CNT-CF 的顺利开展。而采用超声辅助电泳沉积工艺制备 CNT-CF 时，在超声波的连续作用下，电解液中的团聚态碳纳米管被打散而处于分散状态，所以碳纳米管能够均匀地接枝在碳纤维的表面。由此可见，超声辅助电泳沉积工艺能够有效改善碳纳米管在碳纤维表面的沉积状态，制备出接枝效果更加理想的 CNT-CF。

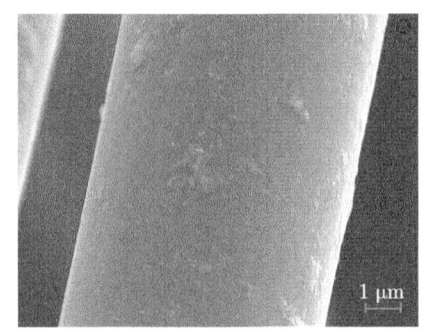

(a) 未添加超声做辅助

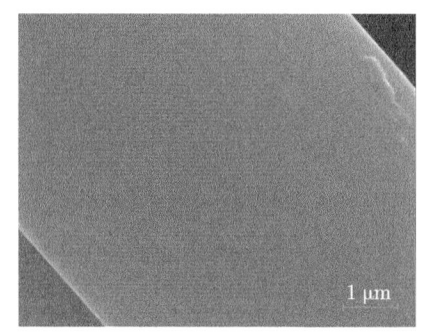

(b) 添加超声辅助条件

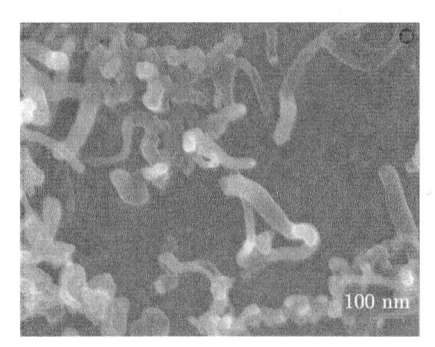

(c) CNT-CF 的局部表面形貌

图 2.9 电泳沉积处理后碳纤维 (CNT-CF) 的 SEM 图

2.4.2 CNT-CF 表面化学状态

XPS 是一种可靠的材料表面分析方法。选取本试验中的原始碳纤维和经过超声辅助电泳沉积处理的碳纤维 (CNT-CF)，分别对其进行 XPS 测试分析，研究电泳沉积处理前后碳纤维表面的元素及官能团含量变化情况。原始碳纤维及 CNT-CF 表面的 XPS 全谱扫描和分峰处理结果如图 2.10 所示。分析可知，原始碳纤维谱图中 C1s 峰强度最高，O1s 峰强度次之，且几乎看不到 N1s 峰存在强度；而原始碳纤维经过碳纳米管电泳沉积处理后制备得到 CNT-CF，其谱图中 O1s 峰强度显著提高，N1s 峰强度开始凸显，而 C1s 峰强度则有所降低。

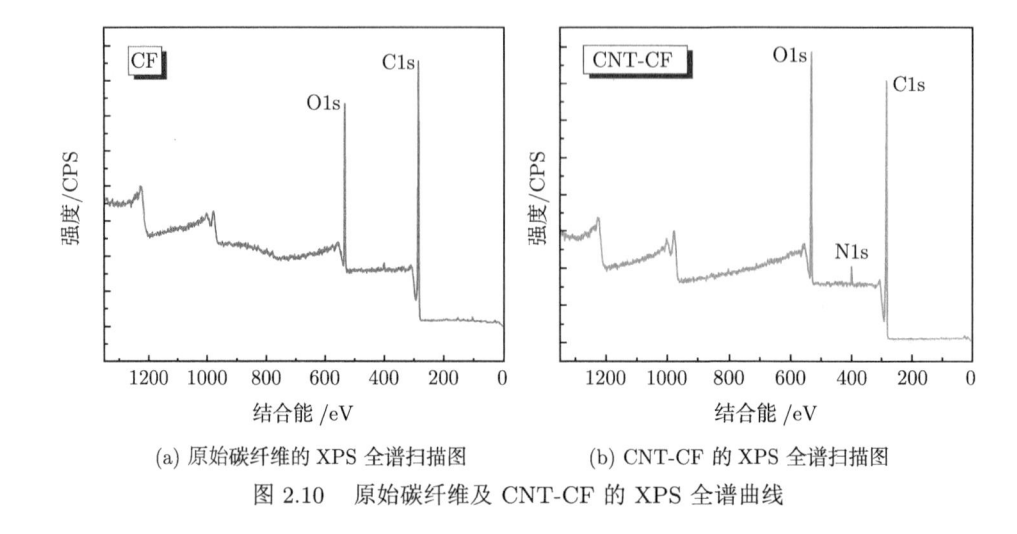

(a) 原始碳纤维的 XPS 全谱扫描图　　(b) CNT-CF 的 XPS 全谱扫描图

图 2.10　原始碳纤维及 CNT-CF 的 XPS 全谱曲线

1. 电泳沉积处理对碳纤维表面元素含量的影响

碳纤维表面含有 C、O、N、Si 等元素，本研究着重对原始碳纤维和 CNT-CF 表面的 C、O、N 三种主要元素含量的变化情况进行分析。由表 2.4 可知，未经电泳沉积处理的碳纤维表面 C 元素相对含量为 80.23%，O 元素相对含量为 18.65%，经过电泳沉积处理从而在碳纤维表面接枝碳纳米管之后，CNT-CF 表面的 C 元素相对含量下降到 74.87%，O 元素相对含量增加到 22.71%，O/C 从 0.23 上升到 0.31。从上述结果的对比分析中可以发现，碳纤维表面的 O 元素在经过改性修饰之后，其相对含量的提升幅度较为明显。这是因为在电泳沉积制备 CNT-CF 过程中所使用的碳纳米管经过功能化处理，碳纳米管上带有大量的羧基官能团，沉积之后导致原始碳纤维表面的含氧极性基团数目增多。

表 2.4　原始碳纤维及 CNT-CF 的表面元素相对含量

测试样品	元素相对含量/%(质量分数) C	O	N	O/C
CF	80.23	18.65	1.12	0.23
CNT-CF	74.87	22.71	2.42	0.31

2. 电泳沉积处理对碳纤维表面化学键含量的影响

为了进一步分析经过碳纳米管电泳沉积处理前后碳纤维表面化学键含量的变化情况，本研究采用 XPS PEAK 分峰软件对 XPS 曲线的 C1s 峰进行分峰拟合处理。图 2.11 所示为原始碳纤维及 CNT-CF 测试样品的 C1s 峰分峰拟合曲线，其中 C—C、C—O、C=O 的电子结合能分别位于 284.8 eV、286.5 eV 及 289.0 eV 处。表 2.5 中列出了电泳沉积处理前后碳纤维表面化学键相对含量的数据对比。

(a) 碳纤维的 C1s 解析谱图

(b) CNT-CF 的 C1s 解析谱图

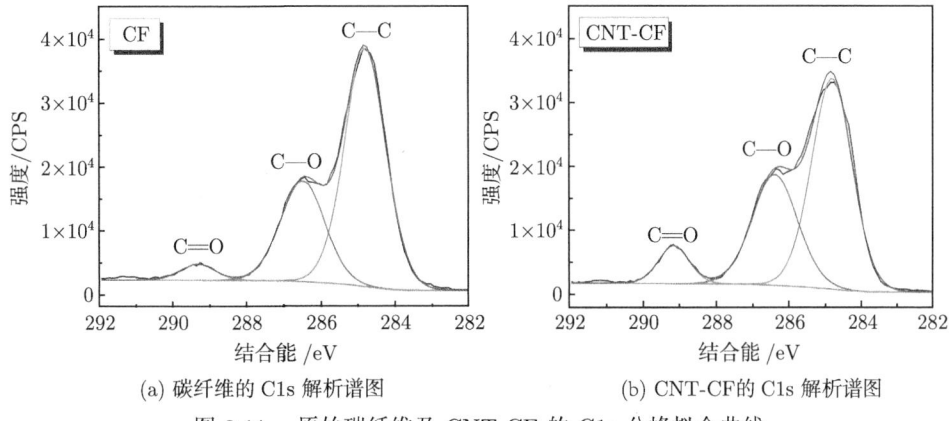

图 2.11 原始碳纤维及 CNT-CF 的 C1s 分峰拟合曲线

表 2.5 原始碳纤维及 CNT-CF 的表面化学键相对含量

测试样品	表面化学键相对含量/%(质量分数)			含氧化学键占比 /%
	C—C (284.8 eV)	C—O (286.5 eV)	C=O (289.0 eV)	
CF	66.52	29.73	3.75	50.33
CNT-CF	58.16	34.08	7.76	71.94

分析可知，未经改性处理的碳纤维表面含有 C—C、C—O 和 C=O 基团，其相对含量 (质量分数) 依次为 66.52%、29.73%、3.75%，经过碳纳米管电泳沉积处理之后，碳纤维表面含碳元素基团的相对含量 (质量分数) 依次为 58.16%、34.08% 和 7.76%。可见经电泳沉积处理后，CNT-CF 表面 C—C 键的含量出现较大幅度的下降，CNT-CF 表面的含氧基团均比未处理时增加，C=O 键的含量有明显的提高，而 C—O 键的含量只发生了很小的变化。产生上述结果的原因是，电泳沉积过程中的碳纳米管是经过羧基化处理的，将其沉积覆盖到碳纤维表面后，碳纤维表面即被引入了大量的羧基。

综上所述，通过在碳纤维表面电泳沉积羧基化碳纳米管进行改性处理之后 (形成 CNT-CF)，CNT-CF 的表面极性和化学反应活性都得到了明显的改善，这将有利于 CNT-CF 与基体之间相互作用力以及化学结合力的有效增大，进而促使复合材料的界面黏结性能得到提高。

2.4.3 CNT-CF 微观界面剪切

纤维微观剪切试验的目的是对原始碳纤维及 CNT-CF 的微观力学性质进行对比研究，其基本原理是在纤维单丝表面滴加环氧树脂，在环氧树脂凝固后拉拔纤维并测试拉拔过程中的最大荷载。具体试验过程如下：从纤维束中选取单丝纤维，通过胶带将其固定在 U 形金属片上，然后用没有凝固的环氧树脂与所需试验的纤维表面轻微接触。这个过程的目的是通过所需试验纤维自身的表面张力，使得未凝固的环氧树脂在试验纤维表面形成椭球状的环氧树脂微滴。待环氧树脂固化后，将金属片固定于界面强度演化仪的刀片中央，施加匀速荷载使纤维移动，直到纤维从其表面所固化的环氧树脂中拔出，试验结束。试验过程图如图 2.12 所示。记录拔出过程中最大的拉力荷载，计算单丝纤维与环氧树脂基体界面剪切强度值。

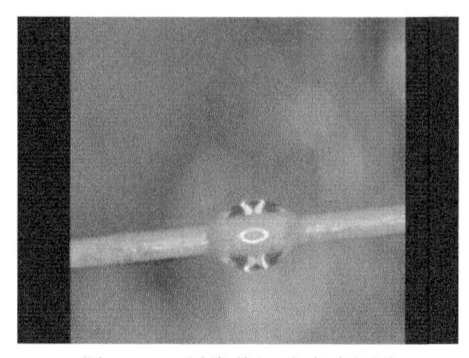

图 2.12 纤维剪切试验过程图

结果表明，CNT-CF 的界面剪切强度为 53.2 MPa，原始碳纤维的界面剪切强度为 74.9 MPa。可见，CNT-CF 的界面剪切强度明显强于原始碳纤维的界面剪切强度，相比于原始碳纤维，CNT-CF 界面剪切强度的提高幅度约为 40.8%。产生这种现象的主要原因是：通过电泳法将碳纳米管接枝到碳纤维表面使碳纤维表面更加粗糙，同时 CNT-CF 更易嵌入环氧树脂内部，在剪切过程中环氧树脂受到的阻力更大，因此更加难以拔出。此外，由于 CNT-CF 的表面覆盖一层碳纳米管，因此其与环氧树脂等材料接触面的面积更大，分子间吸引力更强。

2.4.4　CNT-CF 的界面增效机制

复合材料中的基体、增强体以及两相界面处传递应力的能力共同影响着复合材料的整体力学性能。由于 CNT-CF 的引入，复合材料中同时存在纤维-基体界面以及碳纳米材料-基体界面，目前国内外已经开展了许多关于 CNT-CF 增强复合材料界面改性机制的研究。Hung 等[168]针对 CNT-CF 进行了单纤维拉拔试验，发现其能够改变复合材料的界面力学行为和断裂形貌，并构建出如图 2.13 所示的三种 CNT-CF 增强复合材料的界面失效模型。模型一：CNT-CF 在从基体内拔出的过程中，与其表面的碳纳米管发生剥离，导致基体内残存绝大多数的碳纳米管，而碳纤维主体被拔出；模型二：将 CNT-CF 较为完好地从基体中拔出，碳纳米管主要黏附在碳纤维表面；模型三：从基体内拔出 CNT-CF 时，碳纳米管被拉断而发生断裂破坏，一部分黏附在碳纤维表面，其余部分仍然存留于基体中。

2.4 CNT-CF 的性能测试与表征

彭庆宇等[169,170]的进一步试验研究则表明，CNT-CF 在复合材料界面处的三种断裂失效模式同时存在，只是所占比例有所不同。

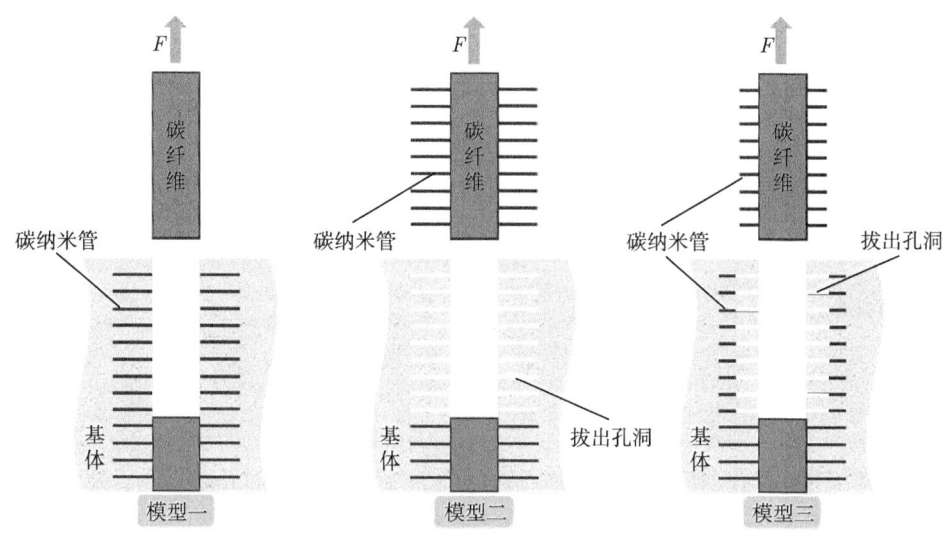

图 2.13 CNT-CF 增强复合材料的界面失效模型

在纤维增强复合材料中，纤维与基体复合之后界面处的范德瓦耳斯力、机械啮合力以及化学键合力是影响复合材料界面黏结强度的主要因素。此外，纤维与基体之间的相互浸润效果也会对复合材料的界面黏结性能产生重要影响。

1. 机械啮合增效机制

碳纤维增强复合材料的界面处存在较强的机械啮合力。机械啮合力能够制约基体与增强体之间的相互运动，从而达到增强界面黏结强度的效果。机械啮合力的强弱主要取决于碳纤维表面的粗糙程度。如图 2.14 所示，CNT-CF 由碳纤维表面经过碳纳米管的沉积改性而获得，其比表面积和表面粗糙程度显著增加；同时，碳纳米管可以随碳纤维的分散而相对均匀地分散到复合材料的界面过渡层中，并且部分碳纳米管能够延伸嵌入基体内部，实现机械互锁，从而对纤维之间的基体沿径向和轴向均可以起到约束加固作用。因此，利用 CNT-CF 作为增强体来对复合材料进行改性，其界面处的机械啮合强度将因碳纳米管的引入而高于普通碳纤维增强复合材料。

2. 范德瓦耳斯力增效机制

碳纤维增强复合材料中碳纤维与基体之间的界面处同时存在范德瓦耳斯力。碳纤维的比表面积在很大程度上影响着碳纤维与基体之间范德瓦耳斯力的强弱。碳纳米管的比表面积可以达到碳纤维比表面积的 100~500 倍[13]，因此，通过对碳纤维进行电泳沉积处理,使其表面接枝上具有更高比表面积的碳纳米管,复合形成 CNT-CF,能够进一步增加原始碳纤维的比表面积,有利于强化复合材料界面处的范德瓦耳斯力作用,进而增加基体与增强体之间的界面黏结强度。

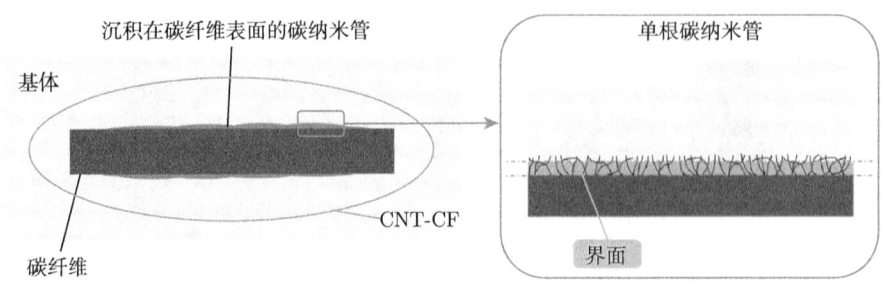

图 2.14　CNT-CF 增强复合材料界面处的机械啮合形态图

3. 浸润作用增效机制

纤维增强体与基体在界面处要发生有效的连接,则界面处的粒子(分子、原子或活性官能团)必须要处于引力场范围内,进而才能产生相互的物理及化学作用力。基体材料与纤维相互浸润有利于两相界面之间相互作用力的产生。碳纤维表面能越大,其与基体的浸润性能越好[171],而碳纤维的表面能与碳纤维表面的化学官能团含量和粗糙度息息相关。原始碳纤维表面润湿性差,呈现化学惰性,表面能极低,通过在碳纤维表面引入含氧极性官能团进行改性,碳纤维逐渐由疏水性向亲水性转变,表面能显著增大,使得基体材料对表面改性后的碳纤维有良好的润湿性,这意味着 CNT-CF 与基体之间的黏附作用得到增强[172]。

4. 化学键合增效机制

基体与增强体在界面处由于发生化学反应而形成的结合称为化学键合。只有在相互接触、相互润湿的条件下,增强体与基体才可能发生化学反应[148]。对于原始碳纤维而言,其表面的化学反应活性低,在与基体复合时难以通过化学成键而彼此结合。在碳纤维表面沉积碳纳米管之后,碳纳米管从碳纤维表面渗透至基体内部,基于表面的含氧极性官能团以及碳纳米材料的小尺寸效应、纳米成核效应,使得 CNT-CF 可以参与并促进基体的凝结固化过程,从而发生更多的化学反应,形成较强的具有化学键合的界面体系,增加基体与增强体之间的交联密度,改善界面结合性能,从而进一步提高复合材料的界面黏结强度和整体力学性能。

综上所述,CNT-CF 对复合材料界面的增强机理为:通过电泳沉积处理后,碳纤维表面引入了大量碳纳米管,使得碳纤维的表面粗糙程度大幅增加,这有利于改善原始碳纤维表面的微界面结构,加强了碳纤维与基体之间的机械啮合能力。同时,电泳沉积处理后大量的活性官能团借助功能化碳纳米管接枝到碳纤维表面,使得碳纤维表面的化学反应活性增加,这不仅提升了碳纤维与基体的浸润性能,还增加了界面处的化学连接,能够实现应力的有效传递,对阻止裂纹扩展与延伸具有重要作用。CNT-CF 能够充分发挥碳纤维和碳纳米管的各自优势,从而实现对复合材料界面结构的有效强化。

2.5 小　　结

　　本章是研发多尺度纤维增强混凝土所需纤维材料的必要环节,主要介绍了 CNT-CF 的制备方法,并对其表面性能指标进行测试与表征,同时阐述了 CNT-CF 对复合材料界面性能的改善机制。主要工作及研究结论如下所述。

　　(1) 通过物理搅拌并结合水浴式超声辅助和离心处理的方式,能够配制出分散效果良好的碳纳米管悬浮液,该分散体系在静置 24 h 后仍然不会出现分层、沉降或再团聚现象,碳纳米管在水相溶剂中的分散稳定性为后续开展 CNT-CF 的制备试验奠定了可靠的基础。

　　(2) 电泳沉积工艺是制备 CNT-CF 的一种简单且有效的手段,以十六烷基三甲基溴化铵对羧基化碳纳米管进行改性修饰,可使其向电解液的阴极定向迁移并沉积,同时在电泳过程中引入超声波,可降低水电解对碳纳米管沉积形貌造成的不利影响,从而明显改善 CNT-CF 的制备效果。

　　(3) 采用电泳沉积的方式可以制备得到表面特征良好的 CNT-CF,经电泳沉积处理后,大量的碳纳米管被均匀地引入碳纤维表面,使得原始碳纤维的表面粗糙程度增加、表面活性官能团增多,进而显著增大了碳纤维的比表面积和化学反应活性,有利于 CNT-CF 与复合材料基体之间相互作用力的提高。

　　(4)CNT-CF 具有特殊的多尺度结构,能够有效发挥碳纤维和碳纳米管的微纳分级特点,实现对复合材料界面的强化以及力学性能的调控,其主要是通过提升机械啮合、化学键合作用,以及增强与基体之间的范德瓦耳斯力、相互浸润效果来改善复合材料界面性能,进而改良复合材料的界面力学行为和破坏失效机制。

第 3 章 多尺度纤维增强混凝土力学试验设计

3.1 引　　言

混凝土作为一种多相、多组分的非均质准脆性复合材料，其本身结构表现出显著的多尺度特征，同时，混凝土从开始受荷直至破坏失效的整个过程也是在多个尺度层次上逐级演化进行的。如前所述，微米尺度的碳纤维表面光洁圆滑，在遭到强烈荷载作用时容易在混凝土基体内部出现脱黏滑移现象。可见，单一尺度、单一性质的常规纤维对混凝土材料的改性效果有限。基于此，探索将碳纳米管-碳纤维复合多尺度纤维 (CNT-CF) 这种全碳体系的新型纤维材料作为增强组分掺入混凝土中，研制多尺度纤维增强混凝土 (CMFRC)，并针对其力学性能开展必要的试验研究，具有重要的理论意义与实用价值。

本章是 CMFRC 静动态力学性能试验研究的实施基础，首先依据相关标准和规范，对所需试验原料、试验设备、试验方法等进行阐述，然后设计调整混凝土配合比，优化纤维增强混凝土的拌和流程，制备不同规格的混凝土试件，并制定系列混凝土力学试验研究方案，最后重点针对影响混凝土类材料动力试验精度的关键技术作出分析，论证试验结果的有效性与可靠性。

3.2　混凝土试件的制备

原材料的对比优选、配合比设计、浇筑成型工艺等在很大程度上制约着硬化后混凝土的物理力学性能。本节根据研究内容的需要，合理选用原材料，确定混凝土配合比，优化 CNT-CF 改性混凝土试件的制备工艺。

3.2.1　原材料及其性能

制备本试验所需混凝土试件的各种原材料的基本信息及性能参数介绍如下。

1. 胶凝材料

水泥作为常用的胶凝材料，其在与水拌和后形成的浆体具有很强的黏结力。为保证试验中所制备的试件满足防护工程对混凝土强度等级的要求，依据《通用硅酸盐水泥》(GB 175—2023) 中的相关规定，综合考虑混凝土的工作性能、力学性能、耐久性能等因素，选用陕西铜川凤凰建材有限公司生产的"海螺牌"普通硅酸盐水泥。表 3.1、表 3.2 分别展示了所用普通硅酸盐水泥的成分及相关技术指标。

表 3.1　水泥的主要化学组成

化学成分	二氧化硅	氧化钙	氧化铝	氧化铁	氧化镁	三氧化硫	烧失量	碱含量
含量/%	21.74	60.54	4.23	4.61	2.88	2.45	3.25	0.30

表 3.2　水泥的基本物理力学性能指标

种类	比表面积/(m^2/kg)	密度/(g/cm^3)	安定性	细度	凝结时间/min 初凝	凝结时间/min 终凝	抗折强度/MPa 3 d	抗折强度/MPa 28 d	抗压强度/MPa 3 d	抗压强度/MPa 28 d
P·O 42.5	361.2	3.1	合格	1.6	121	255	6.3	8.8	31.5	47.2

2. 粗骨料

粗骨料在混凝土结构体系中发挥着主要的支撑作用。本研究所选用的粗骨料为产自陕西省泾阳县的石灰岩碎石，其颗粒表面粗糙、富有棱角、比表面积大，按照粒径尺寸可分为大粒径碎石 (10～20 mm) 与小粒径碎石 (5～10 mm) 两种类型。为优化粗骨料的颗粒级配，使之符合粒级的连续性和均匀性要求，通过混合料筒称量测试，最终确定大小两种规格的碎石按照 7:3 的比例搭配使用。小、大粒径碎石的主要性能参数分别如表 3.3、表 3.4 所示。

表 3.3　小粒径碎石的主要性能参数

粒径/mm	针片状颗粒含量/%	压碎值/%	表观密度/(kg/m^3)	堆积密度/(kg/m^3)	含水率/%	含泥量/%
5～10	8.5	8.8	2640	1600	0	0.3

表 3.4　大粒径碎石的主要性能参数

粒径/mm	针片状颗粒含量/%	压碎值/%	表观密度/(kg/m^3)	堆积密度/(kg/m^3)	含水率/%	含泥量/%
10～20	5.7	7.8	2720	1710	0	0.5

3. 细骨料

细骨料是构成混凝土体系的松散颗粒状材料，可用于填充粗骨料之间的空隙，其粒径相对较小，一般不超过 4.75 mm。制备应用于防护工程的纤维增强混凝土时，细骨料应优先采用质地坚硬、级配良好、清洁干净的河砂，其细度模数不宜小于 2.4。本研究选用经冲洗晾干后的灞河天然砂，其表观密度为 2640 kg/m^3，堆积密度为 1510 kg/m^3，含泥量小于 1.1%。参考《建设用砂》(GB/T 14684—2011) 中的标准方法，经过筛分及计算后，测得其细度模数为 2.68，属于 Ⅱ 区中砂。灞河中砂的级配曲线如图 3.1 所示。

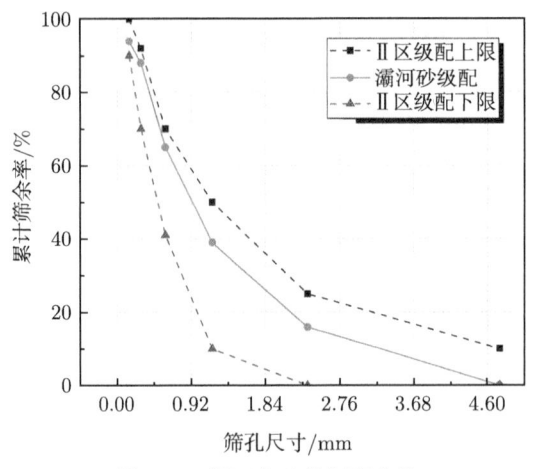

图 3.1 灞河中砂的级配曲线

4. 碳系增强材料

碳纤维 (CF)：试验选用 T700-12K 聚丙烯腈基短切碳纤维，由日本东丽株式会社生产，该碳纤维单束具有 12000 根原丝，样品外观形貌如图 3.2 所示，其主要技术参数信息见表 3.5。

图 3.2 碳纤维外观形貌

表 3.5 碳纤维的主要技术参数

碳含量/%	短切长度/mm	弹性模量/GPa	拉伸强度/MPa	拉伸率/%	电阻率/($\Omega\cdot cm$)	密度/(g/cm^3)	截面形状	单丝直径/μm
95	9	230	4900	2.1	1.6×10^{-3}	1.75	圆形	7

碳纳米管 (CNT)：本研究使用的碳纳米管为江苏先丰纳米材料科技有限公司提供的羧基化多壁碳纳米管 (COOH-CNT)，型号是 XFM06，采用化学气相沉积法制备，样品外观形貌如图 3.3 所示，其常规技术参数信息见表 3.6。

图 3.3 碳纳米管外观形貌

表 3.6 碳纳米管的常规技术参数

外观	纯度/%	长度/μm	羧基含量/%(质量分数)	比表面积/(m²/g)	密度/(g/cm³)	振实密度/(g/cm³)	管径/nm 直径	管径/nm 内径
黑色粉末	>95	0.5~2	3.86	300	2.1	0.27	5~15	2~5

碳纳米管-碳纤维复合多尺度纤维 (CNT-CF)：本研究采用实验室自行制备的 CNT-CF，经人工短切成长度为 9 mm 的纤维丝束，样品外观形貌如图 3.4 所示，其具体制备工艺及基本性能特征已在第 2 章中进行说明。

图 3.4 CNT-CF 外观形貌

5. 外加剂

外加剂作为混凝土的第五组分，可用于调节新拌混凝土及硬化后混凝土的性能。

(1) 减水剂：纤维类材料的比表面积大，表面能高，极易发生弯曲缠绕、聚集成团的现象，在拌制混凝土过程中表现为一定的黏滞作用。通常而言，添加减水剂可改善新拌混凝土的流动性，提高混凝土密实度。此外，适量减水剂的掺入可兼作分散助剂，有助于改善碳系纤维在混凝土内部的分散效果[30]。本研究选用的减水剂为湖南中岩建材科技有限公司生产的标准型聚羧酸高性能减水剂，其外观为黏稠状无色透明液体，减水率为 27%，含气量为 3.4%，泌水率比为 32%，氯离子含量不超过 0.1%。

(2) 消泡剂：在混凝土的拌制过程中，聚羧酸高性能减水剂以及纤维类材料的掺入会导致许多气泡的产生，因此有必要添加消泡剂来排除混凝土拌和物中的气泡，从而降低成型后混凝土内部的含气量和孔隙率。本研究选用广州市中万新材料有限公司生产的 W-803 型磷酸三丁酯消泡剂，其外观为无色透明液体，有效含量为 99.7%，pH 为 5~8，兼具"破泡"及"抑泡"能力，消泡速度快、效果明显，而且不干扰混凝土拌和物的固有性质。

6. 拌和水

混凝土拌和用水采用西安市灞桥区供应的普通自来水。

3.2.2 配合比设计

综合考虑防护工程领域混凝土的实际应用情况，设计本试验所制备的混凝土强度等级为 C40。依据《普通混凝土配合比设计规程》(JGJ 55—2011)，混凝土强度标准差 σ 取 5.0 MPa，强度保证率取 95%，混凝土立方体抗压强度标准值 $f_{cu,k}$ 取 40 MPa，则由式 (3.1) 可计算出混凝土配制强度 $f_{cu,0}$ 不小于 48.23 MPa。

$$f_{cu,0} \geqslant f_{cu,k} + 1.645\sigma \tag{3.1}$$

根据课题组前期的研究成果[9,173-175]，通过反复试拌，调整水灰比、砂率和外加剂用量，初步确定混凝土配合比的基准设计参数为：水灰比 0.39，砂率 32%，减水剂掺量 0.5%，消泡剂掺量 0.06%。为深入探究 CNT-CF 对混凝土力学性能的影响规律，增加试验结果的可比较性，本研究分别制备了利用 CNT-CF 改性的 CMFRC 试件，以及利用碳纤维改性而作为对照组的碳纤维增强混凝土试件，纤维材料的掺量按照体积率进行计算，CNT-CF、碳纤维的体积掺量均按梯度递增，取为 0.1%、0.2%、0.3% 和 0.4%。

在混凝土制备过程中需要根据纤维种类和掺量，适当调整减水剂及消泡剂的用量。需要说明的是，试拌过程中发现当 CNT-CF 体积掺量超过 0.5%（包含 0.5%）时，混凝土拌和物的和易性难以满足要求。经过多次试配，最终确定普通混凝土 (PC)、碳纤维增强混凝土 (CFRC) 以及碳纳米管–碳纤维多尺度增强混凝土 (CMFRC) 的基准配合比参数，如表 3.7 所示。表 3.8 列出了碳纤维和 CNT-CF 的具体掺加方案。

表 3.7 C40 混凝土的基准配合比参数

水灰比	砂率/%	水泥/(kg/m³)	砂/(kg/m³)	水/(kg/m³)	碎石/(kg/m³)		外加剂/(kg/m³)	
					大石	小石	减水剂	消泡剂
0.39	32	340	642	133	955	409	1.7	0.2

表 3.8 纤维增强材料的掺加方案

混凝土类型	编号	CF 掺量/%	CNT-CF 掺量/%	减水剂掺量/%	消泡剂掺量/%
普通混凝土	PC	—	—	0.5	0.06
碳纤维增强混凝土	CFRC1	0.1	—	1.0	0.09
	CFRC2	0.2	—	1.5	0.12
	CFRC3	0.3	—	2.0	0.15
	CFRC4	0.4	—	2.5	0.18
碳纳米管–碳纤维多尺度增强混凝土	CMFRC1	—	0.1	1.2	0.1
	CMFRC2	—	0.2	1.7	0.13
	CMFRC3	—	0.3	2.2	0.16
	CMFRC4	—	0.4	2.7	0.19

3.2.3 试件制备

对于纤维增强混凝土而言，原材料种类增多，进一步增加了混凝土搅拌、成型过程的复杂性。分散均匀性是衡量纤维能否充分发挥增强作用的重要指标，纤维不成束、不结团，是其有效提升混凝土力学性能的前提条件。为保证纤维材料在混凝土基体中达到良好的分散效果，需要对投料顺序和搅拌过程进行严格控制。

1. 纤维材料分散方法

目前，将短切纤维类材料掺入混凝土拌和物的常用方法可归纳为干混同掺法和湿混先掺法[176]。干混同掺法是指将纤维材料与水泥、砂、石等不含水的原材料一起混合干拌，使其达到均匀分散的状态后再加入拌和水。湿混先掺法是指首先将纤维材料掺入含有分散剂的水溶液中，借助物理搅拌等手段制备混合液，再将混合液倒入混凝土干拌物中。

本研究采用分散性模拟试验法[29]初步评判碳纤维及 CNT-CF 的湿掺混合分散均匀化效果。首先按照基准配合比在烧杯内配制饱和氢氧化钙溶液模拟混凝土基体的碱性环境，再加入聚羧酸高性能减水剂作为分散剂制备分散液，并加入磷酸三丁酯消泡剂来排除泡沫。分别称取相应质量的碳纤维、CNT-CF 投入烧杯，用玻璃棒充分搅拌后，观察两种纤维材料在混合液中的分散状况。如图 3.5 所示为碳纤维、CNT-CF 在混合液中分散状态的视觉观察效果。可以看出，当短切纤维的长度为 9 mm 时，其在碱性混合液中的分散均匀性及分散稳定性均相对较差，纤维发生明显的聚集缠绕现象，大量纤维在短时间内开始向烧杯底部沉降，而且碳纤维混合液与 CNT-CF 混合液的分散情况并无明显差别。

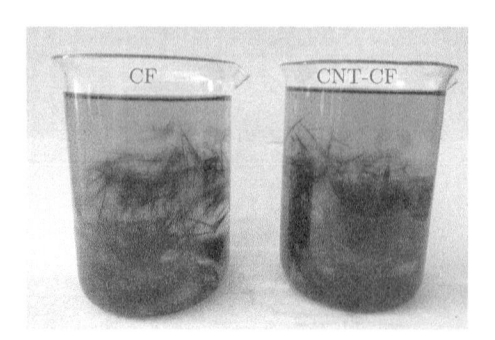

图 3.5　纤维材料的湿混先掺法分散状态

通过上述定性对比验证，本研究拟确定在后续的混凝土试件制备过程中，碳纤维和 CNT-CF 均采用干混同掺法进行处理。如图 3.6 所示，即将束状的短切纤维投入水泥、砂、碎石的混合物中，利用纤维与骨料之间的相互剪切、摩擦作用将其打散搅匀，从而达到使其充分分散的目的。此外，分别由两种分散方法所制备的纤维增强混凝土的导电性测试结果表明，在相同纤维掺量及养护龄期下，干混同掺组试件的电阻率要小于湿混先掺组试件[30]。这进一步说明，利用干混同掺法制备试验所需混凝土试件，可确保碳纤维、CNT-CF 在基体中相对更加均匀地分散。

图 3.6　纤维材料的干混同掺法分散状态

2. 试件拌和流程

本研究基于纤维材料的分散性试验结果，结合"裹砂石法"制备技术，对纤维增强混凝土试件的拌和流程进行优化，根据制备目标调整投料顺序，适当延长各个环节的搅拌时间，促使纤维材料在混凝土基体中均匀分布。在制作混凝土试件之前应调试好相关机械设备并准确称量所需原材料备用，如图 3.7 所示。

混凝土试件拌和流程：①按照砂 → 石的顺序依次向搅拌机中投料，开机干拌 2 min；②加入水泥继续干拌 2 min；③人工揉搓打散碳纤维或 CNT-CF，边干

3.2 混凝土试件的制备

拌边将其分多次小股均匀地撒入搅拌机中，待纤维材料全部掺入后再干拌 3 min；④倒入一半的水–减水剂–消泡剂混合液，搅拌 2 min，再将另一半混合液倒入，持续搅拌 4 min；⑤卸料并迅速将其装入预先涂油的模具中，放置于振动台上振动密实，至拌和物表面出浆、无明显大气泡溢出为止。混凝土试件的具体拌和流程如图 3.8 所示。图 3.9 展示了拌和完毕后新拌混凝土的工作形态。

(a) 部分原材料

(b) 脱模空气压缩机

(c) HJW-60 型混凝土搅拌机

(d) 涂油待用的模具

图 3.7 制备混凝土试件所需原材料及相关设备

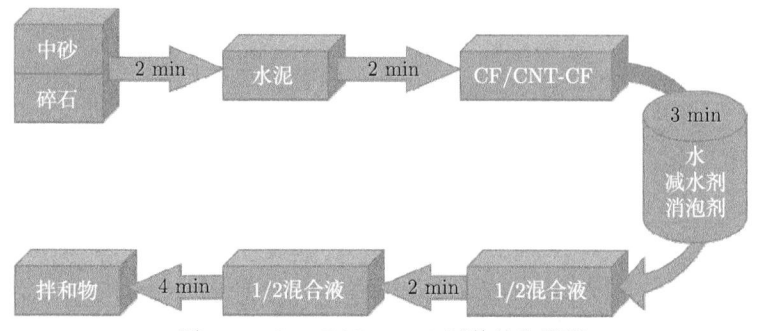

图 3.8 CFRC/CMFRC 试件拌和流程

图 3.9　新拌混凝土形态

3. 试件成型及加工

根据试验内容需要，共分批次制作了三种规格的混凝土试件。其中，边长为 150 mm 的标准立方体试件用于静态压缩试验，尺寸为 100 mm×100 mm×400 mm 的非标准棱柱体试件用于抗折试验，ϕ98 mm×48 mm 的短圆柱体试件用于动态压缩力学试验。试验所需立方体试件和棱柱体试件均在常规混凝土模具中浇筑成型，利用小型空气压缩机拆模；短圆柱体试件则浇筑于定制的工程塑料试模中，其内径为 98 mm、高为 50 mm，可拆卸及组装，便于脱模。

混凝土拌和物浇筑完毕后，用透明薄膜覆盖试件表面做保湿处理，并及时将其移入室内静置，24 h 后拆模、标记，再继续进行为期 28 d 的标准养护 (图 3.10)。试件养护结束后，为满足动力试验要求，需采用双端面磨石机对短圆柱体试件的端面进行磨削加工 (图 3.11)，确保其两端面光滑平行，端面不平整度小于 0.2 mm，控制试件高径比为 1:2。在进行试验前，试件应轻拿轻放，避免受到外界的振动和冲击从而使其内部结构产生损伤。加工完成后各类试件的几何形状及尺寸如图 3.12 所示。

图 3.10　养护中的部分试件

图 3.11　短圆柱体试件的端面磨削处理

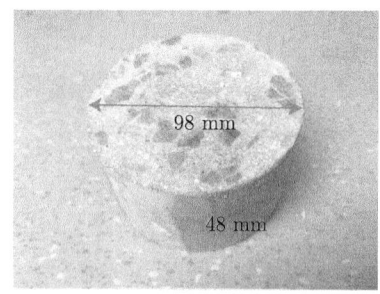

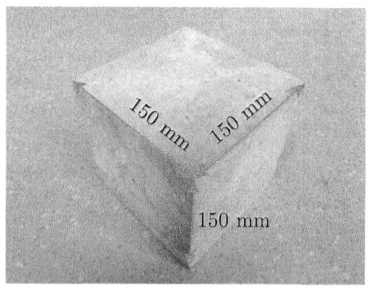

(a) 短圆柱体试件　　(b) 标准立方体试件

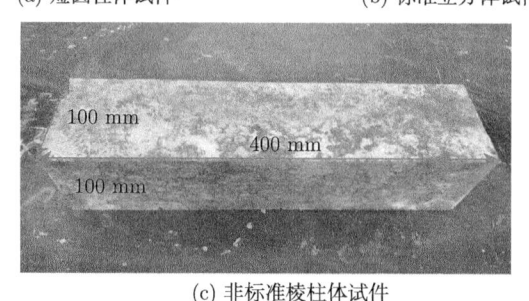

(c) 非标准棱柱体试件

图 3.12　不同形状及尺寸的混凝土试件

3.3　试验设计与方法

试验设计是顺利开展各项试验研究的必要准备工作，对于获得科学的试验数据具有重要意义。本节紧贴研究目标，合理地制定系列测试 CMFRC 静动态力学性能指标的试验方案，并对各类试验的基本原理及其实施方法进行阐述。

3.3.1　试验方案

本研究的研究目标是通过制备 CMFRC 并对其开展力学试验，获得 CNT-CF 改性混凝土较为全面的力学性能指标，重点对比分析 CNT-CF 体积掺量及应变率水平对混凝土力学性能的影响规律。主要试验内容包括：混凝土静态抗压试验、混凝土抗折试验、混凝土动态压缩力学试验。

本试验研究以 CNT-CF 体积掺量及应变率水平与混凝土静动态力学性能之间的变化关系为中心逐步展开，CMFRC 力学试验方案设计如图 3.13 所示。具体而言，混凝土静态力学性能试验包括立方体单轴抗压试验、棱柱体抗折试验，抗压试验用于测试混凝土的准静态抗压强度，并为混凝土动态强度增长因子的计算奠定基础；抗折试验用于测试混凝土的抗折强度，并获得混凝土的折压强度比。混凝土动态力学性能试验分别测试混凝土在 5 种应变率水平下的动态受压全应力–应变曲线，并获得混凝土在承受冲击荷载过程中的峰值应力、峰值应变、极限应变、韧度和破坏形态等力学性能指标。

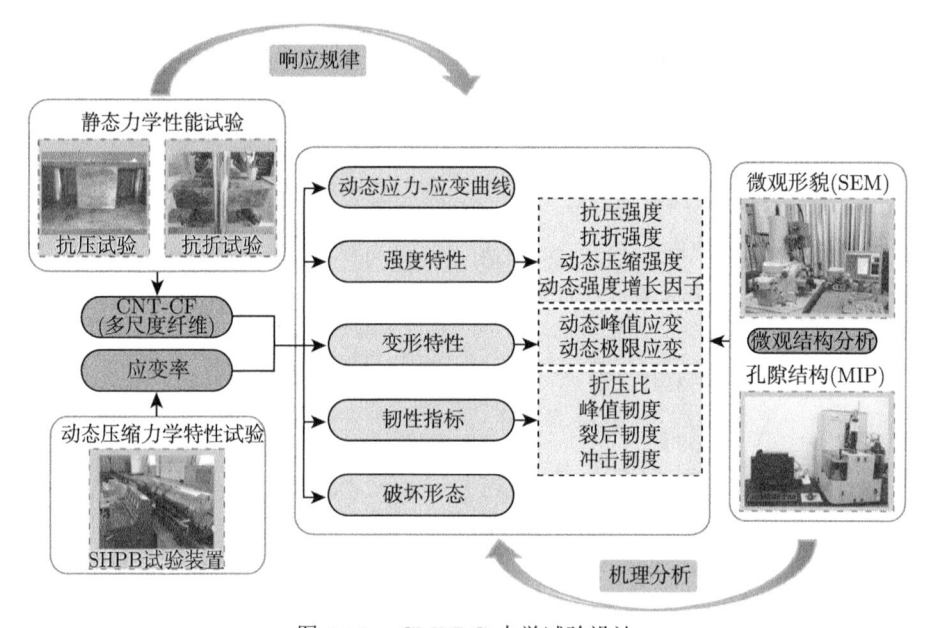

图 3.13　CMFRC 力学试验设计

3.3.2　试验设备及方法

1. 抗压试验

混凝土静态抗压试验采用如图 3.14 所示的 DYE-3000S 型全自动压力试验机开展。该试验设备为电动液压加载，油压传感器测力，主要由主体部分、液压操纵部分、计算机全自动恒应力控制系统三部分组成，其最大荷载可达 3000 kN，具有加载速度控制曲线显示、波形峰值保持、数据采集及存储、测试结果自动换算等功能，可用于准确测定混凝土等建筑材料的抗压强度。

3.3 试验设计与方法

图 3.14 全自动压力试验机

试验操作的规范性对混凝土力学性能测试结果的影响程度不容小觑。抗压试验时，强度等级为 C40 的混凝土加荷速度取 0.6 MPa/s，试验时控制荷载连续均匀施加，直至试块破坏，停止加载并记录试验数据。每组至少取 3 个试件进行重复试验，防止测试结果存在较大的离散性而造成有效试验数据不足。

2. 抗折试验 (四点弯曲试验)

混凝土抗折强度 (抗弯拉强度) 测试采用如图 3.15 所示的 TZA-100 型电液式抗折试验机进行。试验前，先检查确保试件的尺寸形状及外观形貌满足规范要求，并在试件表面相应位置处标记定位线，以便于对中摆放。试验时，将试件、加载垫块及支座按要求安装固定，强度等级为 C40 的混凝土加荷速度为 0.05~0.08 MPa/s，采取双点加荷的方式施加荷载，直至试件破坏。混凝土抗折强度计算公式为

$$f_\mathrm{f} = \alpha \frac{Fl}{bh^2} \tag{3.2}$$

式中，f_f 为混凝土抗折强度 (MPa)；F 为试件极限破坏荷载 (N)；l 为支座间跨度 (mm)；h 为试件截面高度 (mm)；b 为试件截面宽度 (mm)；α 为尺寸换算系数，取 0.85。为避免偶然误差，每组至少测试 3 个有效试件，取其测试结果的算术平均值作为该组试件的抗折强度。

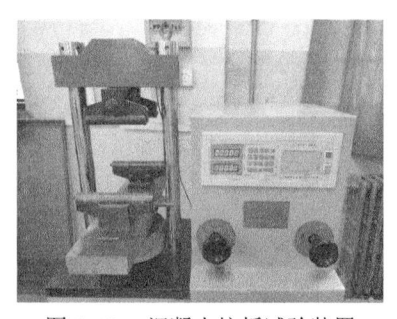

图 3.15 混凝土抗折试验装置

3. 动态压缩试验

分离式霍普金森压杆 (split Hopkinson pressure bar,SHPB) 已经被广泛应用于材料的动态力学试验,通过 SHPB 试验装置进行冲击加载可以较为准确地获得混凝土在中高应变率荷载作用下的动态压缩力学响应结果。本研究采用如图 3.16 所示的 ϕ100 mm SHPB 试验系统开展动态压缩试验。该装置由中国人民解放军空军工程大学与洛阳腾阳机械科技有限公司联合研制,是目前国内先进的大口径动力试验加载设备,主要由主体试验系统、能源动力系统和数据采集及处理系统三大部分构成。主体试验系统包括发射装置、炮膛、子弹 (撞击杆)、入射杆、透射杆、吸收杆、吸能缓冲装置、杆件支座、调整支架、操纵台等,如图 3.17 所示。其中,撞击子弹长度为 0.5 m,入射杆长度为 4.5 m,透射杆长度为 2.5 m,吸收杆长度为 1.8 m,各杆件均采用 35CrMoA 合金结构钢浇铸而成,弹性模量为 206 GPa,泊松比为 0.25~0.3,密度为 7850 kg/m^3。能源动力系统主要包括空气压缩机、储气罐、气体管道等,空气压缩机与储气罐如图 3.18 所示。数据采集

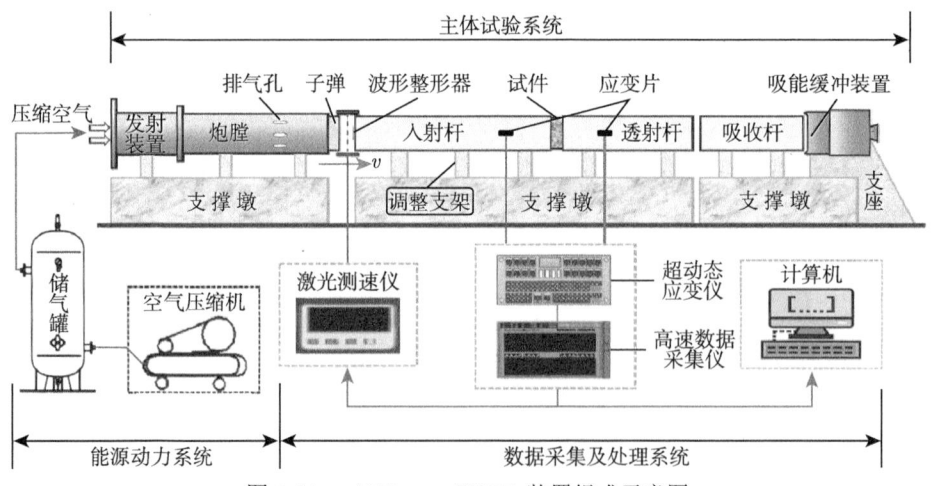

图 3.16　ϕ100 mm SHPB 装置组成示意图

图 3.17　主体试验系统　　　　图 3.18　空气压缩机与储气罐

3.3 试验设计与方法

及处理系统主要包括冲击弹速测试系统、应变测试系统等。其中，冲击弹速测试系统由测速结构总成 (图 3.19) 和测速仪控制显示器 (图 3.20) 组成；应变测试系统由粘贴于杆件表面的应变片 (图 3.21)、桥盒、双芯屏蔽线、超动态应变仪及高速数据采集仪 (图 3.22) 组成。

图 3.19　测速结构总成

图 3.20　测速仪控制显示器

图 3.21　粘贴于杆件表面的应变片

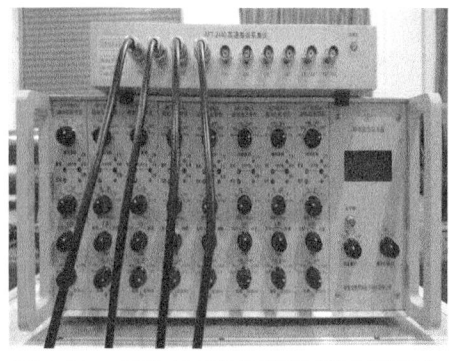

图 3.22　超动态应变仪及高速数据采集仪

SHPB 试验装置的冲击加载过程为：空气压缩机将外界气体压缩存放于储气罐中，借助操纵台可控制压缩气体通过管道传输至杆件发射装置，阀门开启后，高压气体在瞬间释放，推动炮膛内的子弹快速射出撞击入射杆，通过输入不同的气压即可实现对混凝土试件在不同子弹撞击速度下的冲击加载。冲击弹速采用激光测速仪测试，试件的应变信号则由超动态应变仪放大，并由高速数据采集仪记录。

3.3.3　动力试验应变率的选择

根据应变率的大小，可将其划分为低应变率 ($< 10^{-4}$ s^{-1})、中等应变率 (10^{-4} s^{-1} ∼ 10^2 s^{-1}) 和高应变率 ($> 10^2$ s^{-1}) 三个等级。作用在工程结构上的荷载性质不同，则与其所对应的应变率范围也存在差异。图 3.23 归纳展示了应变率处于

$10^{-8} \sim 10^5$ s^{-1} 范围内的各类荷载,并给出了相应的试验研究方法。对于混凝土类防护结构而言,武器打击、弹丸侵彻、爆炸冲击等所产生的中高应变率荷载是导致其遭受动态荷载威胁的主要来源。利用 SHPB 装置对混凝土进行模拟工程环境中的试验研究,目的是掌握混凝土在动态荷载作用下的力学响应规律,从而预测混凝土在不同实际冲击速率状况下的力学性能变化趋势。

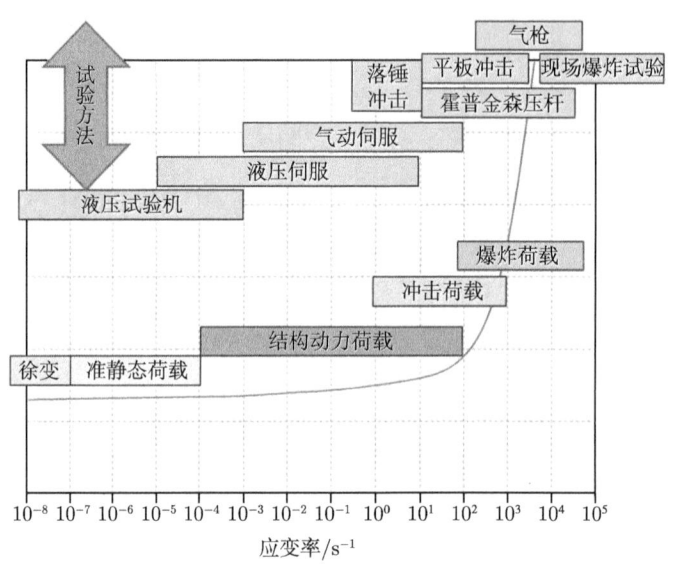

图 3.23 不同应变率范围内的荷载及与其相应的试验研究方法

本试验共设置 5 种应变率水平,以此对混凝土试件进行多个速度层次的冲击加载。根据试验需要及现有试验设备,在参考前人研究的基础上 [9,177],本研究设计用于推动炮膛中子弹高速射出的气体压强为 0.25~0.45 MPa,则子弹对入射杆的冲击加载速度处于 7~12 m/s,实测混凝土试件的平均应变率在 50~120 s^{-1} 范围内 (分别在 60 s^{-1}、70 s^{-1}、80 s^{-1}、90 s^{-1}、110 s^{-1} 附近)。应变率即子弹冲击速度的反映,两者之间具有近似线性相关性,而子弹冲击速度则由试验时所施加的气压以及气压对子弹的加速作用距离共同决定 [178]。如图 3.24 所示,在试验过程中需要调节子弹在炮膛内的初始位置,保持子弹的加速距离不变,从而可通过改变输入气压的大小来控制冲击弹速,亦即控制冲击荷载的大小。在冲击加载前应使用润滑油充分涂抹子弹,减小其与发射炮膛之间的摩擦阻力,故可不计入摩擦效应对子弹发射过程的影响。考虑到混凝土力学试验的离散性,每一输入气压下需测试多个试件,试验结束后观察所得曲线,确保每一应变率水平下至少有三条变化形态较为接近且满足要求的曲线,并选取其中的一条作为该应变率等级下的典型曲线进行数据处理与分析。采用这种基于重复试验、筛选有效曲线的数据处理方式,有利于降低试验误差,能够更加可靠地代表混凝土试件的力学响应特征。

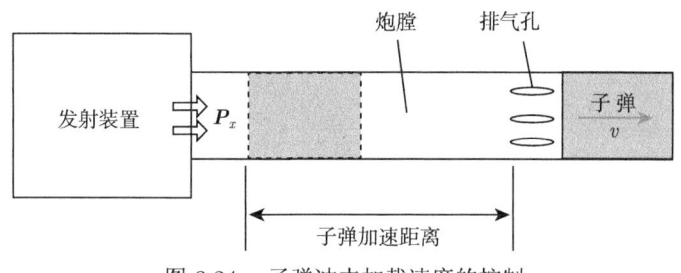

图 3.24 子弹冲击加载速度的控制

3.4 SHPB 试验原理与相关技术

3.4.1 SHPB 试验基本原理

SHPB 试验技术的分析原理主要基于弹性杆中一维应力波传播理论,并且遵循两个基本假定:平面假定 (一维应力波假定) 和应力/应变均匀性假定 [179,180]。

如图 3.25 所示为 SHPB 试验装置在工作时应力波在杆件中的传播过程。子弹在炮膛内高压气体的驱动下高速射出,沿杆件轴向打击入射杆的端部,并在入射杆中形成入射应力波 $\varepsilon_\mathrm{I}(t)$,当入射应力波到达入射杆与试件的接触面 S_1 时,安放在入射杆与透射杆之间的试件在入射波的作用下产生变形 (破坏)。由于 SHPB 杆件与混凝土试件的波阻抗不一致,应力波将在接触面处发生反射和透射。应力波的反射部分在入射杆中形成反射波 $\varepsilon_\mathrm{R}(t)$,透射部分到达试件与透射杆的接触面 S_2,再次发生反射和透射,并传入透射杆中形成透射波 $\varepsilon_\mathrm{T}(t)$。

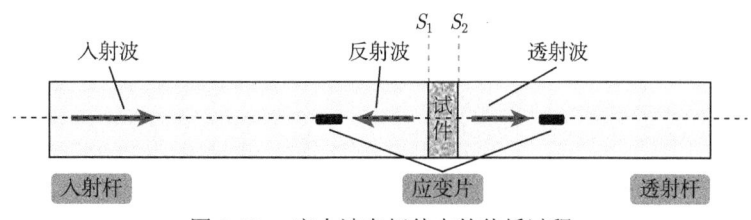

图 3.25 应力波在杆件中的传播过程

根据线弹性波的叠加原理,混凝土试件输入侧及输出侧的位移可分别表示为

$$u_1 = \int_0^\tau C_\mathrm{e}\varepsilon_1(t)\,\mathrm{d}t \tag{3.3}$$

$$u_2 = \int_0^\tau C_\mathrm{e}\varepsilon_2(t)\,\mathrm{d}t \tag{3.4}$$

式中，$\varepsilon_1(t)$ 和 $\varepsilon_2(t)$ 分别表示试件输入、输出侧两端面的应变；τ 为应力波作用时间；C_e 为杆件中的应力波速度。

故试件的平均应变计算表达式如下：

$$\varepsilon_s(t) = \frac{u_1 - u_2}{L_s} = \frac{C_e}{L_s} \int_0^\tau [\varepsilon_I(t) - \varepsilon_R(t) - \varepsilon_T(t)] \, dt \tag{3.5}$$

式中，L_s 为试件长度。

对式 (3.5) 求导，可得试件应变率的计算表达式为

$$\dot{\varepsilon}_s(t) = \frac{C_e}{L_s} [\varepsilon_I(t) - \varepsilon_R(t) - \varepsilon_T(t)] \tag{3.6}$$

根据应力均匀性假定，试件输入、输出侧两端面的荷载可分别表示为

$$F_1(t) = E_e A_e [\varepsilon_I(t) + \varepsilon_R(t)] \tag{3.7}$$

$$F_2(t) = E_e A_e \varepsilon_T(t) \tag{3.8}$$

式中，E_e 为杆件的弹性模量；A_e 为杆件的横截面面积。

故试件内部的平均应力计算表达式如下：

$$\sigma_s(t) = \frac{F_1(t) + F_2(t)}{2A_s} = \frac{E_e A_e}{2A_s} [\varepsilon_I(t) + \varepsilon_R(t) + \varepsilon_T(t)] \tag{3.9}$$

式中，A_s 为试件的横截面面积。

综上，便可得到 SHPB 试验中用于数据处理的 "三波法" 计算公式：

$$\left. \begin{aligned} \sigma_s(t) &= \frac{E_e A_e}{2A_s} [\varepsilon_I(t) + \varepsilon_R(t) + \varepsilon_T(t)] \\ \varepsilon_s(t) &= \frac{C_e}{L_s} \int_0^\tau [\varepsilon_I(t) - \varepsilon_R(t) - \varepsilon_T(t)] \, dt \\ \dot{\varepsilon}_s(t) &= \frac{C_e}{L_s} [\varepsilon_I(t) - \varepsilon_R(t) - \varepsilon_T(t)] \end{aligned} \right\} \tag{3.10}$$

3.4.2 波形整形技术

利用 SHPB 装置进行动态力学性能试验时，杆件中质点的横向惯性运动会引起弥散效应，导致应力波波形出现振荡。同时，由于混凝土类材料的极限应变很小，而传统 SHPB 试验中波信号的上升沿时间和持续时间很短，从而试件内部应力未达到均匀状态就已经发生破坏。相关研究表明[77,181]，采用波形整形技术可以减弱加载波波峰的高频振荡，减少应力波在传播过程中的弥散效应，从而满足 SHPB 试验中应力均匀和近似恒应变率加载的要求。

3.4 SHPB 试验原理与相关技术

本研究选用的波形整形器为 1 mm 厚的 T2 紫铜片。根据冲击加载水平的不同，分别配置直径介于 20~50 mm 的 T2 紫铜片，并将其粘贴在子弹与入射杆撞击接触面的中心位置 (图 3.26)。如图 3.27 所示为 SHPB 试验过程中经波形整形处理后的典型应力波变化形态。如图 3.28 所示为测得的试件内部典型应力均匀情况，可见入射波、反射波叠加后与透射波的重合程度较高。

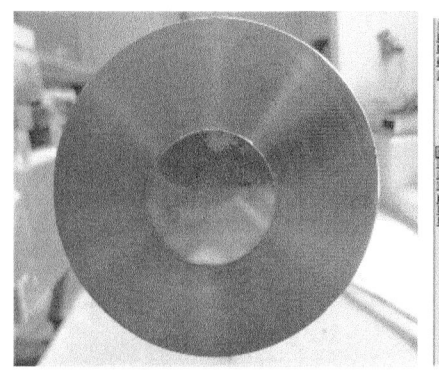

图 3.26 粘贴在杆端的波形整形器　　图 3.27 波形整形处理后的典型应力波变化形态

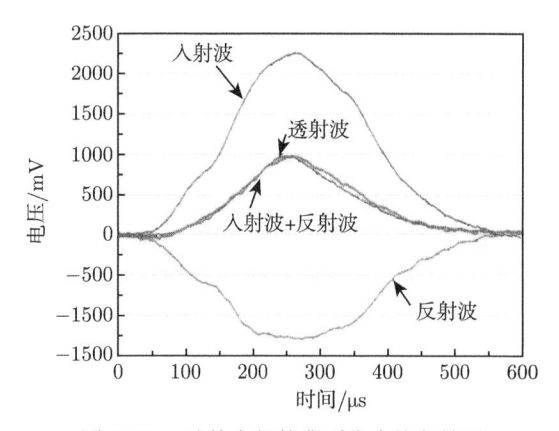

图 3.28 试件内部的典型应力均匀情况

3.4.3 平均应变率的确定

混凝土材料具有显著的应变率效应，在不同加载速率下的力学响应特征差异较大。因此，应变率是混凝土材料动态力学性能试验研究中的一个重要参数。采用上述波形整形技术可使试件在大部分加载时间内满足近似恒应变率加载。鉴于此，本研究在处理试验数据时，不计入应变率时程曲线上升和下降段的陡峭部分，只取中间平台段的平均应变率作为混凝土试件在相应加载速率条件下的应变率。图

3.29 所示为 SHPB 试验中的典型应变率时程曲线，A 点表示曲线的上升段拐点，B 点表示曲线的下降段拐点，则试件的平均应变率计算表达式如下：

$$\bar{\dot{\varepsilon}} = \frac{1}{n}\sum_{i=1}^{n}\dot{\varepsilon}(i) \tag{3.11}$$

式中，n 为 AB 段内采集数据的总数目；$\dot{\varepsilon}(i)$ 为 AB 段内采集到的各个应变率值。

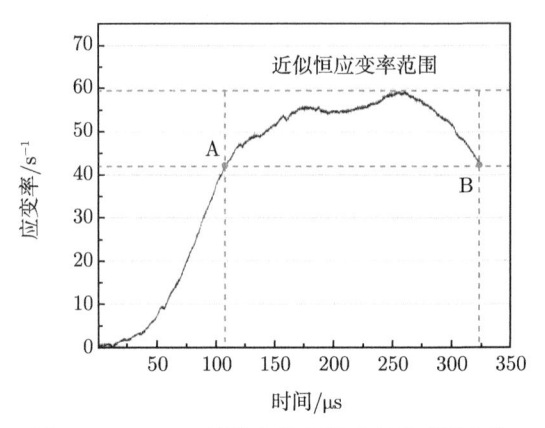

图 3.29 SHPB 试验中的典型应变率时程曲线

3.5 小　　结

本章作为全书力学试验研究的基础，对原材料的选用情况做出概述，确定了混凝土的配合比参数及拌制流程，阐明了试验方案的设计思路，同时介绍了试验中涉及的仪器设备，并着重对 SHPB 试验原理及相关技术进行了分析。主要工作及研究结论如下所述。

(1) 合理选用原材料，设计混凝土配合比。基于防护工程领域对混凝土的实际需求情况，选用满足相关标准及使用原则的原材料，确定本试验所制备混凝土试件的强度等级为 C40，水灰比为 0.39，砂率为 32%，在此基础上，通过多次试配，分别调整设计了 PC、CFRC、CMFRC 三种混凝土试件的基准配合比，以及与其相对应的纤维材料的具体掺加方案。

(2) 进行纤维材料分散性模拟试验，优化纤维增强混凝土的制备工艺。根据纤维分散性模拟试验结果，确定对碳纤维、CNT-CF 采用干混同掺的方法进行分散，并对试件拌和过程中的投料顺序、搅拌时间、成型工艺进行了合理优化与调控，制备了不同类型及规格的混凝土试件，有效改善了混凝土拌和物的工作性能以及混凝土基体中纤维材料的分散均匀性。

3.5 小　　结

(3) 制定关于混凝土力学性能测试的系列试验方案。根据研究目标，以不同纤维体积掺量的改性混凝土静动态力学性能研究为核心试验内容，制定了系列混凝土力学试验方案，主要包括静态抗压、抗折试验、动态压缩试验，同时介绍了试验所需的基本仪器设备，并对各类型试验之间的内在联系进行了说明。

(4) 阐述 SHPB 试验原理及相关技术。介绍了现有 SHPB 试验装置的组成、特点及工作原理，分析验证了 SHPB 试验的关键技术，并针对传统 SHPB 试验技术中存在的不足，采用 T2 紫铜片作为波形整形器，实现了试件在中高应变率条件下的近似恒应变率加载，同时明确了冲击加载的范围及平均应变率的计算方法。

第 4 章 多尺度纤维增强混凝土静态力学特性研究

4.1 引　　言

混凝土材料在准静态荷载作用下的基本力学响应特征对于混凝土结构设计的合理性以及工程应用的安全可靠性具有十分重要的意义。同时，纤维增强混凝土静态力学性能的研究能够为后续深入开展其动态力学性能研究提供有效的对照参考指标，进而可以为新型纤维增强混凝土材料在工程实践中的推广与应用奠定理论基础。现有关于各种类型纤维增强混凝土的力学性能研究表明，纤维材料的性质、掺量，以及其在混凝土基体中的分散情况和界面黏结特性等都会影响到混凝土力学性能的改善效果。然而，目前针对不同于以上纤维特点的碳纳米管-碳纤维复合多尺度纤维 (CNT-CF) 对混凝土静态力学性能影响规律的研究鲜见报道。因此，非常有必要开展碳多尺度纤维增强混凝土 (CMFRC) 的静态力学性能研究。

本章通过进行 CMFRC 的静力试验，着重从抗压强度、抗折强度、折压比等力学性能指标入手，研究 CMFRC 在单轴静态压缩、抗折试验过程中的强度测试结果与破坏现象，探讨 CNT-CF 体积掺量对混凝土静力强度特性以及破坏失效模式的影响规律。为便于试验数据的对比分析，同时对碳纤维增强混凝土 (CFRC) 的基本静力特性开展了相应的试验研究。

4.2 静力强度特性分析

本节主要探讨不同 CNT-CF 体积掺量条件下，CMFRC 静力强度特性的变化规律。如前所述，依据《混凝土物理力学性能试验方法标准》(GB/T 50081—2019) 中的相关规定，分别采用全自动压力试验机和抗折试验机对标准养护完毕的 CMFRC 试件开展静态力学试验。各组 CMFRC 试件抗压强度及抗折强度的最终测试结果如表 4.1 所示，表格中同时列出了 CFRC 试件的静力强度特性测试结果，以便于对两种类型纤维增强混凝土的基本静态力学性能指标进行对比分析。

4.2.1 抗压强度

混凝土抗压强度通常用立方体试件受压破坏时单位横截面积上所能承受的最大压力值来表示。根据表 4.1 中的混凝土抗压强度测试结果，由式 (4.1) 可计算得

4.2 静力强度特性分析

表 4.1 纤维增强混凝土的静力强度特性试验结果

试件编号	体积掺量/%	抗压强度/MPa	抗折强度/MPa
PC	0	48.93	5.26
CFRC1	0.1	50.03	5.63
CFRC2	0.2	51.20	6.48
CFRC3	0.3	49.27	5.97
CFRC4	0.4	47.10	5.81
CMFRC1	0.1	50.26	5.86
CMFRC2	0.2	51.97	6.34
CMFRC3	0.3	53.23	6.72
CMFRC4	0.4	50.03	6.41

到各组试件的抗压强度提高率, 其为不同 CNT-CF 体积掺量试验组的混凝土抗压强度与未掺 CNT-CF 对照组 (PC 组) 的混凝土抗压强度之差同 PC 组混凝土抗压强度的比值, 能够反映出不同 CNT-CF 体积掺量条件下混凝土试件抗压强度的升降变化情况。为更加直观地分析 CNT-CF 对混凝土抗压强度的影响效果, 将 CMFRC 的抗压强度以及抗压强度提高率随 CNT-CF 体积掺量的变化关系绘于图 4.1 中。

$$R_\mathrm{c} = \frac{f_\mathrm{c,f} - f_\mathrm{c,o}}{f_\mathrm{c,o}} \times 100\% \qquad (4.1)$$

式中, $f_\mathrm{c,f}$ 为不同 CNT-CF 体积掺量下混凝土试件的抗压强度 (MPa); $f_\mathrm{c,o}$ 为未掺加 CNT-CF 的普通混凝土试件的抗压强度 (MPa); R_c 为 CMFRC 试件的抗压强度提高率 (%)。

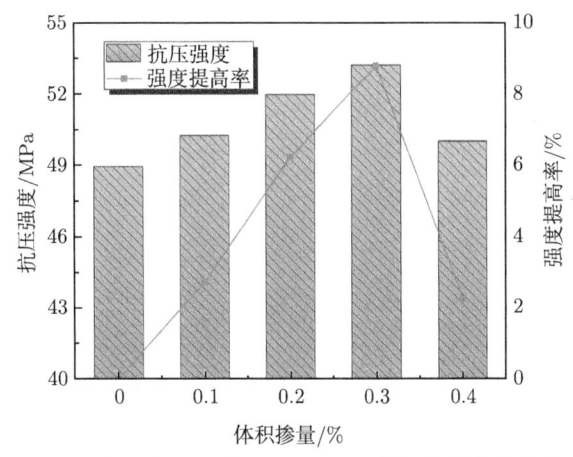

图 4.1 混凝土抗压强度随 CNT-CF 体积掺量的变化关系

从图 4.1 中可以看出, CNT-CF 体积掺量由 0% 增至 0.3%, 混凝土的抗压强度随之逐渐增大，说明加入合适掺量的 CNT-CF 能够提升混凝土的抗压强度。CNT-CF 体积掺量由 0.3% 增至 0.4%，混凝土的抗压强度则呈现出逐渐减小的变化趋势，这可能是由于 CNT-CF 的体积掺量达到 0.4% 时，发生结团现象，使混凝土的密实度受到负面影响，导致材料内部形成薄弱区，降低混凝土的抗压强度。同时可以发现，CMFRC 各组试件的抗压强度均高于 PC 组试件，且当 CNT-CF 的体积掺量为 0.3% 时混凝土的抗压强度最高。具体如下所述。①当 CNT-CF 的体积掺量为 0.1% 时，混凝土的抗压强度较普通混凝土有所提高，增长幅度为 2.72%，说明较小掺量的 CNT-CF 即可对混凝土抗压强度发挥一定的积极作用，但增强效果有限。②当 CNT-CF 的体积掺量增加到 0.2%、0.3% 时，混凝土的抗压强度相比于普通混凝土有较大程度的提高，强度提高率分别为 6.22%、8.79%，可见适量 CNT-CF 的掺入可以有效改善混凝土的抗压强度，而且当 CNT-CF 的体积掺量为 0.3% 时，混凝土抗压强度的提升幅度达到最高点。③当 CNT-CF 的体积掺量从 0.3% 增加到 0.4% 时，虽然混凝土的抗压强度相比于普通混凝土仍有 2.25% 的提高率，但已经表现出增强效果下降的趋势，说明持续增大 CNT-CF 的体积掺量会出现对混凝土抗压强度不利的结果。总之，随着 CNT-CF 体积掺量的增加，混凝土的抗压强度先增大后减小，这表明在一定范围内，CNT-CF 的体积掺量越高其对混凝土抗压强度的增强效果越显著；同时 CNT-CF 在混凝土中存在一个相对最佳掺量，掺入过多的 CNT-CF 会影响其增益作用的有效发挥，甚至会对混凝土的抗压强度产生消极抑制作用。

出现上述结果的原因分析如下：当 CNT-CF 体积掺量较低时，细软的纤维可填充混凝土内部一定量的原始孔隙和微裂纹，使混凝土变得更加密实，结构整体性较好，从而在一定程度上改善了混凝土的抗压强度；随着 CNT-CF 体积掺量的增大，过多的 CNT-CF 极易在基体中出现缠绕、结团等现象，导致混凝土内部产生较多有害缺陷，进而开始降低混凝土的抗压强度；CNT-CF 体积掺量继续增加，在混凝土内部形成的缺陷随之增多，这使得混凝土密实度进一步下降，严重影响其抗压强度。

4.2.2 抗折强度

混凝土在弯曲应力作用下单位面积上所能够承受的最大折断荷载称为抗折强度。根据表 4.1 中的混凝土抗折强度测试结果，由式 (4.2) 可计算得到各组试件的抗折强度提高率，其为不同 CNT-CF 体积掺量试验组的混凝土抗折强度与未掺 CNT-CF 对照组 (PC 组) 的混凝土抗折强度之差同 PC 组混凝土抗折强度的比值，可以反映出不同 CNT-CF 体积掺量条件下混凝土抗折强度的增减变化情况。为更加直观地分析 CNT-CF 对混凝土抗折强度的影响效果，将 CMFRC 的抗折

4.2 静力强度特性分析

强度以及抗折强度提高率随 CNT-CF 体积掺量的变化关系绘于图 4.2 中。

$$R_{\mathrm{f}} = \frac{f_{\mathrm{f,f}} - f_{\mathrm{f,o}}}{f_{\mathrm{f,o}}} \times 100\% \tag{4.2}$$

式中，$f_{\mathrm{f,f}}$ 为不同 CNT-CF 体积掺量下混凝土试件的抗折强度 (MPa)；$f_{\mathrm{f,o}}$ 为未掺加 CNT-CF 的普通混凝土试件的抗折强度 (MPa)；R_{f} 为 CMFRC 的抗折强度提高率 (%)。

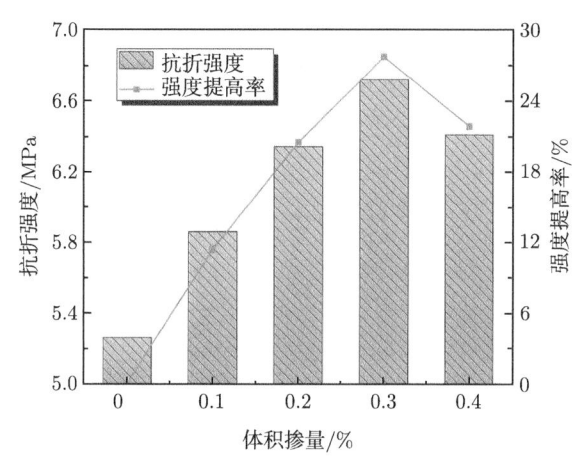

图 4.2 混凝土抗折强度随 CNT-CF 体积掺量的变化关系

从图 4.2 中可以看出，CNT-CF 体积掺量由 0% 增至 0.1%，混凝土抗折强度的增长幅度为 11.41%，说明 CNT-CF 的掺入能够有效增强混凝土的抗折强度。CNT-CF 体积掺量由 0.1% 增至 0.4%，混凝土抗折强度的相对增长幅度逐渐变缓，其中在 CNT-CF 的体积掺量为 0.3% 时，混凝土的抗折强度出现峰值，达 6.72 MPa，而在 CNT-CF 的体积掺量为 0.4% 时，混凝土的抗折强度则下降为 6.41 MPa，较前者出现负增长率 (−4.61%)。在 0%～0.3% 的 CNT-CF 体积掺量范围内，混凝土的抗折强度与 CNT-CF 掺量呈正相关的变化关系，可能是由于 CNT-CF 的掺入使混凝土内部形成大量的纤维网状结构，增强了纤维与基体之间的摩擦力，从而抑制混凝土内部裂缝的产生及发展。具体如下所述。①当 CNT-CF 的体积掺量小于 0.3% 时，随着 CNT-CF 掺量的增大，混凝土的抗折强度不断提高，当 CNT-CF 的体积掺量超过 0.3% 后，随着 CNT-CF 掺量的增大，混凝土的抗折强度反而开始降低。②当 CNT-CF 的体积掺量为 0.2%、0.3% 时，在该掺量区间内，混凝土抗折强度的提高率较大，相比于普通混凝土分别提高了 20.53% 和 27.76%；同时可以发现，当 CNT-CF 的体积掺量为 0.3% 时，其对混凝土抗折强度的改善效果最为明显。③当 CNT-CF 的体积掺量为 0.4% 时，相比于普通混凝土，CMFRC 的抗折强度仍有 21.86% 的提高率。总之，随着 CNT-CF 体积掺量的增大，混凝土的抗折强度呈现出先逐渐升高达到某一峰值点，之后再开始有所降低的变化趋势，而且 CMFRC 各组试件的抗折强度均高于 PC 组试件，说明在混凝土中掺入 CNT-CF 能够有效提升其抗折强度。

分析出现上述结果的原因如下所述。当混凝土受弯曲荷载而萌生新的微裂纹时，乱向分布并且横跨于基体裂纹两侧的 CNT-CF 能够缓冲部分裂缝尖端应力，从而阻碍裂纹的扩展与延伸，有利于提高混凝土的抗折强度。随着 CNT-CF 体积掺量的增加，混凝土内部可以形成更加致密的纤维空间网状结构，且 CNT-CF 与基体之间的黏结力较强，CNT-CF 所发挥的桥接作用越来越明显。因此，在适当体积掺量范围内，CNT-CF 掺量越大，混凝土抗折强度越高，而持续掺入 CNT-CF 后，虽然其对混凝土基体仍可起到一定的约束作用，但是当 CNT-CF 含量过大时，其在混凝土成型过程中并没有充分均匀地分散于混凝土基体中，致使硬化后混凝土中的原生孔隙和裂缝较多，导致混凝土内部缺陷增多，CNT-CF 对混凝土结构整体性的增益作用逐渐弱化甚至丧失，抗折强度无法再继续增大，反而开始下降。

4.2.3 折压比

折压强度比 (简称折压比) 是表征混凝土基本力学性能的一个重要指标。折压比可以在一定程度上衡量混凝土的韧性，用式 (4.3) 表示。通常情况下，折压比增加说明混凝土的韧性有所提高[182]。

$$R_{f,c} = \frac{f_{f,f}}{f_{c,f}} \times 100 \tag{4.3}$$

基于本研究中混凝土的抗压、抗折强度试验结果，计算得到不同 CNT-CF 体积掺量条件下混凝土试件的折压比，如表 4.2 所示。通过分析 CNT-CF 体积掺量与混凝土折压比之间的变化关系 (图 4.3) 可知，混凝土折压比的变化趋势与其强度特性随 CNT-CF 体积掺量的变化趋势存在差异。总体来看，CMFRC 各组试件的折压比较之 PC 组试件具有较大幅度的提高，提高率在 8.47%~19.16% 范围内，而且混凝土折压比表现出随 CNT-CF 体积掺量增大而逐渐上升的趋势。与 PC 相比，增大 CNT-CF 掺量导致混凝土的抗压强度和抗折强度出现不同程度的提高，并且掺入 CNT-CF 对混凝土抗折强度的提升效果要显著优于抗压强度，因此混凝土的折压比均有一定程度的提升，并且随着 CNT-CF 掺量的增加而呈递增趋势。在 CNT-CF 的体积掺量为 0.4% 时，虽然混凝土的强度特性较上一 CNT-CF 掺量 (0.3%) 有所下降，但其折压比仍出现最大值 (0.1281)，相较于普通混凝土提高了 19.16%。究其原因，CNT-CF 体积掺量的增加显著改善了混凝土的抗折强度，而 CNT-CF 的掺入对混凝土抗压强度的增强效果则较为平稳，从而使得混凝土的折压比有所提高，脆性特征弱化，韧性得到强化。虽然加入体积掺量较大 (0.4%) 的 CNT-CF 会导致混凝土内部形成较多缺陷，混凝土抗压强度受到较大的削弱，抗折强度亦有所降低，但混凝土的折压比仍然有所增大。由此可知，利用 CNT-CF 对混凝土进行改性，混凝土的韧性有所增强，即使当 CNT-CF 体积掺量超过 0.3%时，其对于混凝土韧性的进一步提升依然表现出积极有利的作用效果。

表 4.2　混凝土的折压比计算结果

CNT-CF 掺量/%	折压比/10^{-2}	提高率/%
0	10.75	0
0.1	11.66	8.47
0.2	12.19	13.40
0.3	12.62	17.39
0.4	12.81	19.16

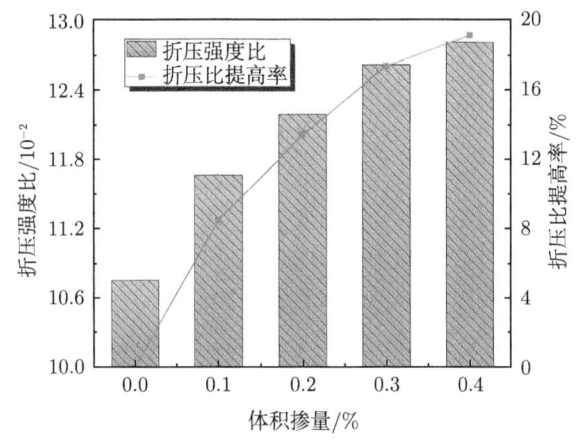

图 4.3　混凝土折压比随 CNT-CF 体积掺量的变化关系

4.3　破坏失效模式分析

4.3.1　立方体压缩破坏

　　破坏失效形态是混凝土遭受外部荷载作用后最直观的反映。如图 4.4 所示，在混凝土抗压试验过程中，PC 的破坏过程比较短暂，裂缝一旦出现便迅速扩展延伸，当裂缝贯穿整块试件后，混凝土随即失去承载力，破坏时产生响亮的爆裂声，大量的松散碎块向四周脱落、飞溅，且碎块之间互不连接。CMFRC 单向受压加载破坏过程的持续时间则相对较长，混凝土内部裂缝在加载一段时间后逐步扩展，随后试件表面也开始出现裂缝并缓慢延伸，此时并没有达到试件的极限承载能力，仍需要继续施加荷载才使试件发生破坏，当破坏出现时，会伴随有低沉的崩裂声。

(a) PC

(b) CMFRC2

图 4.4 混凝土试件的典型受压破坏过程

图 4.5 展示了不同 CNT-CF 体积掺量的混凝土试件在抗压试验后的典型破坏形态。可以看出，PC 组试件和 CMFRC 各组试件的受压破坏失效模式并不一致。PC 承压面上的贯穿裂缝较宽，试件四周的悬空面几乎完全破裂崩落，表现出明显的斜剪切脆性破坏特征。这是由于环箍效应的影响，从而使试件在上、下承压面附近破坏范围较小、破坏程度较轻，而试件的中间部分受环箍效应影响较弱，破坏严重，致使试件残存的主体部分呈现出顶角相连、上下堆叠的"双四角锥状"(沙漏状)。CMFRC 的破坏状态显示，混凝土的表面无明显贯通裂缝，大多数试件表面出现起皮与片状鼓凸，但并没有发生脱落现象，仍保持了较好的完整性，破坏时基本为立方体形状，表面虽有裂纹和碎片剥离，但裂而不散。这是因为混凝土受压后，四周的悬空面逐渐膨胀，裂缝也随之扩展延伸，而 CNT-CF 就如同许多微细"箍筋"，可以发挥协同受荷以及约束作用，从而使试件形成裂而不散的破坏形态。当 CNT-CF 体积掺量较低时，混凝土的破坏程度仍较为严重：CMFRC1 组试件在受压时四周鼓胀明显，呈现出"酥散"的破坏形态。随着 CNT-CF 体积掺量的增大，混凝土试件表面的裂缝数量减少，开裂程度降低，部分裂缝仅延伸

4.3 破坏失效模式分析

发展到试件中间位置；CMFRC3 组试件在受压发生破坏时，表面几乎没有出现明显的鼓胀现象，只有在距离承压面较远、横向约束力较弱、靠近试件边角处的位置出现少许的宏观裂缝以及凸起的碎片。PC 和 CMFRC 的单轴受压破坏模型[183]如图 4.6 所示。

(a) PC

(b) CMFRC1

(c) CMFRC3

图 4.5　混凝土试件的典型抗压破坏形态

(a) PC　　　　　　　　　　　(b) CMFRC

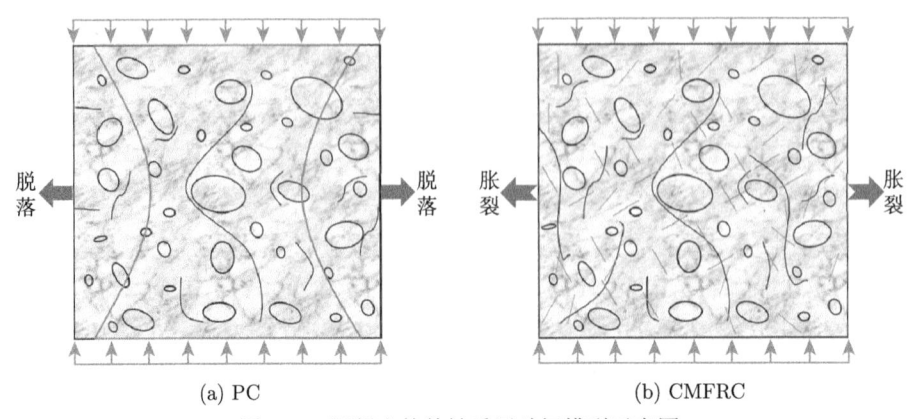

图 4.6　混凝土的单轴受压破坏模型示意图

4.3.2　棱柱体断裂破坏

不同 CNT-CF 体积掺量的混凝土试件在抗折试验后的典型破坏形态如图 4.7 所示。在混凝土抗折试验过程中，PC 试件的断裂非常突然，破坏时发出清脆的响声，试件完全开裂，从中间位置断成两半，整个断裂破坏过程持续时间短暂，属于典型的脆性破坏。而对于 CMFRC 试件而言，加载持续一段时间后，试件中央的底部位置开始萌生裂缝并逐渐扩展，试件发生破坏后，其顶部仍然连接在一起，断裂面并没有完全贯通，呈现出裂而不断的破坏形态，具有明显的塑性破坏特征。此外，不同 CNT-CF 体积掺量的混凝土试件表现出的断裂破坏程度也存在一定区别，CNT-CF 掺量越大，混凝土断面裂缝宽度越小。

CNT-CF 对混凝土的抗折断裂破坏形态具有一定影响，未掺 CNT-CF 时，混凝土发生的断裂破坏属于脆性破坏，而掺入 CNT-CF 后，混凝土塑性增强，脆性破坏特征有所缓解，破坏模式由脆性破坏向塑性破坏转变。例如，当 CNT-CF 体积掺量为 0.3% 时，试件中部出现一条自下而上 (由受拉区域向受压区域发展) 未完全贯穿的宏观裂缝 (图 4.7(d))，试件破坏时裂缝的宽度仍然较小。其原因在于，随着 CNT-CF 体积掺量的增大，基体开裂位置发挥桥接作用的 CNT-CF 数量增多，且 CNT-CF 与基体之间具有较好的界面结合强度，能够保证基体所承受的荷载通过界面传递至纤维，使 CNT-CF 与基体共同受力，限制裂缝的发展；同时 CNT-CF 在受荷拔出或断裂时，会消耗一部分能量，从而减弱试件的脆性，增强试件的塑性变形能力。但是当 CNT-CF 体积掺量达 0.4% 时，塑性破坏特征趋于稳定，这是由于过量的 CNT-CF 导致混凝土密实度衰退，基体缺陷增加，对 CNT-CF 的"握裹力"下降，桥接于混凝土内部的 CNT-CF 容易被拔出，致使 CNT-CF 对混凝土的塑性增强作用开始减弱。

4.4 与 CFRC 的对比分析 · 71 ·

(a) PC　　　　　　　　　　　(b) CMFRC1

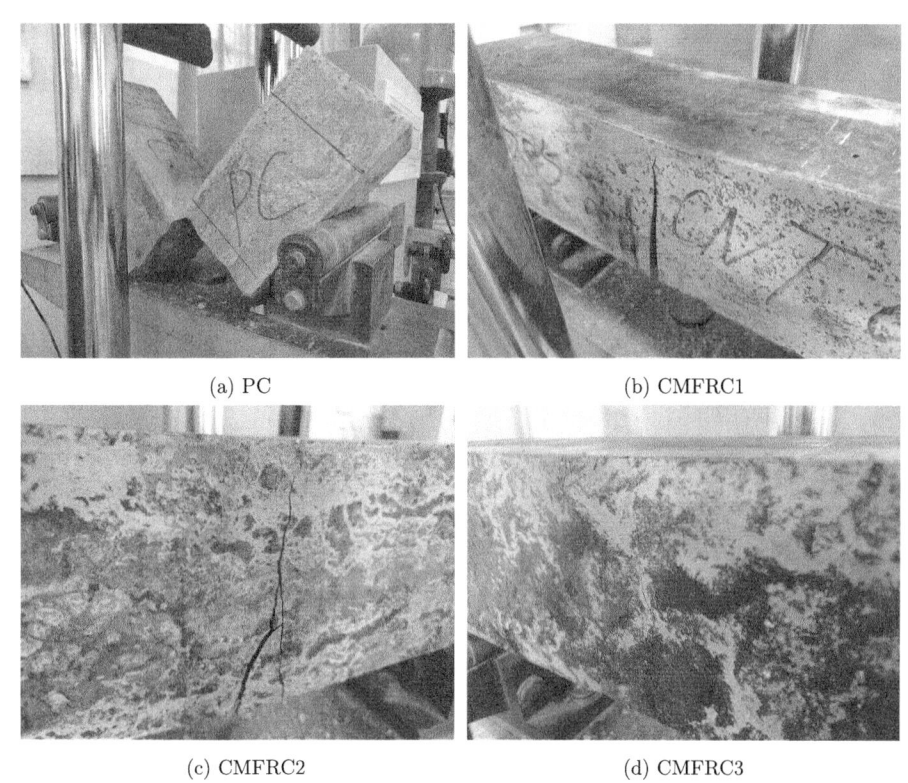

(c) CMFRC2　　　　　　　　　(d) CMFRC3

图 4.7　混凝土试件的典型抗折破坏形态

4.4　与 CFRC 的对比分析

通过对以上各力学试验指标的分析可知，适当掺入 CNT-CF 能够很好地改善混凝土的静力性能。CNT-CF 不仅能够提升混凝土的强度特性，对于混凝土的韧性也表现出较为出色的增益作用。为深入表征 CNT-CF 对混凝土的增强效果，本节进一步对比分析掺入 CNT-CF 和 9 mm 普通短切碳纤维对混凝土基本静态力学性能的影响特点。

如图 4.8 所示为 CMFRC、CFRC 静力强度特性随纤维体积掺量的变化关系。分析可知，在本研究的纤维体积掺量范围内，CMFRC 和 CFRC 的强度测试结果均随纤维体积掺量的增多而呈现出先上升后下降的变化趋势，并分别在纤维体积掺量为 0.3%、0.2% 时出现峰值强度，此时 CMFRC 的强度提高幅度则接近 CFRC 的一倍。同时可以看出，虽然碳纤维对混凝土的静力强度特性也表现出一定程度的提升作用，但 CFRC 抗压强度及抗折强度的增幅要低于 CMFRC，表明在该纤维体积掺量范围内，CNT-CF 相较于碳纤维对混凝土具有更加出色的改善效果，CNT-CF 对混凝土具有更好的强韧化效应以及阻裂效果。这主要是因为 CNT-CF 表面具有多尺度结构，能够使其更加稳固地连接在混凝土内部微裂纹两侧的基体之间，增加 CNT-CF 与混凝土基体的黏结力，对裂纹的开裂起到有效的延缓作用。此外，CNT-CF 对于分散缓解混凝土内部的应力集中现象同样可以发挥较好的积极作用。CNT-CF 凭借其与基体之间良好的界面结合能力提高了混凝土的破坏失效强度，因此 CNT-CF 在对混凝土基本力学性能的增强与增韧方面具有更大优势。

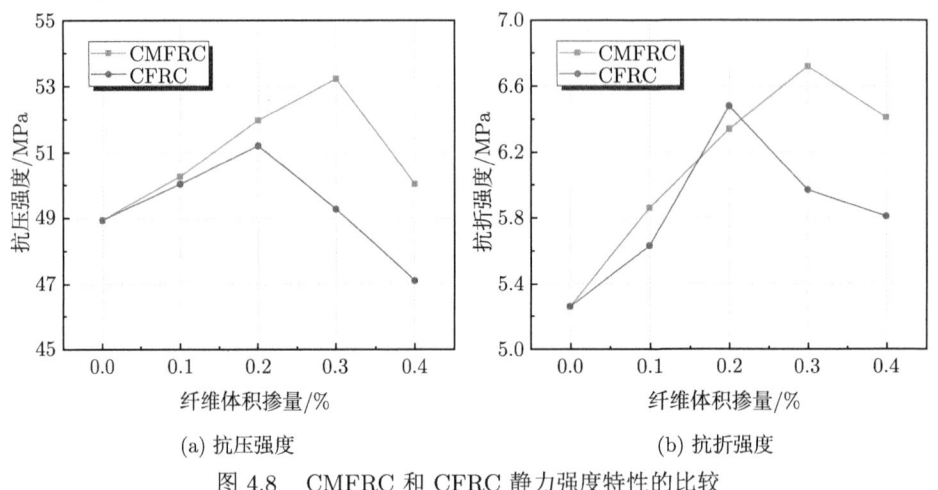

(a) 抗压强度

(b) 抗折强度

图 4.8　CMFRC 和 CFRC 静力强度特性的比较

4.5　机　理　分　析

基于上述试验结果，综合分析不同体积掺量条件下 CNT-CF 对混凝土静力强度特性及破坏失效模式的改性效果，发现 CNT-CF 的掺入对于混凝土静态力学性能的提升具有较好的增益作用，而且 CNT-CF 对混凝土静力特性的改善效果要明显优于碳纤维。目前大多数学者采用"复合材料理论"和"纤维间距理论"来解释纤维增强体对混凝土力学性能的改善机理。

复合材料理论认为，通过将多种材料构成一个多相复合系统，其整体性能是各个单一材料性能的叠加[184]。因此，对于纤维与混凝土复合之后形成的纤维增强混凝土而言，其在理想状态下所能承受的最大应力可由式 (4.4) 表示

$$\sigma_c = \eta_f \sigma_f V_f + \sigma_m V_m \tag{4.4}$$

式中，η_f 为纤维影响系数；σ_f 为纤维的极限应力；V_f 为纤维的体积掺量；σ_m 为基体的极限应力；V_m 为基体的体积掺量。

4.5 机理分析

混凝土属于典型的非均质复合材料，在其承受外部荷载的作用时，混凝土内部会出现应力集中现象。应力集中的位置在受荷时会率先达到极限承载强度，引起裂缝的萌生，使混凝土趋于破坏。而当在混凝土中掺入纤维后，纤维可作为加固混凝土的"微细增强筋"，缓解应力集中的不利影响，延缓裂缝的形成；但如果纤维分布不均匀，则会使混凝土内部形成新的薄弱区域，在受荷时同样会产生应力集中现象，加速混凝土的破坏。本研究所制备的纤维改性混凝土的抗压强度和抗折强度均随纤维体积掺量的增加而表现出先增大后减小的变化趋势，基于复合材料理论：纤维体积掺量较小时，分布较为均匀，在混凝土内部作为"微细增强筋"限制裂缝的产生和发展，并且随着纤维体积掺量的逐步增加，这些"微细增强筋"越来越多，发挥的作用越来越明显，混凝土的强度特性逐渐提升。但当纤维体积掺量过大时，纤维聚集成团的概率随之增大，结团后的纤维会影响混凝土的结构整体性和密实程度，导致混凝土内部大量新的薄弱区域以及不利缺陷，从而导致混凝土的静力特性开始呈现下降的趋势。

图 4.9 所示的纤维约束模型来源于纤维间距理论[185]。根据这一理论，纤维增强混凝土的增强效果与纤维间距密切相关。纤维会对混凝土产生阻裂效应，阻止微裂缝的发展，通常纤维平均间距越小，其阻裂效应越明显。基于此，采用纤维间距理论同样可以解释本研究的相关试验结果：当纤维体积掺量较小时，纤维平均间距较大，无法充分发挥对裂缝的阻裂效果；随着纤维体积掺量的增加，纤维的平均间距变小，阻裂效果有所增强，但当纤维体积掺量过多时，由于纤维出现结团现象，从而会相互干扰，产生负面作用，不利于纤维对混凝土增强效果的有效发挥。

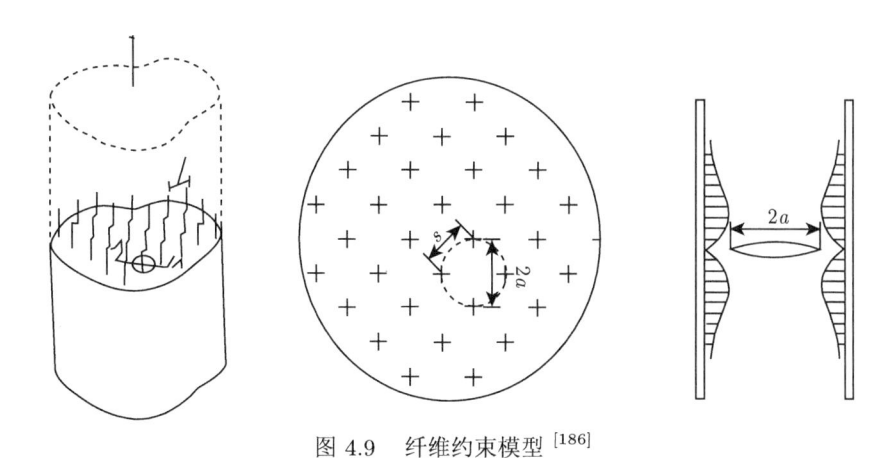

图 4.9　纤维约束模型[186]

此外，相关学者从混凝土的多裂缝开展特性入手，针对纤维增强水泥基复合材料的应变硬化现象进行了系统的分析，并且提出了短纤维水泥基复合材料滑移硬化界面裂纹桥接准则[187,188]：

$$\sigma_{\text{fc}} < \sigma_{\text{peak}} \tag{4.5}$$

式中，σ_{fc} 表示材料的开裂破坏强度；σ_{peak} 表示界面裂缝处的最大纤维桥接应力。

基于式 (4.5) 可以认为，如果材料裂缝处的最大纤维桥接应力大于其发生破坏时的开裂强度，则材料在承受荷载出现微裂缝后仍然能够保持一定的承载能力。同时，界面裂缝处纤维的存在可促使后续裂缝的萌生与衍化向多条、多方向的趋势发展。纤维、纤维–基体的界面特性都会对材料界面裂缝处的纤维桥接应力产生重要影响，因此，对于 CNT-CF 这种复合多尺度纤维增强体而言，其本身的固有性质及其与基体材料的界面黏结性能将在很大程度上改善混凝土的受荷开裂方式：CNT-CF 具备碳系纤维的高强、高弹模特性，并且其与混凝土基体之间有着良好的界面黏结，裂缝在扩展过程中受到 CNT-CF 的约束，使多尺度纤维增强混凝土在受荷发生破坏时呈现出微缝开裂、裂而不散、裂而不断的特征。

4.6 小 结

本章重点针对 CNT-CF 体积掺量这一因素对混凝土静态力学性能的改性效果进行研究，开展了 CMFRC 抗压、抗折试验，并通过与 CFRC 进行对比，从静力强度特性以及破坏失效模式等方面，分析了 CNT-CF 对混凝土基础力学性能的影响规律和作用机理。主要结论如下所述。

(1)CNT-CF 对混凝土的静力强度特性具有显著影响，掺加适量的 CNT-CF 能够有效提升混凝土的抗压强度和抗折强度，且 CNT-CF 存在一个 0.3% 的体积掺量阈值，当 CNT-CF 体积掺量低于 0.3% 时，混凝土的强度随 CNT-CF 体积掺量的增加而不断增大，当 CNT-CF 体积掺量超过该阈值时，混凝土的强度则开始呈现下降趋势。

(2)CMFRC 抗折强度的提高幅度明显高于抗压强度，当 CNT-CF 体积掺量为 0.3% 时，相较于普通混凝土，其抗压强度提高了 8.79%，而抗折强度提高了 27.76%；混凝土折压比随 CNT-CF 体积掺量的增加而呈现递增趋势，且较普通混凝土具有 8.47%~19.16% 的提高率，可见 CNT-CF 对提升混凝土的韧性具有积极有利的作用。

(3)CNT-CF 对混凝土在压应力和弯曲应力作用下的破坏形态具有显著影响，掺入 CNT-CF 能够使混凝土在承受外部荷载作用发生破坏时，仍能保持较好的整体性，坏而不散、裂而不断，更好地维持原有形态，并且仍然具有一定的残余承载能力；掺入 CNT-CF 后，混凝土塑性增强，发生破坏失效时的脆性特征有所缓解。

4.6 小　　结

(4)CNT-CF 的多尺度结构使其相较于碳纤维对混凝土表现出更加优越的强韧化效应，CNT-CF 的掺入使混凝土在承受荷载时的受力特性由混凝土基体单一承载转变为由混凝土基体和 CNT-CF 协同承载，且当混凝土达到极限荷载后，由于 CNT-CF 与基体之间具有较强的相互黏结力，所以混凝土的静力性能显著提升。

第 5 章 多尺度纤维增强混凝土动态压缩力学特性研究

5.1 引 言

工程结构在服役期间，不仅要满足建材、构件自重，以及人、物等外界荷载所产生的准静态荷载的要求，往往还面临着地震、飓风等剧烈自然灾害和各类偶然因素导致的冲击、爆炸等强动力荷载的威胁。尤其是对于防护工程而言，其大多数为混凝土结构，而随着战场环境的日益复杂化，军事混凝土防护结构也越来越受到爆炸冲击波、武器打击以及弹丸侵彻等中高应变率动态荷载的考验，这对混凝土材料的承载能力和抗冲击性能提出了更加严苛的要求。近年来，人们对混凝土材料的动力特性做了许多研究，发现与静力性能相比，混凝土材料的动态抗压强度、峰值应变等都会表现出显著的应变率敏感性，同时纤维增强混凝土由于纤维的掺入，其动态力学性能有了较大改善。现阶段对于碳纳米管-碳纤维复合多尺度纤维(CNT-CF)改性混凝土材料动态力学性能的研究较为缺乏，为了更好地指导工程实践，有必要针对多尺度纤维增强混凝土(CMFRC)的动态压缩力学特性展开相关研究。

本章利用 SHPB 试验系统对 5 种 CNT-CF 体积掺量的多尺度纤维增强混凝土进行冲击压缩试验，获得了各组试件在不同应变率条件下的应力–应变关系曲线，分别从动态抗压强度、压缩变形、冲击韧性和破坏形态等力学性能指标入手，深入探究多尺度纤维增强混凝土动态压缩力学特性的变化规律，并基于试验数据，建立多尺度纤维增强混凝土应力–应变关系的近似动态损伤本构模型。

5.2 CMFRC 的动态压缩力学特性

本节主要从混凝土应力–应变曲线、强度特性、变形特性、冲击韧性以及破坏形态等方面对比分析多尺度纤维增强混凝土动态压缩力学性能的变化规律。

表 5.1 列出了不同 CNT-CF 体积掺量和不同应变率条件下多尺度纤维增强混凝土试件的 SHPB 试验结果。其中，$f_{c,d}$ 表示试件的动态抗压强度(dynamic compressive strength)，其值为应力–应变曲线最高点所对应的应力，可反映混凝土在冲击荷载作用下的强度特性；ε_p 表示试件的峰值应变(peak strain)，其值

5.2 CMFRC 的动态压缩力学特性

为应力-应变曲线峰值应力点所对应的应变，是表征混凝土冲击荷载变形的重要指标；ε_u 表示试件的极限应变 (ultimate strain)，取其应力-应变曲线的最大应变值，反映的是混凝土材料受冲击荷载作用后的最终变形。由于混凝土材料在静、动荷载状态下表现出不同的力学特性，故引入动态强度增长因子 (dynamic increase factor, DIF)[189] 来衡量混凝土在承受动态荷载作用时抗压强度的提高比例，定义如下：

$$\mathrm{DIF} = \frac{f_\mathrm{c,d}}{f_\mathrm{c,s}} \tag{5.1}$$

式中，$f_\mathrm{c,s}$ 表示混凝土试件在准静态荷载作用下的抗压强度；$f_\mathrm{c,d}$ 表示混凝土试件在动态荷载作用下的抗压强度。

表 5.1 混凝土试件的动力压缩试验结果

试件编号	$\bar{\varepsilon}/\mathrm{s}^{-1}$	$f_\mathrm{c,d}/\mathrm{MPa}$	$\varepsilon_\mathrm{p}/(\times 10^{-3})$	$\varepsilon_\mathrm{u}/(\times 10^{-3})$	$\mathrm{IT_a}/(\mathrm{kJ/m^3})$	$\mathrm{IT_b}/(\mathrm{kJ/m^3})$	$\mathrm{IT}/(\mathrm{kJ/m^3})$	DIF
PC	59.76	56.66	8.21	22.31	281.22	422.58	703.79	1.16
	67.82	61.85	9.18	24.19	322.56	454.93	777.48	1.26
	81.41	68.09	9.59	25.28	383.98	605.12	989.10	1.39
	95.05	77.45	10.04	30.17	508.71	755.14	1263.85	1.58
	113.25	84.05	10.93	31.26	556.15	870.80	1426.95	1.72
CMFRC1	58.44	59.01	8.97	21.87	308.03	382.93	690.96	1.17
	67.37	67.54	9.86	25.73	370.74	519.51	890.25	1.34
	80.48	72.29	10.60	26.44	458.14	631.77	1089.91	1.43
	93.85	80.82	11.24	28.52	501.93	766.29	1268.22	1.61
	109.32	86.81	11.79	32.26	608.75	939.83	1548.59	1.73
CMFRC2	55.81	61.83	9.19	23.21	319.87	384.63	704.50	1.19
	69.67	70.67	10.08	24.09	410.71	542.62	953.34	1.36
	82.92	79.49	11.04	26.56	470.12	686.65	1156.77	1.53
	94.85	82.81	11.63	31.27	476.03	917.06	1393.09	1.59
	112.06	91.65	13.02	32.84	644.16	1007.04	1651.21	1.76
CMFRC3	57.48	63.89	9.85	23.31	352.41	524.88	877.29	1.20
	69.06	75.72	10.46	24.92	401.78	644.66	1046.44	1.42
	83.94	84.25	11.80	28.64	462.21	829.41	1291.63	1.58
	92.17	89.34	12.72	29.25	605.08	883.60	1488.68	1.67
	108.93	94.98	13.78	33.26	787.85	1005.98	1793.83	1.78
CMFRC4	58.67	62.84	9.37	24.49	415.51	358.48	773.98	1.26
	71.38	66.53	9.76	28.26	452.99	478.63	931.62	1.33
	82.25	73.87	10.15	29.45	504.74	583.34	1088.08	1.47
	93.46	80.13	10.98	32.47	652.37	650.89	1303.26	1.60
	113.32	89.56	11.96	33.91	701.96	839.29	1541.25	1.79

混凝土的冲击韧度 (impact toughness, IT) 通常用试件动态受压全过程应力-应变曲线与坐标轴所包围区域的面积表示，可进一步将其细化为峰前韧度 $\mathrm{IT_a}$ 和裂后韧度 $\mathrm{IT_b}$ 两部分，以此来表征混凝土试件在遭受冲击破坏过程中不同阶段吸收能量的特性。各冲击韧性指标的计算示意图如图 5.1 所示，其具体计算公式为

$$\left.\begin{aligned} \mathrm{IT} &= \int_0^{\varepsilon_\mathrm{u}} f \mathrm{d}\varepsilon \\ \mathrm{IT_a} &= \int_0^{\varepsilon_\mathrm{p}} f \mathrm{d}\varepsilon \\ \mathrm{IT_b} &= \int_{\varepsilon_\mathrm{p}}^{\varepsilon_\mathrm{u}} f \mathrm{d}\varepsilon \end{aligned}\right\} \tag{5.2}$$

式中，f 表示所求混凝土试件的应力-应变全过程曲线；ε_p 为应力-应变曲线的峰值应变；ε_u 为应力-应变曲线的极限应变。

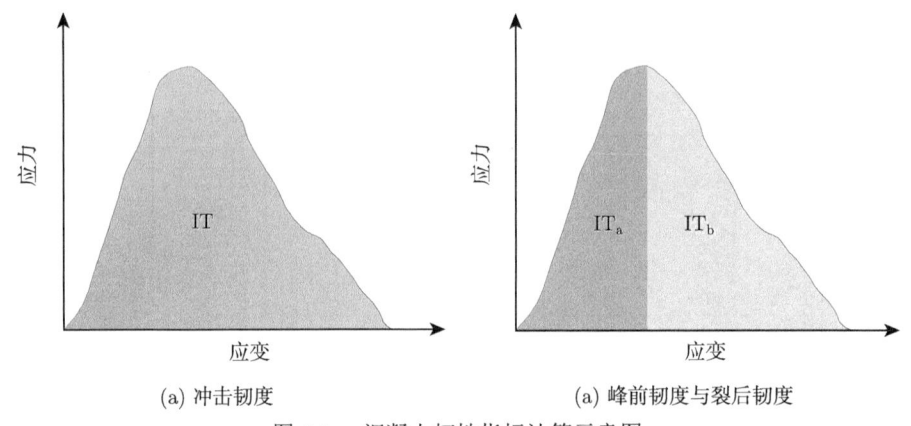

(a) 冲击韧度   (a) 峰前韧度与裂后韧度

图 5.1   混凝土韧性指标计算示意图

5.2.1 应力-应变曲线

动态全应力-应变曲线是混凝土在遭受外部冲击荷载作用时，其力学行为变化的综合反映，可据此较为直观地分析冲击荷载对混凝土动态抗压强度、压缩变形、韧性的影响趋势以及混凝土动态受压时的破坏失效特征等[190]。依据三波校核法计算处理 SHPB 试验数据，得到如图 5.2 所示的不同应变率、不同 CNT-CF 体积掺量条件下混凝土试件的动态全应力-应变曲线。

通过观察图 5.2，分析可知：① 各组混凝土试件动态压缩应力-应变曲线的几何形状基本相同，大致可划分为上升、平台和下降三个部分。混凝土内部的原始孔洞等微缺陷在受冲击荷载作用时会有一定程度的收缩，致使应力-应变曲线上升部分的初始阶段略微朝向横坐标轴 (应变轴) 凸出，此时试件应力随应变的增加而有小幅度升高；闭合阶段过后，曲线近似为直线，进入弹性阶段，该阶段试件应力增长与变形量大致呈近似线性关系发展；随着冲击加载的继续，试件内部裂隙扩展，局部破坏程度加剧，到达屈服极限附近，曲线斜率下降，试件应力增长又变得缓慢。当试件在冲击荷载下接近峰值应力时，应力处于一个较高的应力平台部分，此时应变持续增大，而应力基本维持在较小范围内，略有变化。混凝土到达应

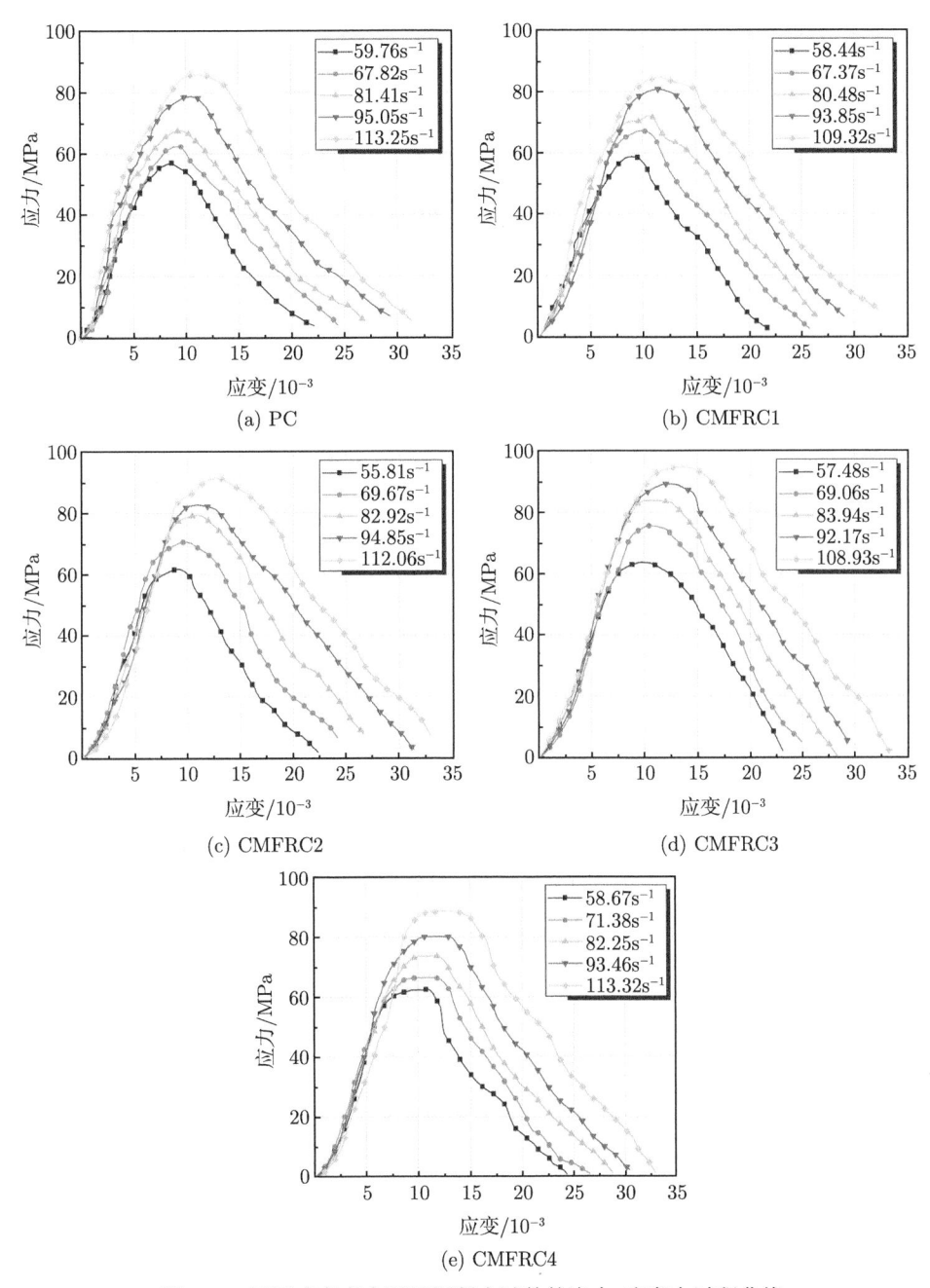

5.2 CMFRC 的动态压缩力学特性

图 5.2 不同应变率水平下混凝土试件的应力–应变全过程曲线

力极值后开始进入应变软化阶段，试件破坏并逐渐失去承载能力。② 对于混凝土试件应力–应变曲线上升部分的直观表现为：压密阶段曲线的切线斜率逐渐升高，线弹性阶段斜率基本保持不变，而在屈服破坏阶段，其斜率逐渐降低。曲线的下降部分应变区间普遍大于上升部分应变区间，表明试件在破坏后仍然保持一定的残余强度，具有较好的变形能力。各组试件的动态应力–应变曲线受应变率的影响显著，均表现为应变率越大，试件应力所达到的峰值点越高，对应的应变值越大，具有典型的应变率效应。③ 掺入 CNT-CF 使混凝土试件应力–应变曲线的平台部分得到强化，即试件峰值点附近的"扁平区域"变宽，此时多尺度纤维增强混凝土处于近似塑性发展阶段。同时，应力平台随应变率的增加而愈加显著，且应力平台的应变范围随 CNT-CF 掺量的增大而逐渐增加，表明 CNT-CF 的掺入可以改善混凝土的破坏机制，在一定程度上提高了混凝土在冲击破坏过程中的耗能能力。

5.2.2 强度特性

动态抗压强度是混凝土在发生冲击破坏时所达到的极限强度，可反映混凝土在动态荷载作用下的强度特性。如图 5.3 所示为不同应变率条件下混凝土试件动态抗压强度的变化规律，分析可知：① 在相同 CNT-CF 体积掺量时，在不同应变率条件下，各组混凝土试件的动态抗压强度均随应变率水平的增加而逐渐提高。分别以未掺 CNT-CF(PC) 和 0.2% 的 CNT-CF 体积掺量 (CMFRC2) 时为例，5 种应变率水平下混凝土对应的动态抗压强度分别为 56.66 MPa、61.85 MPa、68.09 MPa、77.45 MPa、84.05 MPa，以及 61.83 MPa、70.67 MPa、79.49 MPa、82.81 MPa、91.65 MPa。这说明普通混凝土和多尺度纤维增强混凝土的动态抗压强度均体现出明显的应变率强化效果。此外，动态抗压强度与应变率之间的线性相关性较强，按照 $y = a + bx$ 的函数形式对动态抗压强度与应变率进行线性回归分析，拟合结果如表 5.2 所示。② 在相近应变率水平下，与普通混凝土相比，CNT-CF 的掺入对于混凝土的动态抗压强度具有一定的提升效果，同时动态抗压强度随 CNT-CF 体积掺量的增加呈先增加再降低的趋势，当 CNT-CF 体积掺量为 0.3% 时，提升效果最佳，而当 CNT-CF 体积掺量为 0.1% 和 0.4% 时，提升效果较小且提升幅度相近。以应变率水平在 80 s^{-1} 附近时为例，5 组混凝土试件所对应的动态抗压强度分别为 68.09 MPa、72.29 MPa、79.49 MPa、84.25 MPa、73.87 MPa。这表明多尺度纤维增强混凝土的动态压缩强度特性与在静载状态下相似，在一定 CNT-CF 体积掺量范围内，其动态抗压强度会有相对较大值出现，而当 CNT-CF 掺入过量后其动态抗压强度开始逐渐降低。

为了更加明确地分析应变率效应对混凝土强度在准静态和动态压缩条件下造成的差异，本研究采用动态强度增长因子来对其开展相关讨论。动态强度增长因子表征试件在冲击荷载作用下抗压强度相对于静荷载作用下抗压强度的增长幅度，反映了动力荷载对混凝土强度的增强效应。

如图 5.4(a) 所示为混凝土试件动态强度增长因子与应变率之间的变化关系

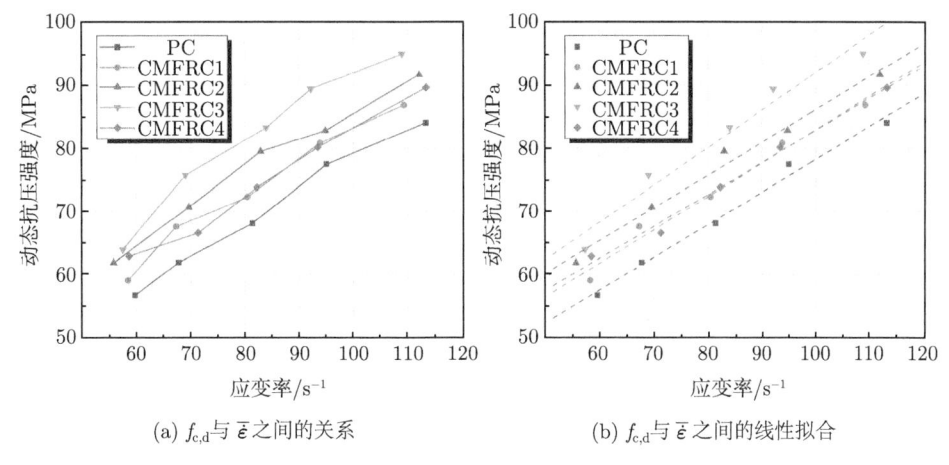

5.2 CMFRC 的动态压缩力学特性

(a) $f_{c,d}$ 与 $\bar{\varepsilon}$ 之间的关系

(b) $f_{c,d}$ 与 $\bar{\varepsilon}$ 之间的线性拟合

图 5.3　不同应变率水平下混凝土的动态抗压强度

表 5.2　应变率与动态抗压强度的线性拟合结果

试件编号	a	b	R^2
PC	26.24	0.519	0.989
CMFRC1	29.80	0.531	0.979
CMFRC2	34.01	0.521	0.985
CMFRC3	32.43	0.595	0.961
CMFRC4	31.93	0.508	0.990

图。进一步分析试验数据可发现，式 (5.3) 能够较好地适用于对多尺度纤维增强混凝土动态强度增长因子的计算及预测，即动态强度增长因子与应变率对数之间存在显著的线性变化关系。通过回归分析可得到不同 CNT-CF 体积掺量混凝土的动态强度增长因子与应变率对数的线性回归方程，拟合直线的相关参数列于表 5.3 中。分析可知，随着应变率对数的升高，各组试件的动态强度增长因子明显增大，表现出显著的应变率强化效应。对于普通混凝土和 CMFRC3 (CNT-CF 体积掺量为 0.3% 时)，混凝土的动态强度增长因子随应变率变化的拟合直线的斜率值分别为 2.05 和 2.10，要高于其他组混凝土试件，表明对于普通混凝土和 CNT-CF 体积掺量为 0.3% 时，混凝土抗压强度的动力强度增长因子对应变率具有较高的敏感性。此外，通过观察图 5.4 还可以发现，在相近应变率水平下，多尺度纤维增强混凝土的动态强度增长因子均高于普通混凝土。这说明掺加 CNT-CF 后混凝土的动态强度增长因子有一定程度的提高。但混凝土动态强度增长因子与 CNT-CF 体积掺量之间的关系并不明显，整体而言，除在较低应变率水平下，当 CNT-CF 体积掺量为 0.3% 时混凝土的动态强度增长因子最大，而其他 3 种 CNT-CF 体积掺量时混凝土的动力强度增长因子相近，动态强度增长因子随应变率的变化关系曲线之间互有交织。

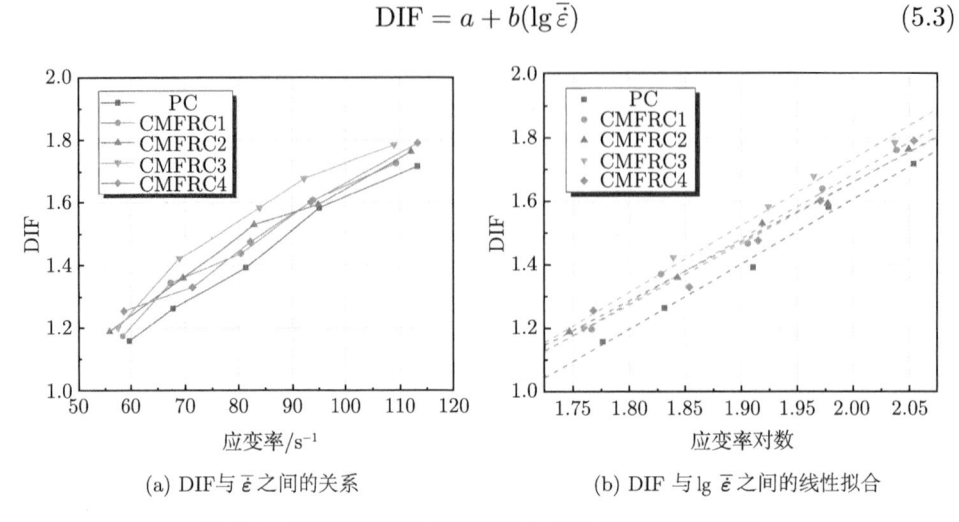

$$\text{DIF} = a + b(\lg \bar{\dot{\varepsilon}}) \tag{5.3}$$

(a) DIF 与 $\bar{\dot{\varepsilon}}$ 之间的关系

(b) DIF 与 $\lg \bar{\dot{\varepsilon}}$ 之间的线性拟合

图 5.4　不同应变率水平下混凝土的动态强度增长因子

表 5.3　应变率对数与动态强度增长因子的线性拟合结果

试件编号	a	b	R^2
PC	-2.49	2.05	0.992
CMFRC1	-2.37	2.02	0.989
CMFRC2	-2.08	1.87	0.994
CMFRC3	-2.46	2.10	0.987
CMFRC4	-2.20	1.93	0.972

5.2.3　变形特性

动态压缩变形是对混凝土在承受冲击荷载作用下进行力学响应特征分析时的重要参考指标，本研究通过峰值应变和极限应变研究混凝土试件的动态压缩变形特性。

混凝土试件的峰值应变为动态应力–应变曲线峰值点所对应的应变，一般认为试件在受荷达到峰值应力后，随即进入破坏失效阶段，因此峰值应变可以有效表征试件的破坏变形特征。图 5.5(a) 展示了各组试件动态峰值应变与应变率之间的变化关系，可以发现：① 随着应变率水平的提高，混凝土动态峰值应变呈递增趋势，表现出一定的应变率敏感性，但其与应变率之间并没有显而易见的线性关系。② CNT-CF 的加入能够很好地提高混凝土材料的峰值应变，在相近应变率水平下，多尺度纤维增强混凝土较普通混凝土具有更高的峰值应变，对于多尺度纤维增强混凝土而言，随着 CNT-CF 体积掺量的增加，其峰值应变相应增加而后有所下降，当 CNT-CF 体积掺量为 0.3% 时，提升效果最优。这说明适量 CNT-CF 的掺入可以改善混凝土的变形性能，对动态峰值应变具有一定的提升作用。

5.2 CMFRC 的动态压缩力学特性

混凝土的极限应变是试件受冲击荷载完全破坏后所达到的应变,用动态应力-应变曲线的最大应变值表示。由图 5.5(b) 可知,随着应变率水平的提高,各组试件的动态极限应变逐渐增大,而动态极限应变与 CNT-CF 体积掺量之间并没有表现出明显的变化关系,CNT-CF 体积掺量对混凝土峰值应变的影响规律较为离散,波动性较大。但同时可以发现,基于本研究的试验条件,若以混凝土试件极限应变的大小作为评价指标,则当 CNT-CF 体积掺量为 0.4%时,其对混凝土动态极限应变的提升效果最佳。

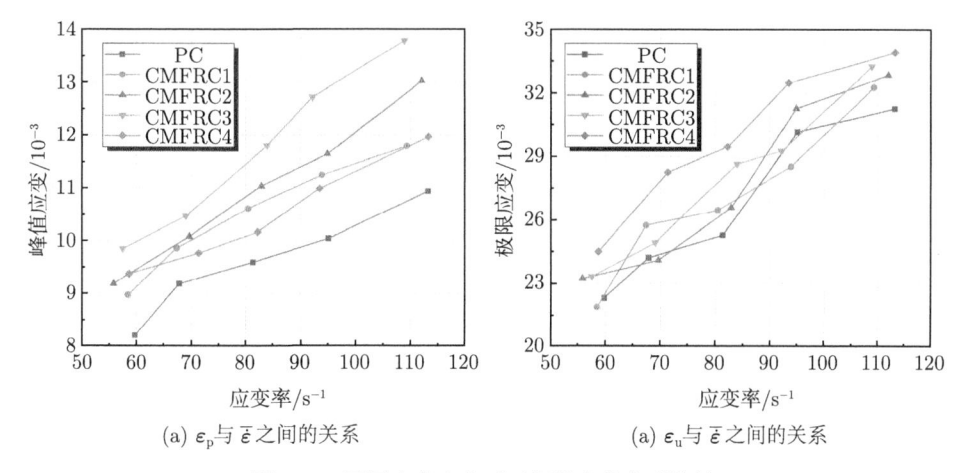

(a) ε_p 与 $\bar{\varepsilon}$ 之间的关系

(a) ε_u 与 $\bar{\varepsilon}$ 之间的关系

图 5.5 不同应变率水平下混凝土的变形特性

5.2.4 冲击韧性

材料的韧性通常以韧度作为指标来进行定量表征。混凝土在承受冲击荷载直至破坏失效的整个过程中,外界能量的输入以及试件本身对能量的耗散与吸收非常活跃、迅速。在对混凝土的动力压缩试验结果进行分析时,混凝土的韧度可以表示试件在冲击加载过程中塑性变形及吸收外界能量的能力。在外界荷载作用下,混凝土在达到应力峰值点之前处于微裂纹稳定扩展阶段,而后微裂纹开始发生不稳定扩张,直至出现宏观裂纹,最终导致混凝土整体结构的破坏。因此,本研究将混凝土动态应力-应变曲线的峰值点作为分界线,选用冲击韧度、峰前韧度与裂后韧度共同表征动力试验中混凝土试件吸能特性的变化规律。

在不同 CNT-CF 体积掺量条件下,各组混凝土试件的冲击韧性指标与应变率的变化关系如图 5.6 所示。通过观察可以发现,混凝土试件的冲击韧度与应变率之间的线性相关性较强,对两者进行线性拟合,拟合结果见表 5.4。进一步分析可知:① 各组混凝土试件的峰前韧度、裂后韧度和冲击韧度均随应变率水平的提高而不断增大,且冲击韧度与应变率之间具有显著的线性相关性。② CNT-CF 的掺入可以在一定程度上提高混凝土的韧度,总体而言,相同应变率水平下多尺度纤维增强混凝土的峰前韧度和冲击韧度均要高于普通混凝土，而 CNT-CF 体积掺量为 0.4% 时混凝土的裂后韧度有所降低。③ 韧度的大小不但与材料的强度特性有着密切的关系，更在很大程度上受到材料发生破坏时所达到的变形量的影响。当 CNT-CF 体积掺量为 0.3% 时，在该种纤维掺量条件下，多尺度纤维增强混凝土的强度和变形均相应地产生了较大幅度增长，强度和变形两者的综合影响使得混凝土的冲击韧度高于其他组，CMFRC3 试件的冲击韧性指标得到有效提升。

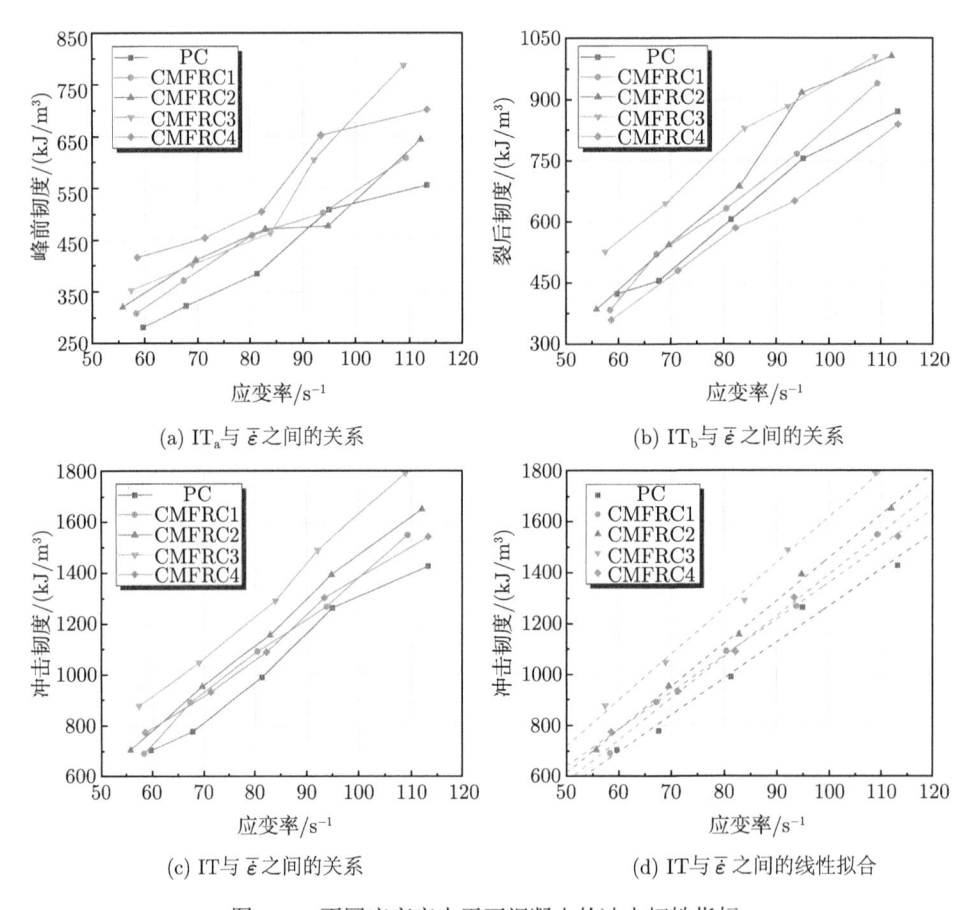

图 5.6 不同应变率水平下混凝土的冲击韧性指标

表 5.4 应变率与冲击韧度的线性拟合结果

试件编号	a	b	R^2
PC	−165.68	14.35	0.983
CMFRC1	−234.30	16.26	0.994
CMFRC2	−233.34	16.92	0.998
CMFRC3	−184.03	18.02	0.995
CMFRC4	−81.57	14.43	0.994

5.2.5 破坏形态

混凝土试件在遭受冲击荷载作用后的破碎程度是其自身结构特性的最直接反映。通过观察图 5.7 各组试件的破坏形态可知，随着应变率水平的增大，混凝土试件的破碎程度逐渐加重。虽然不同应变率条件下各组试件的破坏形态和破坏程度存在差异，但基本可以归纳为芯部留存、破碎成块、趋于碎渣三种破坏类型。

① 芯部留存。试件的芯部并无明显碎裂痕迹，中部形态保持较为完好，而试件周边，尤其是边缘处大多已遭受破坏。该类破坏形态一般出现在低应变率条件下，如 CMFRC2 组、CMFRC3 组及 CMFRC4 组试件在应变率分别为 55.81 s^{-1}、57.48 s^{-1}、58.67 s^{-1} 下的破坏形态。② 破碎成块。该类破坏形态较之芯部留存有所加剧，试件受荷破坏后无较大的完整碎块，被冲击裂解成为若干个较大的块体，而被粉碎的部分较少。典型的如 CMFRC1 组和 CMFRC4 组试件在应变率分别为 67.37 s^{-1}、82.25 s^{-1} 下的破坏形态。③ 趋于碎渣。该类破坏形态下试件破碎程度进一步加剧，几乎无较大碎块，基本破碎成渣粒状。一般在高应变率条件下的破坏形态均为该类破坏，如 CMFRC1 组和 CMFRC2 试件在应变率分别为 109.32 s^{-1}、112.06 s^{-1} 下的破坏形态。同时可以发现，PC 组试件的破坏程度相对最为严重，其在 5 种应变率条件下的破坏形态以趋于碎渣和破碎成块居多。

具体而言，由于未掺 CNT-CF 时混凝土强度低，脆性特征明显，当应变率较小时试件即破碎成细小碎块，混凝土在冲击荷载作用下破碎分离现象严重。这表明 PC 组试件在冲击荷载作用下的破坏属于典型的脆性破坏。在混凝土中掺入 CNT-CF 之后，试件破坏形态与未掺 CNT-CF 时相比变化较大，在应变率水平相近时，CMFRC1 组试件相比 PC 组试件破坏后的碎块尺寸较大。这是由于多尺度纤维增强混凝土受冲击破坏时，CNT-CF 对基体的破裂起到一定的约束作用，从而减弱了试件的破碎程度。随着 CNT-CF 体积掺量的增加，相近应变率条件下混凝土试件破坏后碎块尺寸逐渐增大，破碎程度降低。当 CNT-CF 体积掺量增至 0.3%、0.4% 时，试件在同一应变率水平下的破坏形态基本相同，试件破坏后的碎块块度较其他组有明显增大。其原因在于，CNT-CF 对混凝土基体的约束作用减弱了混凝土的脆性特征，当 CNT-CF 体积掺量较大时 (达到 0.3% 及以后)，混凝土试件整体性较好，塑性变形能力得到提高，从而在冲击荷载作用下具有更优越的抵抗变形的能力。此外还可以发现，在 CNT-CF 体积掺量相同时，随着应变率水平的增加，混凝土试件的破坏程度愈发严重。这一现象表明，多尺度纤维增强混凝土在冲击荷载作用下的破坏特征同样具有应变率效应。

(a) PC

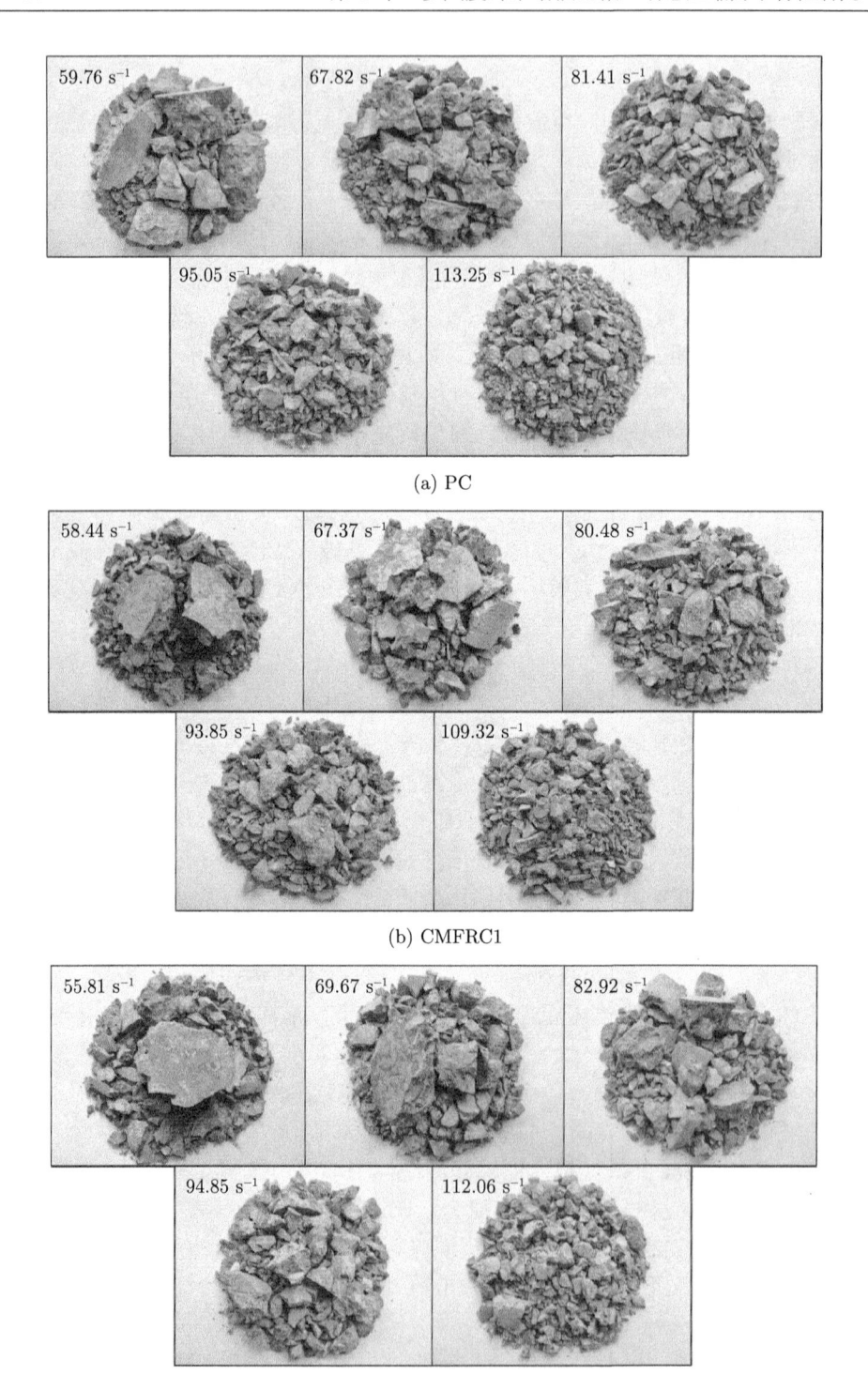

(b) CMFRC1

(c) CMFRC2

(d) CMFRC3

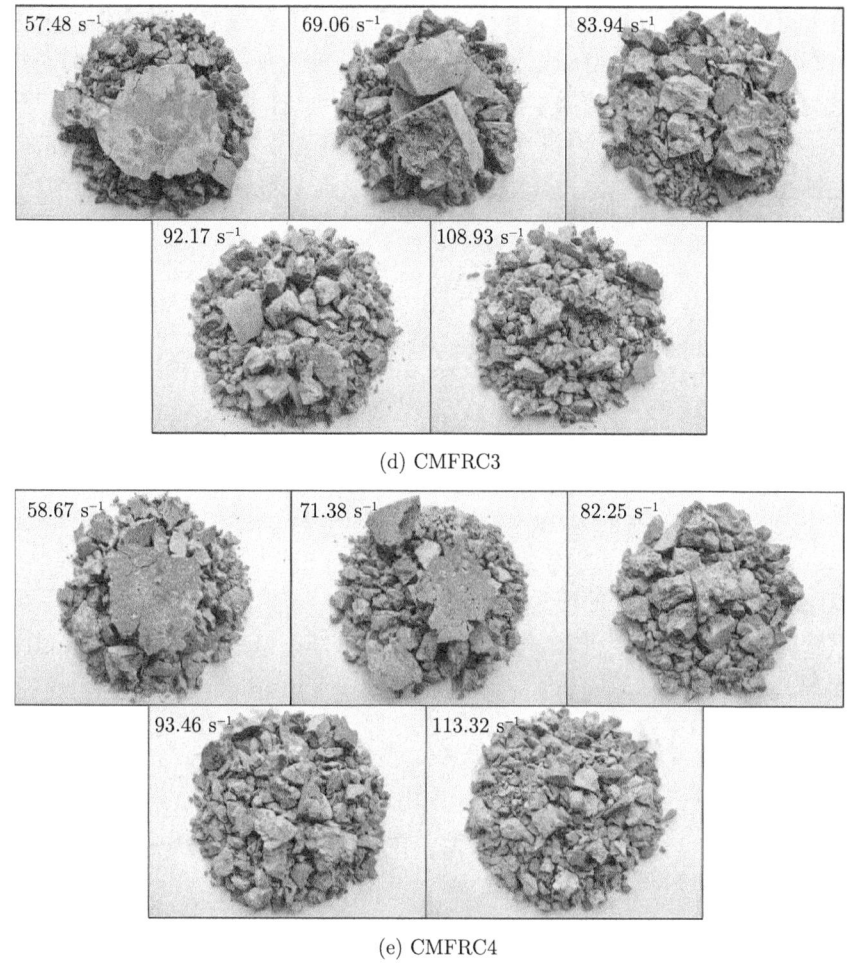

(e) CMFRC4

图 5.7　不同应变率水平下混凝土试件的典型破坏形态

5.3　分析与讨论

CNT-CF 对混凝土动态抗压强度、变形性能以及能耗特性的作用机理，与 4.5 节中 CNT-CF 对混凝土静态力学性能的增强机理类似，本节重点分析冲击荷载作用下应变率对混凝土力学性能的影响机理。结合上述试验结果可知，多尺度纤维增强混凝土无论是动态抗压强度、动态压缩变形，还是冲击韧性，对于应变率都表现出了显著的敏感性。在此以动态抗压强度为例，从理论上阐述应变率对多尺度纤维增强混凝土的"强化效应"机理。

(1) 从混凝土内部含有自由水的角度分析，冲击加载使试件内部自由水产生黏性效应 (斯特藩 (Stefan) 效应)。如图 5.8 所示，Stefan 效应认为，在两平板相互发生分离时,存在于两个薄圆盘间的黏性液体,因黏性流动而产生静水压力梯度,对平板施加反作用力,即黏性阻力,阻碍平板分离[191]。将混凝土试件认为是一系列由包裹着自由水的微小薄圆盘所构成的系统,则当其承受冲击荷载作用时,在基体发生变形的过程中,包含自由水的微孔隙中会发生 Stefan 效应,自由水对毛细孔隙壁产生黏性阻力,阻止孔隙扩展,且加载速率越大,阻碍效果越明显,致使混凝土的承载能力获得一定程度的提升。

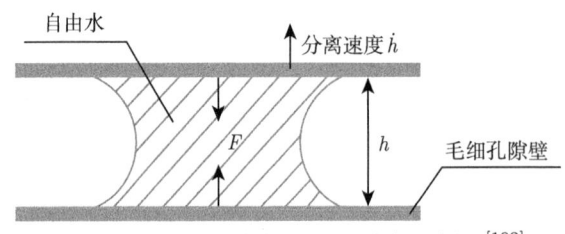

图 5.8 混凝土孔隙水 Stefan 效应示意图[192]

(2) 就 SHPB 试验中的整个冲击加载过程而言,混凝土试件的破坏受到惯性约束效应的影响[193,194]。冲击加载时,混凝土试件主要是在轴向承受动态压缩荷载,宏观上表现为一维受力状态;而针对直径为 98 mm 的大尺寸短圆柱体试件,其在实际状态下的受力点集中在试件的中心部位,即试件的中心区域承受了大部分荷载。由于环箍效应,试件的边缘部分限制了中心区域的横向变形,可视为边缘部分对中心区域施加了一定围压,并且加载速率越大,约束效应越强,即边缘部分的"围压"效果越明显。因此,混凝土承受冲击荷载的能力得到提高,动态抗压强度呈现出显著的"应变率强化效应"。

(3) 从混凝土试件内部损伤演化的方面解释,冲击荷载影响裂纹萌生的规律及其发展方式[195]。冲击加载时,混凝土内部原始裂纹没有足够的时间发展成为贯穿裂纹,因而会以产生大量新裂纹的方式来耗散外部能量,并且加载速率越大,萌生的新裂纹越多,所需的能量亦越多,在宏观上表现为试件所能承受的冲击荷载越大,动态抗压强度有所提高。此外,根据冲量定理可知,由于冲击荷载的作用时间极短,试件没有足够的时间通过变形来积累能量,只能通过提高应力的方式耗散外部荷载,因而试件的破坏应力随着加载速率的增加而呈递增的趋势。

5.4 CMFRC 的动态压缩本构关系

材料的动态力学响应是指材料在动态荷载作用下产生形变、损伤演化直至发生破坏的整个过程中所表现出来的性质。对于混凝土材料而言,其内部结构本身具有不均匀、多尺度的基本特征,而纤维等增强组分的加入使其动态力学特性的

5.4 CMFRC 的动态压缩本构关系

响应规律更加复杂。本研究开展了混凝土的系列力学性能试验,结合相关试验验证[196],综合分析 CMFRC 在多种模拟工况下的静、动力学特性,具有以下两个特点。

(1) 混凝土内部存在微裂纹和微孔洞等原始缺陷,在外部荷载作用下,原始微缺陷进一步发展,同时新的缺陷衍生。混凝土的破坏过程实际是初始损伤和损伤累积相互交织演化的过程,在其应力–应变关系中表现为损伤软化行为,宏观上的损伤软化行为反映了混凝土内部微缺陷的萌生、扩展,直至贯通的微观过程[197]。

(2) 混凝土在冲击荷载作用下,其力学特性 (强度、变形、韧性) 具有随应变率增加而逐渐增大的试验事实,大量文献也对该现象进行了论述,并称其为应变率强化效应[8,109]。同时,在混凝土中掺入 CNT-CF 后,随着 CNT-CF 体积掺量的增大,其强度虽呈现先升高后略有下降的变化趋势,但始终高于普通混凝土,即强度特性表现出明显的纤维增强效应。

总之,CMFRC 的静动态力学性能试验表明,在一定的 CNT-CF 体积掺量范围内,其具有明显的纤维增强效应和应变率强化效应。

基于 CMFRC 的物理力学试验事实,本研究以混凝土本构理论和损伤力学为指导,针对试验范围内 CMFRC 在单轴动态压缩应力状态下的应力–应变关系,构建 CMFRC 的近似动态受压本构方程。采用控制变量法,分别定义纤维增益因子 $g(V_\mathrm{f})$、应变率强化因子 $h(\bar{\varepsilon})$ 和损伤因子 D,则 CMFRC 的动态本构关系可表示为

$$\sigma = (1-D)g(V_\mathrm{f})h(\bar{\varepsilon}) \cdot E\varepsilon \tag{5.4}$$

式中,$g(V_\mathrm{f}) = \sigma/\sigma_0$ 是关于 CNT-CF 体积掺量的函数,其中 σ_0 为普通混凝土的准静态抗压强度;$h(\bar{\varepsilon}) = \sigma/\sigma_\mathrm{i}$ 是关于应变率的函数,其中 σ_i 为各组混凝土试件在准静态加载条件下的抗压强度。

由第 4 章混凝土的静态抗压试验可知,不同 CNT-CF 体积掺量的 CMFRC 在准静态压缩条件下的纤维增益因子如图 5.9 所示。从图中可以看出,纤维增益因子随 CNT-CF 体积掺量的提高先增大后减小。为定量描述它们之间的变化规律,对试验数据进行三次函数曲线拟合,可得 R^2 为 0.988,拟合效果较好,如式 (5.5) 所示,式中 a、b、c 和 d 为待定参数,通过拟合可得到其值分别为 -8.243、3.558、-0.048 和 1。

$$g(V_\mathrm{f}) = aV_\mathrm{f}^3 + bV_\mathrm{f}^2 + cV_\mathrm{f} + d \tag{5.5}$$

由式 (5.5) 计算可知,当混凝土内部的 CNT-CF 体积掺量为 0%时 (普通混凝土),纤维增益因子为 1。基于上文,在求解普通混凝土的应变率强化因子时可暂不考虑纤维增强效应的影响,则其应变率强化因子可由式 (5.3) 表示。

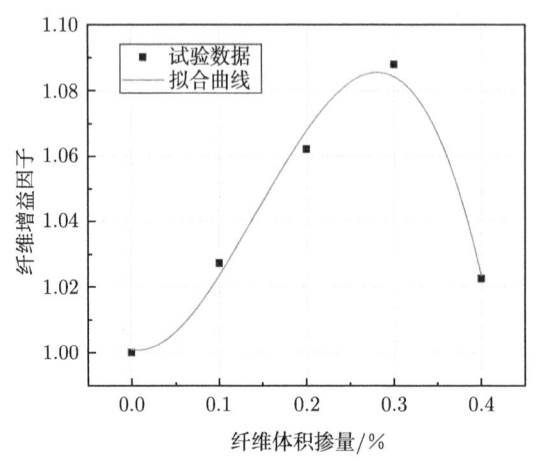

图 5.9 纤维增益因子与 CNT-CF 体积掺量的关系

CMFRC 含有初始损伤,并且在冲击加载发生破坏的过程中表现为应力–应变曲线的损伤软化行为。为便于对混凝土的损伤特性进行定量描述,相关学者通过将损伤定义为韦布尔 (Weibull) 概率分布函数,采用弹性模量弱化程度的宏观量 D 来表征混凝土内部压缩损伤的形成与发展[198,199]。本研究基于该种方式来定义 CMFRC 的损伤软化行为,损伤因子的具体表达式如下:

$$D = 1 - \exp\left(-\frac{(\varepsilon)^p}{q}\right) \tag{5.6}$$

式中,p 为形状参数;q 为尺度参数;ε 为应变。

根据本试验中普通混凝土试件的动力压缩试验数据,经回归得到损伤因子的计算公式为

$$D = 1 - 0.23 \cdot \exp\left(-\frac{(\varepsilon)^p}{q}\right) \tag{5.7}$$

由静态压缩试验可知,普通混凝土试件的弹性模量 E=33.71 GPa。至此,便可采用以上所建立的本构模型对混凝土 SHPB 试验中得到的应力–应变全过程曲线进行拟合,得到的相关参数值如表 5.5 所示。部分模拟工况条件下混凝土试件的试验数据拟合效果如图 5.10 所示,可见模型拟合曲线与实测试验数据值的契合程度较高,且变化趋势基本一致,误差也在较小的范围之内。该模型虽不能从本质上解释 CMFRC 的冲击破坏机制,但参数少、求解简便,可以相对准确地反映出 CMFRC 在中高应变率荷载作用下的宏观力学行为响应特征,具有一定的工程参考价值。

5.4 CMFRC 的动态压缩本构关系

表 5.5 参数 p、q 的拟合结果

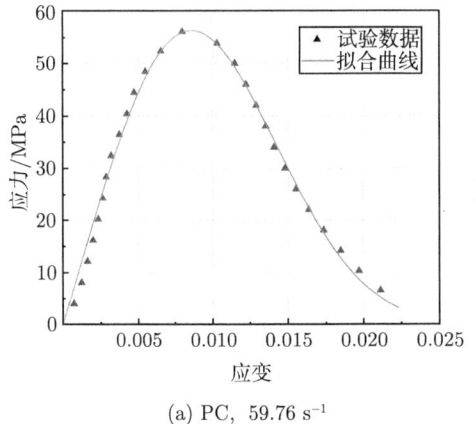

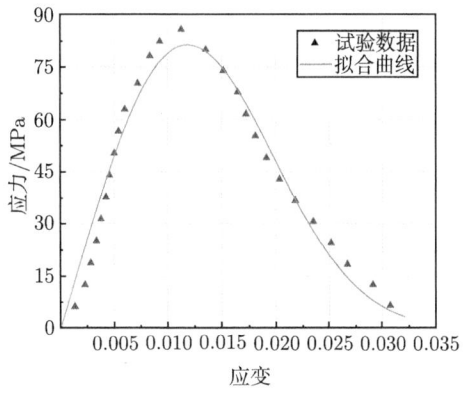

试件编号	$\bar{\varepsilon}/\text{s}^{-1}$	p	q
PC	59.76	2.446	0.254
	67.82	2.733	0.225
	81.41	2.424	0.261
	95.05	2.347	0.244
	113.25	2.499	0.239
CMFRC1	58.44	2.581	0.219
	67.37	2.494	0.234
	80.48	2.314	0.258
	93.85	2.635	0.231
	109.32	2.158	0.282
CMFRC2	55.81	2.736	0.222
	69.67	2.667	0.260
	82.92	2.753	0.2383
	94.85	2.465	0.237
	112.06	2.672	0.233
CMFRC3	57.48	3.366	0.206
	69.06	2.858	0.246
	83.94	2.708	0.250
	92.17	2.537	0.258
	108.93	2.405	0.234
CMFRC4	58.67	2.737	0.237
	71.38	2.562	0.240
	82.25	2.504	0.254
	93.46	2.719	0.229
	113.32	2.676	0.282

(a) PC, 59.76 s^{-1}

(b) PC, 113.25 s^{-1}

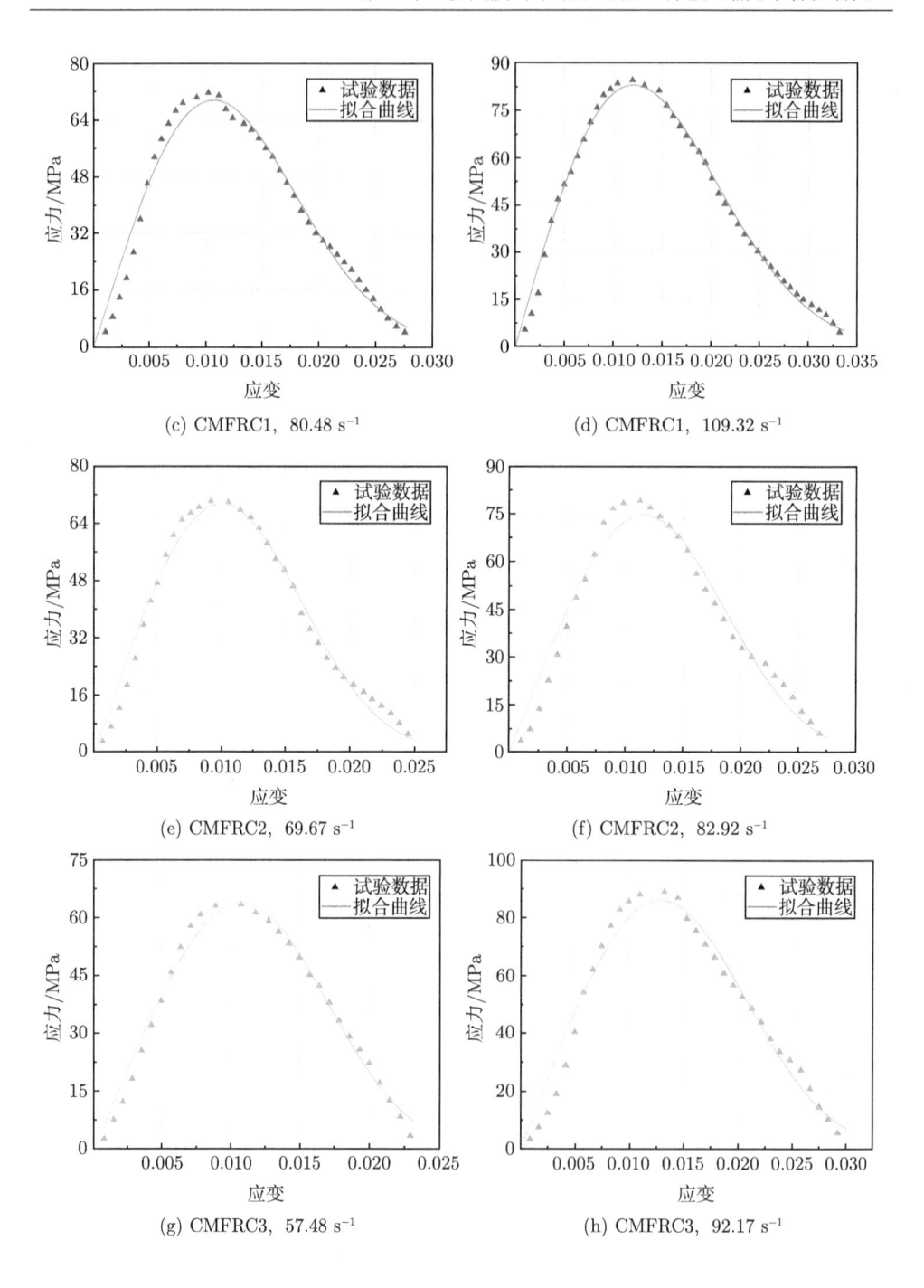

(c) CMFRC1, 80.48 s^{-1}

(d) CMFRC1, 109.32 s^{-1}

(e) CMFRC2, 69.67 s^{-1}

(f) CMFRC2, 82.92 s^{-1}

(g) CMFRC3, 57.48 s^{-1}

(h) CMFRC3, 92.17 s^{-1}

(i) CMFRC4, 82.25 s^{-1}　　　　　　(j) CMFRC4, 93.46 s^{-1}

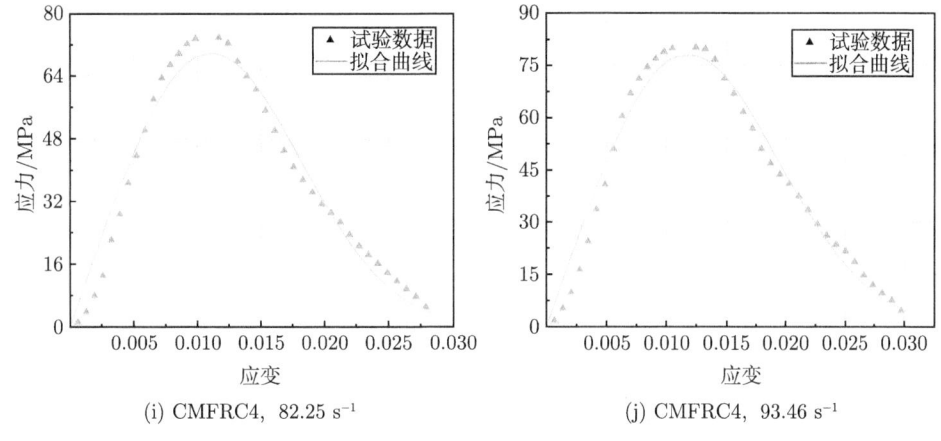

图 5.10　试验数据与模型方程拟合曲线的对比

5.5　小　　结

本章对不同 CNT-CF 体积掺量的 CMFRC 进行了动态压缩试验,分析了其动态抗压强度、变形、冲击韧性和破碎形态等力学性能指标的变化规律,并在此基础上对 CMFRC 的动态压缩本构关系进行了探讨。主要结论如下所述。

(1) PC 组和 CMFRC 各组试件的动态抗压强度、动态强度增长因子均随应变率水平的增加而逐渐增大,表现出明显的应变率增强效应,并且各组混凝土试件的动态强度增长因子与应变率对数之间具有显著的线性相关性。

(2) CNT-CF 对混凝土动态抗压强度的增益效果与静力强度增强规律一致,在一定的 CNT-CF 体积掺量范围内混凝土的动态抗压强度具有相对最大值,而当 CNT-CF 掺入过量后其动态抗压强度降低,本研究中 CNT-CF 的最优掺量为 0.3‰。

(3) PC 组和 CMFRC 各组试件的动力压缩应变整体上随着应变率的升高而逐渐增大,但相互之间并不具有明显的线性关系,且在相近应变率条件下,CNT-CF 掺量对混凝土动力压缩应变的影响规律较为离散,当 CNT-CF 体积掺量分别为 0.3‰和 0.4‰时,混凝土试件的峰值应变、极限应变提升幅度相对较大。

(4) PC 组和 CMFRC 各组试件的冲击韧性指标具有典型的应变率效应,而且各组试件的冲击韧度与应变率之间具有较强的线性关系,同时在相近应变率水平下 CMFRC 的峰前韧度和冲击韧度均高于普通混凝土,而当 CNT-CF 体积掺量为 0.4‰时,混凝土试件的裂后韧度有所降低。

(5) PC 组和 CMFRC 各组试件在冲击荷载作用下的破坏特征具有应变率效应,应变率低时,混凝土试件破坏程度较轻,且试件的破碎分离现象随应变率增大而加剧,其中 PC 组试件的破坏程度最为严重,碎块尺寸较小,而掺入 CNT-CF 以后,试件破碎程度相应的有所减弱。

(6) 引入 Weibull 概率分布函数作为损伤量,构建了一种考虑 CNT-CF 增益效应和应变率强化效应,含有损伤因子的混凝土动态压缩本构方程,基于试验数据的拟合结果表明,该模型能较好地反映 CMFRC 在动态压缩过程中的力学响应特征,具有一定的合理性。

第 6 章 多尺度纤维增强混凝土界面过渡区研究

6.1 引　　言

混凝土的微观力学特性主要包括微观弹性模量、硬度等，其中硬度是对材料弹性变形与塑性变形的表征，而弹性模量只是对材料弹性变形的表征。研究人员通常借助纳米压痕试验对材料微观力学特性进行研究，纳米压痕试验具有分辨率高、可视化效果好等优势，因此，该试验在材料力学的发展中起到了重要作用。

研究证实，在骨料或改性材料与混凝土交界处存在一定范围的界面过渡区，界面过渡区的力学性质与材料其他区域的力学性质有较大的不同[200]。研究人员普遍认为界面过渡区是影响材料宏观力学性质的关键。因此，对 CNT-CF 与混凝土界面过渡区进行研究，有助于揭示多尺度纤维增强混凝土的改性机理。

本章通过纳米压痕试验研究多尺度纤维增强混凝土的微观力学性质，重点研究改性后混凝土中纤维/基体 (F/M) 界面过渡区的微观力学特性，并从界面过渡区厚度、物相组成、均匀化模型等角度对混凝土 F/M 界面过渡区进行对比分析。

6.2　试验方法

纳米压痕是在材料学中广泛使用的一种微观尺度测试技术，该试验基本原理是通过测量压针在压入被测样品时作用在压针上的荷载大小和压入混凝土样品表面的深度，得到待测样品的荷载-位移曲线，进一步得到材料的微观力学特性。在试验时，纳米压痕试验压针的压入深度一般控制在微/纳米尺度，因此，该试验对仪器的分辨率要求极高，一般要求纳米压痕仪具有优于 1 nm 的分辨率。

本试验采用西安交通大学 YSITRON Triboindenter TI950 纳米压痕仪，该仪器具有很高的精确度和可靠性，是目前市面上最先进的仪器之一。纳米压痕仪和试验实拍图分别如图 6.1、图 6.2 所示。

纳米压痕试验是通过一个较小的尖端 (即压针) 压入一个完整的平面半无限体空间 (即混凝土) 中，通过荷载-位移曲线来对混凝土材料的微观力学特性进行研究。从理论上讲，在这个完整的平面半无限体空间中，有且只有压痕深度一个尺度，因此，理论上试验结果只与压痕深度这一个变量有关[201]。但在实际中，样品表面不可避免地会出现凹凸不平等原因，使得该理论与实际存在一定误差，而这些误差的存在会导致该试验的自相似性受到破坏，因此在试验前要对样品进行

图 6.1　纳米压痕仪　　　　　　　图 6.2　纳米压痕试验实拍图

打磨，尽可能地保证样品表面的平整。前人经过大量研究认为，当待测试验样品表面的粗糙度低于 200 nm 时，试验结果具有较高的可重复性，因此，本试验对试验样品平整度提出较高要求，试验前首先对试件进行打磨以确保精度要求。纳米压痕试验具体操作如下所述。

(1) 打磨：首先用环氧树脂固定样品，然后分别用 P120、P600、P1500、P2400 的金相砂纸逐级打磨，使其上下表面的平面倾斜度小于 1°，然后将打磨后的样品用环氧树脂固定。经过环氧树脂固定、打磨后的试样如图 6.3 所示。

图 6.3　经过环氧树脂固定、打磨后的样品

(2) 从待测样品上任选不包含可见裂纹且较为平直的界面区，采用纳米压痕仪布设压痕点，点间距为 4 μm，纳米压痕加载的峰值荷载为 1 mN，每个测点加载 5 s，持载 10 s，卸载小于等于 5 s，采用 Oliver-Pharr 法计算每个测点的压痕模量，同时剔除加载曲线上跳跃的非正常点以确保试验结果的准确性。

6.2 试验方法

(3) 得出所有点位弹性模量、硬度等微观力学特性。施加荷载，压头压入过程中，记录荷载数值和样品表面压入深度，从而得到混凝土样品的荷载-位移曲线。图 6.4 为典型的荷载-位移曲线示意图，在荷载-位移曲线中，S 代表接触刚度，$P_{\max}$ 代表施加荷载中荷载的最大值，$h_{\max}$ 代表压入过程中的最大压痕深度，h_f 代表完全卸载后的残余压痕深度。图 6.5 为纳米压痕试验压头压入过程示意图，图中，h_c 表示接触深度，a 表示对应的接触半径。

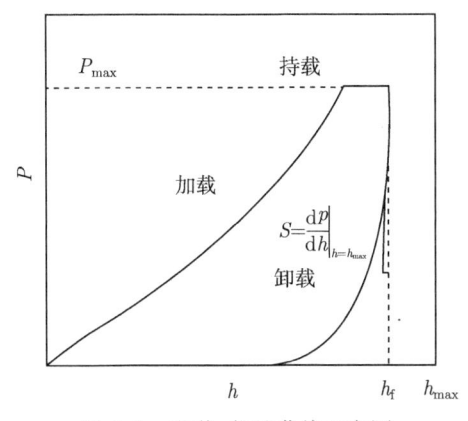

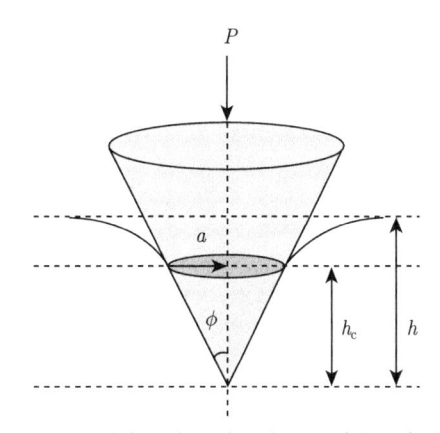

图 6.4　荷载-位移曲线示意图　　图 6.5　纳米压痕试验压头压入过程示意图

在分析应力-应变曲线时，通常使用 Oliver-Pharr 法计算每个测点的压痕模量和刚度值，应用该方法的关键步骤是确定压头与样品的接触面积 A_c。目前，确定压头面积的方法主要有两种：直接法与间接法。直接法是通过试验设备与显微技术观察到面积与深度的关系，代入公式得到面积函数；而间接法是通过对已知硬度和压痕模量的材料进行测试，确定不同压入深度对应的面积，得到深度-面积曲线，从而得到接触面积。

材料在荷载作用下所承受压力的平均值称为材料的硬度，计算公式见式 (6.1)。

$$H = \frac{P_{\max}}{A(h_c)} \quad (6.1)$$

式中，$P_{\max}$ 代表最大荷载；$A(h_c)$ 代表压头与混凝土试样的接触面积。

材料的弹性模量计算公式见式 (6.2)。

$$E_r = (1-v^2)\left[\frac{1}{M} - \frac{(1-v_i^2)}{E_i}\right]^{-1} \quad (6.2)$$

式中，E_r 代表还原模量；E_i 代表压头的弹性模量；v_i 代表压头的泊松比；E 代表被压材料的弹性模量；v 代表被压材料的泊松比。

在试验过程中，由于混凝土是非均质材料，各向异性较大，为了保证试验结果的可靠性就需要对结果多次测量取平均值。本研究对碳纤维增强混凝土和多尺度纤维增强混凝土进行试验时，选择 8 排点位，每个点位选取 10 组，共 80 个点位，取平均值。但对碳纳米管增强混凝土进行试验时，由于碳纳米管尺寸较小且分布较为离散，在同一区域连续打点较为困难，因此在不同区域选取 5 组碳纳米管，每组选取一排点位，取平均值。

在试验过程中，对混凝土材料打点时，点位之间的距离非常重要，点与点之间距离过大时无法准确测定界面过渡区宽度；间距过小时，点与点会产生相互干扰，对结果准确性产生较大影响。相关文献表明，压头影响区域为 $4h_{max}$，对于水泥基材料影响范围为 3 μm 左右。因此，为确保试验准确性，本研究在 x、y 方向上点间距均为 4 μm，共 40 μm×32 μm 的区域。压痕区域和点位分布示意图如图 6.6 所示。

(a) 多尺度纤维增强混凝土压痕区域图

(b) 碳纤维混凝土压痕区域图

(c) 碳纳米管混凝土压痕区域

(d) 混凝土点位分布示意图

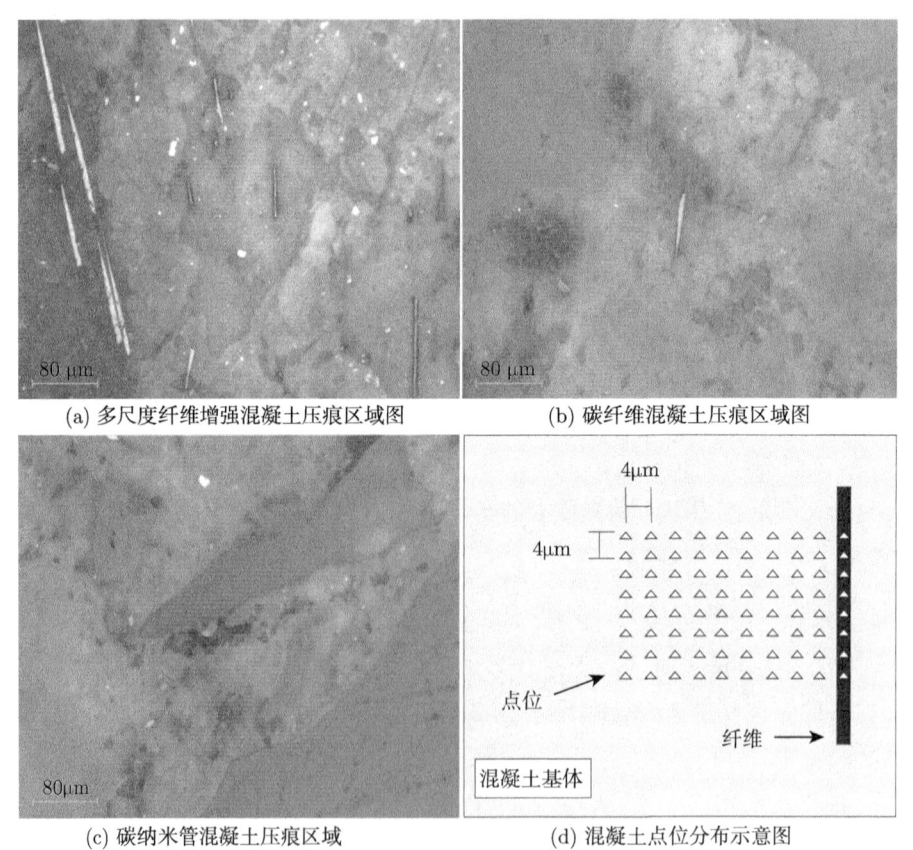

图 6.6 纳米压痕试验点位示意图

6.3 试验结果与分析

6.3.1 试验结果

目前虽然很多学者认为碳纤维、钢纤维或骨料与水泥基体本体之间存在界面过渡区，但是严格地说，界面过渡区在水化前属于水泥基体部分，只是在水化后微观结构发生了一些变化，导致其力学性质与水泥基体有较大不同，从本质上讲，界面过渡区依然由水泥基体组成，因此，对界面过渡区与混凝土水泥基体之间并没有严格定义的分界线。为方便研究，结合前人经验，对界面过渡区作如下定义：当压痕弹性模量或硬度出现明显变化时，表明已经超出界面过渡区部分。

由于每个样品中存在 8 个 (碳纤维增强混凝土与多尺度纤维增强混凝土) 或 5 个 (碳纳米管增强混凝土) 不同的压痕区域，为了更精确地得到最终试验值，将每个样品 8 个或 5 个压痕点的弹性模量、硬度进行统计平均得到弹性模量和硬度的最终结果。碳纤维增强混凝土、多尺度纤维增强混凝土和碳纳米管增强混凝土的试验结果如图 6.7 所示，同时，绘制多尺度纤维增强混凝土与碳纤维增强混凝土的弹性模量与硬度云图，分别见图 6.8 和图 6.9，由于碳纳米管增强混凝土是采用单点单排的方式进行纳米压痕试验，因此未绘制碳纳米管增强混凝土云图。

根据界面过渡区定义，观察图 6.7，碳纤维增强混凝土在距离纤维 16 ~ 20 μm 内，混凝土的弹性模量和硬度均低于混凝土本体，而对于碳纳米管与多尺度纤维增强混凝土，在距离碳纳米管或 CNT-CF 12 ~ 16 μm 内混凝土的弹性模量和硬度低于混凝土本体，研究认为这个范围是改性材料与基体的界面过渡区。但对界面过渡区与混凝土水泥基体之间并没有严格定义的分界线，不同人员观察出的厚

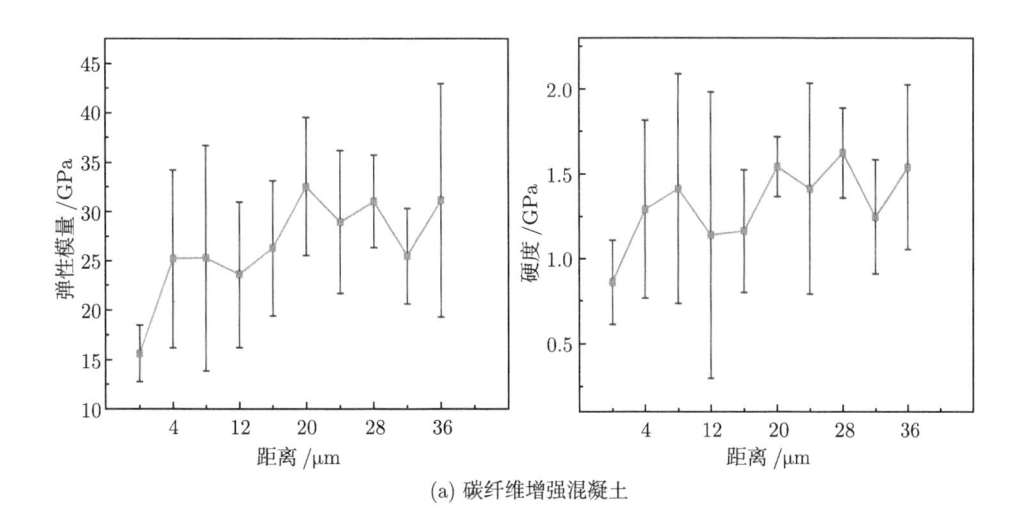

(a) 碳纤维增强混凝土

(b) 多尺度纤维增强混凝土

(c) 碳纳米管增强混凝土

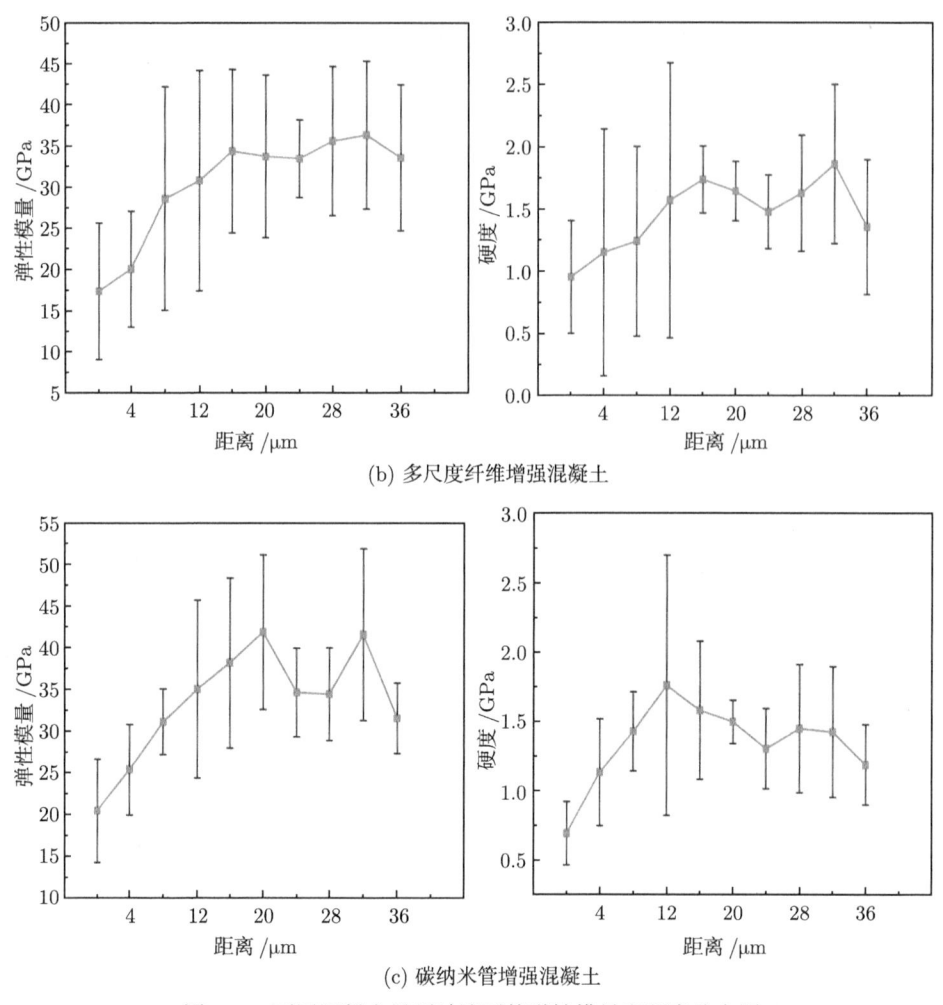

图 6.7　不同混凝土界面过渡区的弹性模量和硬度分布图

度可能略有不同，对图 6.7(a) 仔细观察发现，碳纤维增强混凝土在 16～20 μm 处力学性质变化较明显；对图 6.7(b)、(c) 仔细观察发现，虽然多尺度纤维增强混凝土与碳纳米管增强混凝土在 16 μm 处的力学性质相较 12 μm 处数据有一定变化，但相对碳纤维而言变化幅度较小，为保证后续分析的科学性，在后续计算中选取碳纤维增强混凝土界面过渡区厚度为 16 μm，多尺度纤维增强混凝土和碳纳米管增强混凝土界面过渡区厚度为 12 μm。相比于碳纤维，多尺度纤维增强混凝土界面过渡区厚度有一定降低，且与碳纳米管增强混凝土保持一致，这说明复合材料界面过渡区厚度应以两种材料中厚度较小者为最终厚度。

6.3 试验结果与分析

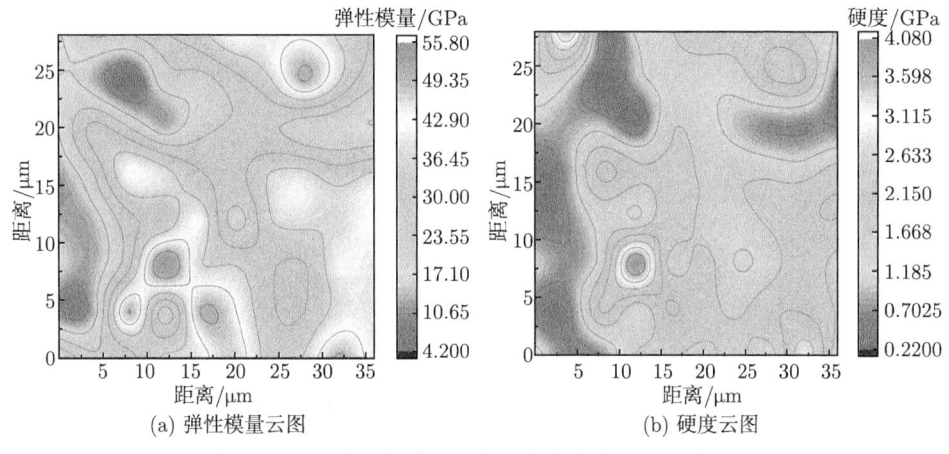

(a) 弹性模量云图　　(b) 硬度云图

图 6.8　多尺度纤维增强混凝土的弹性模量与硬度云图

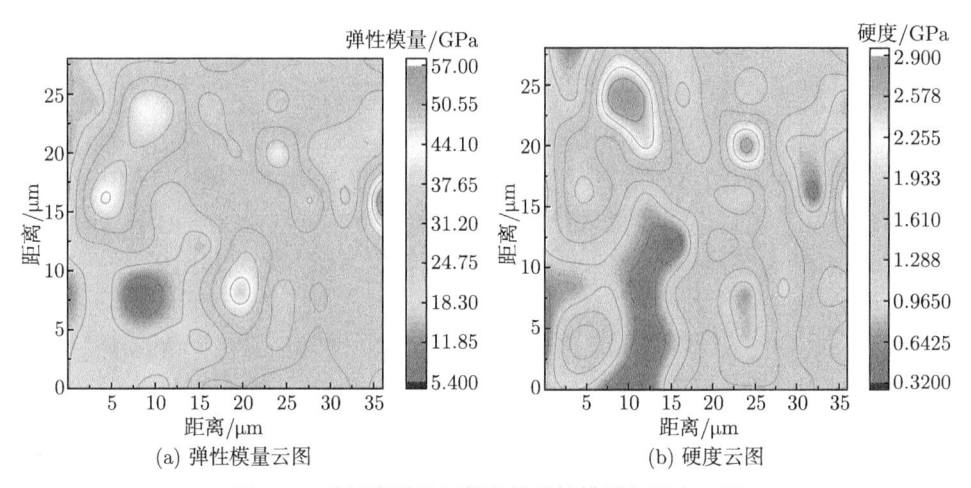

(a) 弹性模量云图　　(b) 硬度云图

图 6.9　碳纤维增强混凝土的弹性模量与硬度云图

6.3.2 物相体积分数分析

1. 解卷积技术

解卷积技术可以实现对不同物相的分离，进一步得到各物相的弹性模量值和体积占比。具体方法如下：首先对纳米压痕试验所得到的弹性模量值选择适当的区间进行分组，得到相对应的频率分布曲线，然后对频率分布曲线进行拟合并利用解卷积技术对其进行分析，得到不同物相的力学性能和体积分数。

解卷积技术原理为：假设所有材料由 $j=1,2,\cdots,m$ 个物相构成，且各物相之间都有着非常明显的差异，同时，各物相的概率分布都遵循高斯分布。若加载 $i=1,2,\cdots,n$ 个纳米压痕点，则各物相的特征可以被定义为

$$f_j = \frac{N_j}{N}, \quad \sum_{j=1}^{m} N_j = N$$
$$\mu_j^\alpha = \frac{1}{N_j} \sum_{n=1}^{N_j} x_i^\alpha, \quad (\sigma_j^\alpha)^2 = \frac{1}{N_j} \sum_{n=1}^{N_j} (x_{ij}^\alpha - \sigma_j^\alpha)^2 \tag{6.3}$$

式中，x_i^α 代表各物相的力学特性；f_j 代表各物相所占的体积分数；μ_j^α 代表各物相的算术平方值；σ_j^α 代表各物相的标准差；N_j 代表在第 j 相进行的纳米压痕试验的次数；N 代表纳米压痕的总次数。

解卷积的目的是通过最小化标准差的方法求解出各物相弹性模量的平均值与标准差。除此之外，为保证各物相之间存在明显的差异性，避免两个高斯函数发生大量的重叠，相邻两个物相之间必须满足如下条件：

$$\mu_j^\alpha + \sigma_j^\alpha \leqslant \mu_{j+1}^\alpha + \sigma_{j+1}^\alpha \tag{6.4}$$

2. 界面过渡区各物相体积分数

界面过渡区的各类物相的组成和分布会直接引起混凝土本身力学性质的差异。为了研究碳纤维、CNT-CF 和碳纳米管对界面过渡区力学性能的影响，进一步分析界面过渡区各物相的弹性模量和体积分数，分别对碳纤维增强混凝土、多尺度纤维增强混凝土和碳纳米管增强混凝土界面过渡区的物相组成进行分析并对比三者差异。

基于先前的研究，混凝土水化产物根据不同弹性模量的范围，可以分为 4 种微观相，即孔洞 ($\leqslant 9$ GPa)、低密度水化硅酸钙凝胶 ($9 \sim 22$ GPa)、高密度水化硅酸钙凝胶 ($22 \sim 34$ GPa) 和氢氧化钙 ($34 \sim 50$ GPa)，部分研究也将弹性模量大于 50 GPa 的部分归为未水化的水泥颗粒[202]。

首先，分别绘制碳纤维增强混凝土、多尺度纤维增强混凝土和碳纳米管增强混凝土界面过渡区处的弹性模量概率密度曲线，如图 6.10 所示，拟合结果见表 6.1。碳纤维增强混凝土、多尺度纤维增强混凝土和碳纳米管增强混凝土界面过渡区均呈现出不同的峰值，碳纤维增强混凝土界面过渡区的峰值弹性模量分别为 (4.48 ± 2.34)GPa、(18.91 ± 0.25)GPa、(30.64 ± 2.09)GPa、(36.66 ± 7.81)GPa，多尺度纤维增强混凝土界面过渡区的峰值弹性模量分别为 (7.69 ± 3.90)GPa、(14.84 ± 0.54)GPa、(26.09 ± 1.34)GPa、(35.66 ± 4.55)GPa、(51.27 ± 14.30)GPa，碳纳米管增强混凝土界面过渡区的峰值弹性模量分别为 (9.34 ± 2.12)GPa、(21.61 ± 0.61)GPa、(31.66 ± 0.38)GPa、(48.75 ± 12.87)GPa。

绘制碳纤维增强混凝土、多尺度纤维增强混凝土和碳纳米管增强混凝土界面过渡区处各物相的体积分布，如图 6.11 所示。

6.3 试验结果与分析

(a) 碳纤维增强混凝土

(b) 多尺度纤维增强混凝土

(c) 碳纳米管增强混凝土

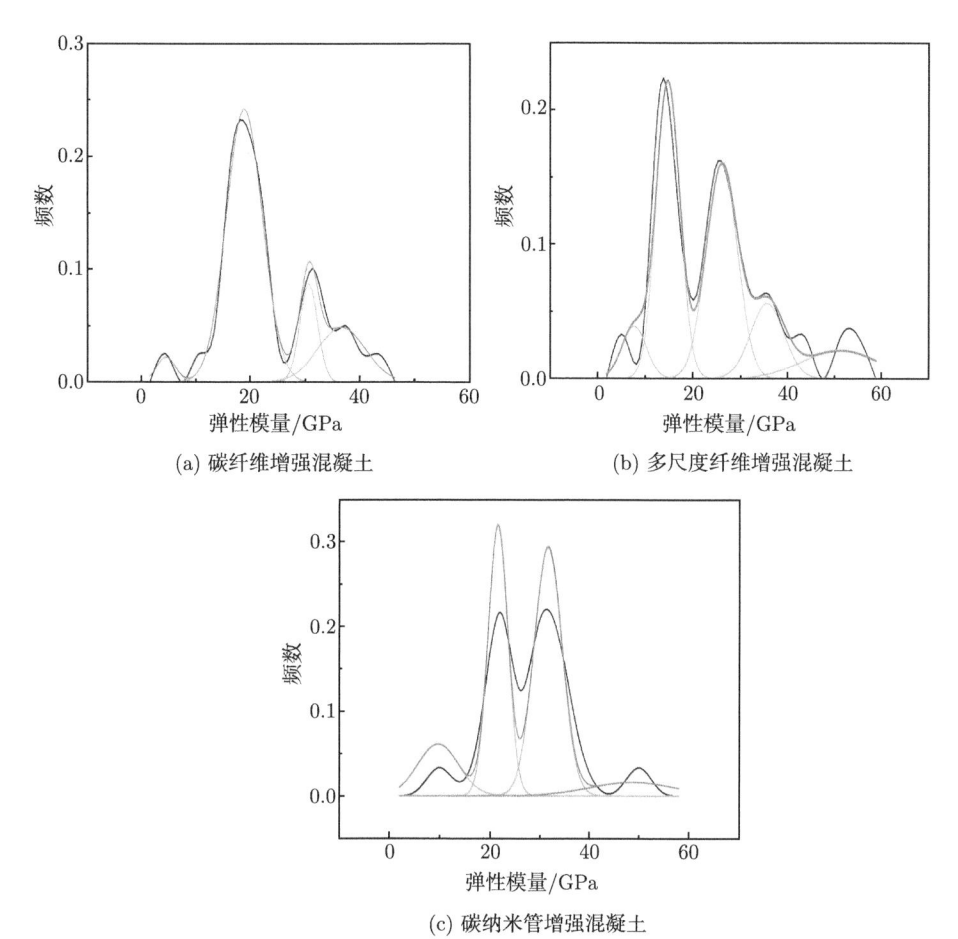

图 6.10 三种类型混凝土界面过渡区概率密度曲线

表 6.1 三种类型混凝土界面过渡区拟合结果

参数	改性材料	孔隙	低密度水化硅酸钙凝胶	高密度水化硅酸钙凝胶	氢氧化钙	未水化的水泥颗粒
$V/\%$	碳纤维	3.14	67.42	11.86	17.55	—
	CNT-CF	6.64	36.48	34.22	13.26	9.38
	碳纳米管	13.18	34.70	45.66	6.44	—
E/GPa	碳纤维	4.48±2.34	18.91±0.25	30.64±2.09	36.66±7.81	—
	CNT-CF	7.69±3.90	14.84±0.54	26.09±1.34	35.66±4.55	51.27±14.30
	碳纳米管	9.34±2.12	21.61±0.61	31.66±0.38	48.75±12.87	—

注：V 代表各物相体积分数；E 代表各物相弹性模量。

观察图 6.11 发现，碳纤维增强混凝土界面过渡区中氢氧化钙含量和低密度水化硅酸钙含量较高，相对而言高密度水化硅酸钙含量和孔隙含量较低。但在多

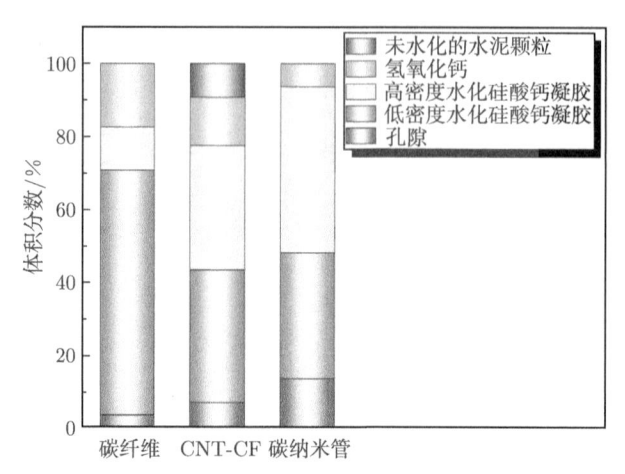

图 6.11 不同改性材料界面过渡区各物相体积分数

尺度纤维增强混凝土和碳纳米管增强混凝土界面过渡区中，高密度水化硅酸钙含量与孔隙含量明显大于碳纤维增强混凝土，同时低密度水化硅酸钙所占百分比明显降低。这是因为加入碳纳米管后，碳纳米管对混凝土水化有一定促进作用，而 CNT-CF 表面也附着一层碳纳米管，因此 CNT-CF 与碳纳米管界面过渡区低密度水化硅酸钙含量有一定程度的降低，但加入碳纳米管后孔隙含量有一定程度的增加，这是因为加入碳纳米管后，碳纳米管更易吸水，后续水分挥发在界面过渡区处留下部分孔隙。

3. 基体各物相体积分数

前文已经对碳纤维增强混凝土、多尺度纤维增强混凝土和碳纳米管增强混凝土界面过渡区各物相体积分数进行分析，为了更好地对比以上三种混凝土基体的差异，本部分将对碳纤维增强混凝土、多尺度纤维增强混凝土和碳纳米管增强混凝土基体处各物相百分比进行分析。

首先分别绘制碳纤维增强混凝土、多尺度纤维增强混凝土和碳纳米管增强混凝土基体处概率密度曲线，如图 6.12 所示，拟合结果如表 6.2 所示。与界面过渡区类似，碳纤维增强混凝土、多尺度纤维增强混凝土和碳纳米管增强混凝土在基体处也呈现不同的峰值，碳纤维增强混凝土基体处峰值弹性模量分别为 (20.46 ± 1.35)GPa、(29.70 ± 0.74)GPa、(41.17 ± 13.75)GPa、(55.88 ± 10.96)GPa，多尺度纤维增强混凝土基体处峰值弹性模量分别为 (18.61 ± 1.06)GPa、(34.00 ± 1.02)GPa、(38.01 ± 1.05)GPa、(50.02 ± 0.98)GPa，碳纳米管增强混凝土基体处峰值弹性模量分别为 (24.79 ± 0.93)GPa、(35.94 ± 0.34)GPa、(49.91 ± 1.78)GPa。

与前文类似，绘制碳纤维增强混凝土、多尺度纤维增强混凝土和碳纳米管增强混凝土基体处各物相体积分布如图 6.13 所示。

6.3 试验结果与分析

(a) 碳纤维增强混凝土

(b) 多尺度纤维增强混凝土

(c) 碳纳米管增强混凝土

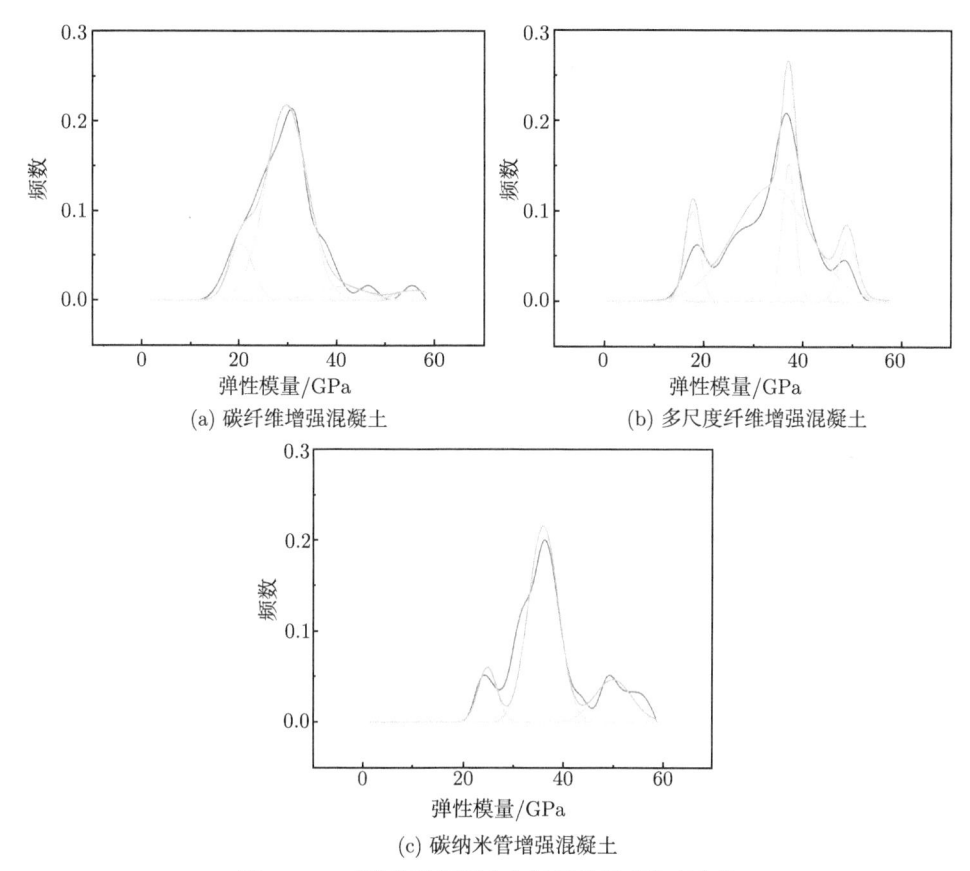

图 6.12 三种类型混凝土水泥基体概率密度曲线

表 6.2 三种类型混凝土水泥基体拟合结果

参数	改性材料	孔隙	低密度水化硅酸钙凝胶	高密度水化硅酸钙凝胶	氢氧化钙	未水化的水泥颗粒
$V/\%$	碳纤维	—	12.90	77.89	6.52	2.67
	CNT-CF	—	10.18	67.41	14.18	8.22
	碳纳米管	—	11.94	69.54	18.51	—
E/GPa	碳纤维	—	20.46±1.35	29.70±0.74	41.17±13.75	55.88±10.96
	CNT-CF	—	18.61±1.06	34.00±1.02	38.01±1.05	50.02±0.98
	碳纳米管	—	24.79±0.93	35.94±0.34	49.91±1.78	—

注：V 代表各物相体积分数；E 代表各物相弹性模量。

观察图 6.13 发现，在碳纤维增强混凝土、多尺度纤维增强混凝土和碳纳米管增强混凝土基体处，三种类型混凝土的物相体积分数较为相似，物相组成均以高密度水化硅酸钙为主，且在三种混凝土基体处均未发现孔隙，这说明相比于界面过渡区，基体处更加密实。同时研究发现，在碳纤维增强混凝土和多尺度纤维增强混凝土基体中存在部分未水化的水泥颗粒，而在碳纳米管增强混凝土基体处未发现该物质。将界面过渡区物相拟合结果与水泥基体对比发现，相同物相弹性模量值没有明显变化，且在前人研究范围之内，这说明弹性模量值是每个物相固有的属性，与物相所在区域并没有明显关系。因此，界面过渡区与水泥基体差异的最主要原因是在水泥基体与界面过渡区处各物相所占百分比有一定不同，与物质本身无关。

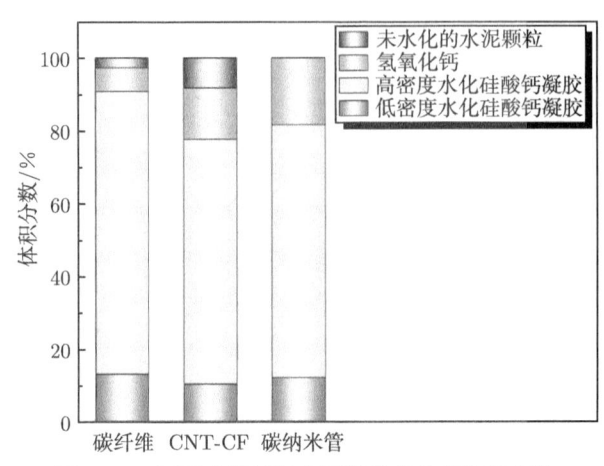

图 6.13　不同改性材料水泥基体各物相体积分数

4. 不同区域混凝土物相体积对比

为了更深入地研究改性混凝土界面过渡区和水泥基体物相组成差异，首先绘制碳纤维增强混凝土、多尺度纤维增强混凝土和碳纳米管增强混凝土界面过渡区与水泥基体物相对比图，如图 6.14 所示。

观察图 6.14 发现，相较于界面过渡区，改性后混凝土水泥基体中孔隙、低密度水化硅酸钙占比明显降低，甚至在水泥基体处未发现孔隙，与此同时，水泥基体中高密度水化硅酸钙含量有一定提高。这说明与水泥基体相比，界面过渡区属于薄弱环节，其结构较为疏松，孔隙较多，易发生破坏。界面过渡区的结构和各物相体积分数是影响界面过渡区力学特性的主要原因。

产生以上现象的原因有很多，且由多种因素综合影响。在混凝土中加入碳纤维、多尺度纤维或碳纳米管后，由于边壁效应的存在为水泥水化过程中水分的迁移提供了可能，同时由于碳纤维、多尺度纤维、碳纳米管会在表面有着较强的吸水作用，相较于混凝土基体，在碳纤维、多尺度纤维、碳纳米管与混凝土界面处的水灰比更大。在水泥水化过程中，水泥中的离子会快速溶解并进行水化反应，同时，离子也会在该层水膜中参与水化反应，按照水泥水化过程中离子发生水化的活泼顺序分别为：Na^+、K^+、SO_4^{2-}、Al^{3+}、Ca^{2+}、Si^{2+}，在水膜中最先生成的是块状氢氧化钙 (CH) 以及针尖状钙矾石 (C-A-S-H)，但由于在界面处水灰比高于

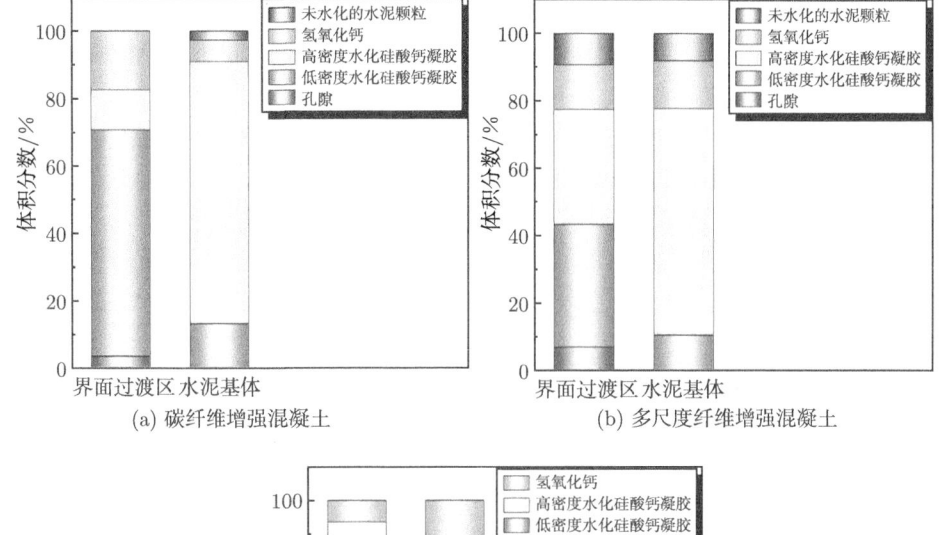

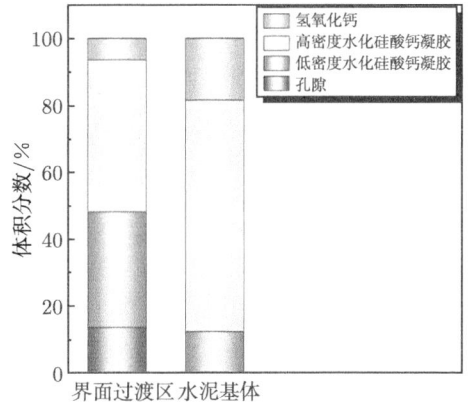

6.3 试验结果与分析

图 6.14 不同类型改性混凝土界面过渡区与水泥基体物相对比

混凝土基体，相对而言，该水膜内离子的饱和度远低于水泥基体，这使得 CH 与 C-A-S-H 可以不被约束地自由生长并且在碳纤维定向排列，阻止了水化硅酸钙凝胶与碳纤维的接触，从而导致界面处孔隙率的增大。除此之外，随着界面过渡区水灰比的增大，离子浓度较低，水化硅酸钙凝胶的生成量也逐渐降低，最终形成疏松的网格结构。同时界面过渡区过大的水灰比在水分蒸发后会在界面处留下孔隙。这些原因综合作用导致界面过渡区处孔隙含量的增加，进而导致界面过渡区处弹性模量、硬度的降低。

6.3.3 界面过渡区物相分析

参考以上微细观结构模型及试验结果，研究认为，碳纤维增强混凝土、多尺度纤维增强混凝土和碳纳米管增强混凝土界面过渡区存在以下特性。

(1) 孔隙率大：与水泥基体对比发现，碳纤维增强混凝土、多尺度纤维增强混凝土和碳纳米管增强混凝土在界面过渡区处的孔隙百分比明显大于水泥基体，这是界面过渡区与基体力学性能差异较大的本质原因。

(2) 弹性模量、硬度较低：通过试验可以看出，相比于混凝土基体，碳纤维增强混凝土、多尺度纤维增强混凝土和碳纳米管增强混凝土在界面过渡区处的弹性模量、硬度均较低，两者出现较为明显的数值差。

(3) 不同改性材料的界面过渡区厚度存在一定差异，且由两种材料组成的复合材料界面过渡区，其最终厚度与两种材料中所形成界面过渡区厚度较低者一致。

6.4 混凝土界面过渡区均匀化模型

前文已经对碳纤维增强混凝土、多尺度纤维增强混凝土和碳纳米管增强混凝土的界面过渡区进行介绍，但由于混凝土组成复杂，差异性较大，无法直接对以上三种混凝土界面过渡区进行对比。因此，参考均匀化理论，建立包含改性材料的复合材料弹性模量细观模型，从而可以更加直观地对比碳纤维增强混凝土、多尺度纤维增强混凝土和碳纳米管增强混凝土界面过渡区的差异。

6.4.1 均匀化理论简介

目前，关于混凝土的细观模型的研究有很多，大部分模型是以复合材料模型为基础建立的，这些模型在对混凝土的研究中取得了较为广泛的应用。以均匀化模型为基础，分别计算碳纤维增强混凝土、多尺度纤维增强混凝土和碳纳米管增强混凝土界面过渡区等效弹性模量，从而更加直观地对以上三种混凝土界面过渡区的弹性模量进行对比。

在微细观力学研究的理论中，基于材料内部的分层假定，即将纤维增强混凝土材料视作一种非均质材料，在不同尺度下具有不同的结构特征与材料特性，其在某个尺度下的力学行为与该尺度下级尺度的结构组成和性质有关。基于此，理论上任何混凝土的力学性质研究均可从宏观、细观、微观和纳观 4 个层次出发进行逐层推导，每一个层次都有符合其尺寸要求的代表性体积单元。

1. 宏观尺度 ($10^{-1} \sim 10^3$ m)

在宏观尺度下对纤维增强混凝土结构或混凝土构件进行力学行为分析时，研究人员通常将材料视为宏观均匀且各向同性的，宏观尺度的最小临界尺寸相当于最大骨料直径的 3 ~ 4 倍，当模型小于最小临界尺寸时，材料的非均质性表现得非常明显。

2. 细观尺度 ($10^{-4} \sim 10^{-1}$ m)

细观尺寸上，可以将混杂纤维的混凝土看成由骨料、纤维、水泥砂浆和界面过渡区组成的多相复合材料，界面过渡区的力学特性对于混凝土材料的力学行为有着决定性作用。

3. 微观尺度 ($10^{-6} \sim 10^{-4}$ m)

在微观尺度上，混凝土材料的水泥基由水化产物微结构及分子组成。由于水化硅酸钙 (C-S-H) 是水泥水化产物中含量最多的晶体，因此，在微观尺度下，可将其他晶体视为镶嵌于 C-S-H 基体中的夹杂。

4. 纳观尺度 ($10^{-9} \sim 10^{-6}$ m)

纳观尺度是尺寸最小的尺度，在该尺度上，水化硅酸钙可分为低密度水化硅酸钙凝胶和高密度水化硅酸钙凝胶，并且低密度水化硅酸钙凝胶常包裹在高密度水化硅酸钙凝胶外层。因此在该尺度的研究中，常将低密度水化硅酸钙凝胶视为基体，高密度水化硅酸钙凝胶视为基体中的夹杂。

6.4.2 均匀化模型

为方便阐述，仅以多尺度纤维增强混凝土为例对均匀化模型的建立过程进行介绍。在一定程度上，纤维与混凝土界面过渡区可以看成由最外层混凝土夹杂中间部分纤维所构成的夹杂模型，因此多尺度纤维增强混凝土可以将内层的 CNT-CF、内层界面过渡区视为外层界面过渡区的夹杂。

研究人员通常通过均匀化模型对夹杂进行计算，主要的方法有稀疏法 (Eshelby 法)、自洽法、广义自洽法、三相模型、Mori-Tanaka (M-T) 法等，其中，Mori-Tanaka 法既考虑了不同夹层的相互作用，还能对高夹杂下样品的有效弹性模量值进行精准预测。因此采用 Mori-Tanaka 法并结合界面过渡区的力学特性，对碳纤维增强混凝土、多尺度纤维增强混凝土和碳纳米管增强混凝土界面过渡区的等效弹性模量进行研究。

在建立改性材料与界面过渡区组成的均匀化模型并对其进行简化运算之前，对模型做以下 4 点假设：

(1) 假设改性材料与水泥浆体均为理想且均匀的各向同性材料；

(2) 忽略改性材料的形状，假设改性材料横端面为球形，且建立模型时采用改性材料横端面计算；

(3) 假设所有改性材料的直径均固定，界面过渡区的厚度为常量且不考虑界面过渡区的相互重叠；

(4) 假定混凝土界面过渡区仅存在孔隙而不存在裂纹，且孔隙是较为理想的球形并忽略孔隙间的相互作用。

1. 复合材料界面过渡区弹性模量均匀化模型

理论上，通过 Mori-Tanaka 法可以直接计算混凝土宏观弹性模量等参数，但由于本部分重点关注的是界面过渡区细观模型，故本研究只需对界面过渡区进行计算。

多尺度纤维增强混凝土界面过渡区模型在细观上可分为两层，即由 CNT-CF 和外围的界面过渡区组成的二相复合结构。其原理示意图如图 6.15 所示。

CNT-CF　　　　　　　界面过渡区　　　　　　　二相复合结构

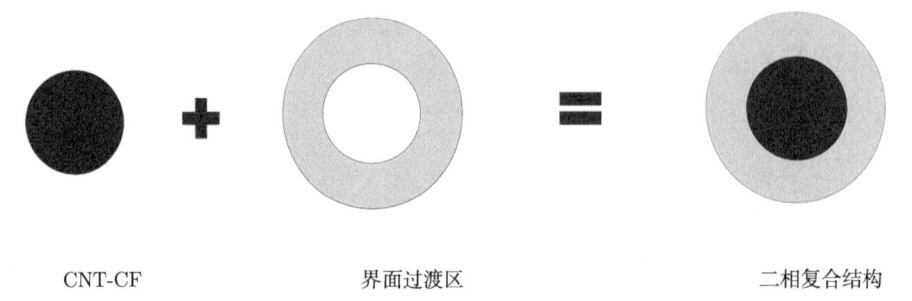

图 6.15　多尺度纤维增强混凝土界面过渡区复合结构示意图

复合材料界面过渡区弹性模量均匀化模型的基本思想是，利用 Mori-Tanaka 法逐层推导 CNT-CF 与界面过渡区的弹性模量，进而得到整个界面过渡区的等效弹性模量。计算时可将外围界面过渡区理解为多涂层夹层模型，即外围有多层混凝土材料将 CNT-CF 包围，同时，每个夹层间是完全黏合且没有缝隙的。CNT-CF 与界面过渡区夹层模型如图 6.16 所示，该模型共 4 个涂层，半径为 R_1 的圆圈代表 CNT-CF，半径为 R_2 的圆圈代表与 CNT-CF 有一定距离的第二层涂层，以此类推，半径为 R_n 的圆圈代表与 CNT-CF 有一定距离的第 n 层涂层。

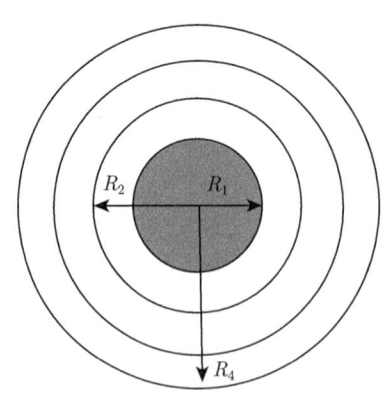

图 6.16　多尺度纤维增强混凝土多涂层模型示意图

6.4 混凝土界面过渡区均匀化模型

Mori-Tanaka 法认为有效弹性模量递推公式如下：

$$\overline{K}_{a,i} = \overline{K}_{a,i-1} - \frac{c_{a,i}(\overline{K}_{a,i-1} - K_{tz,i})(3K_{tz}^l + G_{tz,i})}{3K_{tz,i_m} + 4G_{tz,i} + 3(1-c_{a,i})(\overline{K}_{a,i-1} - K_{tz,i})} \tag{6.5}$$

式中，K_n 代表第 n 个物相的体积模量；G_n 代表第 n 个物相的剪切模量；c_a 代表每一个夹杂项的体积分数。

第一个夹杂项指 CNT-CF，每一个夹杂项均可视为由内部夹杂和外部界面过渡区所包裹的模型，因此，c_a 可表示为

$$c_a = \left(\frac{r_a}{r_i}\right)^3 = \left(\frac{r_a}{r_a + \delta}\right)^3 \tag{6.6}$$

式中，r_a 代表内部半径；δ 代表增量。

将式 (6.6) 代入式 (6.5)，可得递推公式：

$$\overline{K}_{a,i} = \overline{K}_{a,i-1} - \frac{\dfrac{R_{n-1}^3}{R_n^3}(\overline{K}_{a,i-1} - K_{tz,i})(3K_{tz}^l + G_{tz,i})}{3K_{tz,i_m} + 4G_{tz,i} + 3\left(1 - \dfrac{R_{n-1}^3}{R_n^3}\right)(\overline{K}_{a,i-1} - K_{tz,i})} \tag{6.7}$$

式中，R_n 代表第 n 层涂层的半径；R_{n-1} 代表第 $n-1$ 层涂层半径；K_n 代表第 n 层涂层的体积模量；G_n 代表第 n 层涂层的剪切模量。

查阅相关文献，关于式 (6.7) 中剪切模量的计算有多种方法，为了简化计算，本研究参考文献 [203]，通过弹性力学理论公式，可以得到体积模量 K 与弹性模量 E 的理论公式：

$$K = \frac{E}{3(1-2\nu)} \tag{6.8}$$

同时，参考文献 [204]，各向同性材料的体积模量 K、剪切模量 G、弹性模量 E 满足如下关系：

$$E = \frac{9KG}{3K+G} \tag{6.9}$$

将式 (6.9) 代入式 (6.8)，有

$$G = \frac{E}{2(1+\nu)} \tag{6.10}$$

联立上式，得到改性材料界面过渡区多涂层夹杂弹性模量模型。在计算中需要一个重要参数即泊松比，查得碳纤维泊松比为 0.307，为简化计算，取碳纤维泊松比为 0.3。CNT-CF 的骨架材料依然为碳纤维，因此认为 CNT-CF 泊松比与碳纤维相同，即 CNT-CF 泊松比取值依然为 0.3。同时，参考文献 [205]，碳纳米管

泊松比为 0.21，为方便计算，取碳纳米管泊松比为 0.2，虽然碳纳米管的直径较小，但长度较长，为方便计算与对比，排除尺寸效应的干扰，选取碳纳米管半径与碳纤维相同，即 3.5 μm。一般认为，混凝土泊松比为 0.27，为方便研究，计算时按 0.3 取值。

2. 复合界面过渡区的均匀化模型计算

通过式 (6.7) 计算碳纤维增强混凝土中纤维与界面过渡区的多涂层夹杂模型，结果见表 6.3。

表 6.3 碳纤维增强混凝土界面过渡区多涂层夹杂弹性模量计算表

涂层	E/GPa	泊松比	R	K	G
R_1(碳纤维)	15.62	0.3	3.5	13.02	6.01
R_2	25.22	0.3	4	21.02	9.70
R_3	25.28	0.3	8	21.06	9.72
R_4	23.61	0.3	12	19.68	9.08
R_5	26.28	0.3	16	21.90	10.10
界面过渡区多涂层均匀	25.18	0.3	16	20.99	9.68

通过计算发现，碳纤维增强混凝土界面过渡区等效弹性模量为 25.18 GPa。

同样，通过式 (6.7) 计算多尺度纤维增强混凝土中 CNT-CF 与界面过渡区的多涂层夹杂模型，结果见表 6.4。

表 6.4 多尺度纤维增强混凝土界面过渡区多涂层夹杂弹性模量计算表

涂层	E/GPa	泊松比	R	K	G
R_1(CNT-CF)	17.33	0.3	3.5	14.45	6.67
R_2	20.04	0.3	4	16.71	7.71
R_3	28.60	0.3	8	23.83	11.00
R_4	30.80	0.3	12	25.66	11.85
界面过渡区多涂层均匀	29.56	0.3	12	24.64	11.37

通过计算发现，多尺度纤维增强混凝土界面过渡区等效弹性模量为 29.56 GPa。

碳纳米管增强混凝土中改性材料与界面过渡区多涂层夹杂模型计算结果见表 6.5。

表 6.5 碳纳米管增强混凝土界面过渡区多涂层夹杂弹性模量计算表

涂层	E/GPa	泊松比	R	K	G
R_1(碳纳米管)	20.43	0.2	3.5	11.35	8.51
R_2	25.35	0.3	4	21.12	9.75
R_3	31.10	0.3	8	25.92	11.96
R_4	35.03	0.3	12	29.19	13.47
界面过渡区多涂层均匀	32.95	0.3	12	27.46	12.67

通过计算发现，碳纳米管增强混凝土界面过渡区等效弹性模量为 32.95 GPa。

研究发现，在碳纤维增强混凝土、多尺度纤维增强混凝土和碳纳米管增强混凝土界面过渡区等效弹性模量中，碳纳米管增强混凝土等效弹性模量值最大，为 32.95 GPa，多尺度纤维增强混凝土次之，为 29.56 GPa，碳纤维增强混凝土等效弹性模量值最小，仅为 25.18 GPa。碳纳米管与多尺度纤维均对改性材料界面过渡区力学特性有一定提高，且两者数值较为接近。产生这种现象的原因是碳纳米管表面活性较高，且尺寸较小，相对而言比表面积较大，可以为 C-S-H 的生成提供大量的异质形核位点，进而对混凝土的水化产生一定促进作用，而多尺度纤维是由碳纤维和碳纳米管组成的复合材料，其表面的碳纳米管也会促进混凝土水化。因此，多尺度纤维与碳纳米管均对混凝土界面过渡区力学特性有一定提高且两者等效弹性模量数值相近。

前文研究发现，针对混凝土力学性能的改性效果，多尺度纤维和碳纳米管对混凝土力学强度的提高效果较好，这与界面过渡区弹性模量规律相似，但直接由界面过渡区弹性模量对比混凝土力学强度缺少足够的科学性，因此，本研究以不同混凝土物相体积对比为媒介进行分析。

在碳纤维增强混凝土、碳纳米管增强混凝土和多尺度纤维增强混凝土基体处，三种混凝土的弹性模量、物相组成并未出现明显差异，但在界面过渡区处，相比于碳纤维增强混凝土，碳纳米管增强混凝土和多尺度纤维增强混凝土高密度水化硅酸钙凝胶、氢氧化钙含量明显增多，这在一定程度上提高了混凝土界面过渡区的弹性模量。同时，由于高密度水化硅酸钙强度较大，客观上提高了混凝土界面过渡区的强度，进而导致对混凝土整体强度的提高。除此之外，相比于碳纤维增强混凝土，碳纳米管增强混凝土和多尺度纤维增强混凝土界面过渡区的厚度也有一定降低，即界面过渡区强度越高、厚度越小，混凝土力学强度越高。因此，未来在研究混凝土改性材料时，应重点研究如何有效提高界面过渡区强度并降低其厚度。这说明多尺度纤维对混凝土的改性机理不仅是由于其表面粗糙、不易拔出，其表面附着的碳纳米管对界面过渡区力学特性也有一定提高，因此，多尺度纤维增强混凝土与碳纳米管增强混凝土力学性能更好。

6.5 小　　结

本章通过纳米压痕技术对碳纤维增强混凝土、多尺度纤维增强混凝土和碳纳米管增强混凝土界面过渡区和水泥基体的弹性模量、硬度进行研究，同时根据纳米压痕试验结果对以上三种混凝土界面过渡区、水泥基体物相组成进行分析，最后结合 Mori-Tanaka 均匀化理论对碳纤维增强混凝土、多尺度纤维增强混凝土和碳纳米管增强混凝土界面过渡区等效弹性模量进行分析。主要结论如下所述。

(1) 在碳纤维、多尺度纤维和碳纳米管与混凝土基体中存在一层界面过渡区，界面过渡区内混凝土的力学特性明显低于水泥基体，且界面过渡区的厚度因材料的不同而略有不同，在界面过渡区外，混凝土的微观力学特性差异不明显。

(2) 界面过渡区与水泥基体力学特性差异的原因主要是各物相体积分数的不同，与物质本身力学特性没有直接关系。相比于基体处，界面过渡区处孔隙及低密度水化硅酸钙凝胶含量较多，而在界面过渡区外，混凝土物相体积分数并没有明显差异。

(3) 碳纤维增强混凝土、多尺度纤维增强混凝土与碳纳米管增强混凝土界面过渡区的力学特性具有较大差异，通过均匀化模型对碳纤维增强混凝土、多尺度纤维增强混凝土和碳纳米管增强混凝土界面过渡区进行分析可知，碳纳米管增强混凝土的界面过渡区等效弹性模量最大，为 32.95 GPa，多尺度纤维增强混凝土次之，为 29.56 GPa，碳纤维增强混凝土在界面过渡区处等效弹性模量最低，仅为 25.18 GPa。

(4) 混凝土界面过渡区强度与宏观力学强度具有直接的关系，界面过渡区中高密度水化硅酸钙含量越多、孔隙和低密度水化硅酸钙含量越少、厚度越小，混凝土宏观力学强度越大。

第 7 章 多尺度纤维增强混凝土界面拉拔模拟研究

7.1 引 言

复合材料理论研究认为，两种材料之间的界面性能是影响其力学性能的关键，但是，目前传统的方法很难实现在分子层面对界面性能的定量研究。随着计算机技术的发展，研究人员开始尝试通过计算机对界面性能进行模拟研究。分子动力学模拟由于具有方便、快捷以及能够模拟出一些试验无法得到的数据等优势而逐渐发挥出不可替代的作用，该方法通过人工建立界面模型，在模拟拉拔破坏的过程中，可以得到最大拉拔力、相互作用能等参数以及较为明确的图像，从而将界面结构直观地展现在研究者面前，方便研究人员进行分析。

为更好地研究多尺度纤维及碳纤维与混凝土基体界面性能的不同，本章分别对多尺度纤维/混凝土界面、碳纤维/混凝土界面、多尺度纤维/环氧树脂界面和碳纤维/环氧树脂界面进行分子动力学模拟，重点是从最大拉拔力、相互作用能两个角度研究多尺度纤维界面与普通碳纤维界面的不同，进一步分析多尺度纤维的界面增强机制。

7.2 分子力场

7.2.1 分子力场的能量项

分子力场是在分子尺度上建立的一种势能场，它决定着原子间的拓扑结构和运动行为。一般而言，分子的总势能为

$$E_{\text{total}} = E_{\text{bond}} + E_{\text{angle}} + E_{\text{torsion}} + E_{\text{impro}} + E_{\text{VDW}} + E_{\text{con}} \tag{7.1}$$

式中，E_{bond} 代表键伸缩势能；E_{angle} 代表键角弯曲势能；E_{torsion} 代表二面角扭转势能；E_{impro} 代表非正常二面角扭转势能；E_{VDW} 代表范德瓦耳斯作用势能；E_{con} 代表静电作用势能。

1. 键伸缩势能

分子是由相互成键的原子组成的，但在分子中键的长度不是一定的，其会在平衡位置小范围地振荡，而键伸缩项就是对这种振荡的表示。在分子中，化学键

在键轴方向会不可避免地发生伸缩，这些伸缩会产生能量变化，在模拟时，这些能量变化用键伸缩势能表征。键伸缩项函数形式较多，目前使用比较广泛的函数有调和 (harmonic) 函数和莫尔斯 (Morse) 函数，其表达式见式 (7.2)，除此之外还有四次函数等其他函数形式。

$$E(r_{ij}) = k(r_{ij} - r_0)^2$$
$$E(r_{ij}) = E_0 \left\{ (1 - \exp[-\alpha(r_{ij} - r_0)])^2 - 1 \right\} \tag{7.2}$$

2. 键角弯曲势能

分子中连续键结的三个原子形成键角，键角并不是一个固定的值，与键伸缩项一样，键角也会在平衡位置小范围振荡，因此键角弯曲势能是指由键角的变化而引起的能量变化，键角弯曲势能示意图如图 7.1 所示。目前在键角弯曲势能中使用比较广泛的函数是二次函数，二次函数的形式见式 (7.3)。

$$E(\theta) = k(\theta - \theta_0)^2 \tag{7.3}$$

该函数在 AMBER、CHARMM 等力场中使用较多，除此之外，键角弯曲势能函数形式还有连续四次函数等。

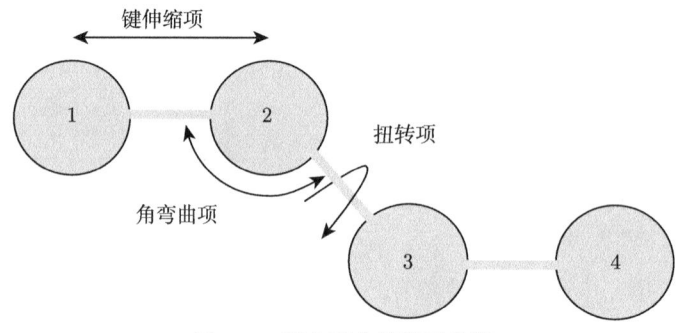

图 7.1　键角弯曲势能示意图

3. 二面角扭曲势能

研究人员认为，当四个原子发生连续成键时，在分子中会形成二面角。二面角较为柔软，易发生扭转，二面角的扭转会导致分子骨架的扭曲，这种扭曲会在分子中产生能量，进而产生二面角扭曲势能 (图 7.1)。目前在二面角扭曲势能中使用比较广泛的函数是余弦函数，其形式见式 (7.4)。

$$E(\varphi) = k_m \left[1 + \cos(m\varphi - \varphi_0) \right] \quad m = 1, 2, 3, \cdots \tag{7.4}$$

该函数形式通常在 TEAM 力场中使用较多。

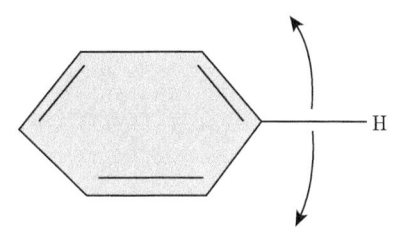

4. 非正常二面角扭转势能

非正常二面角扭转势能示意图如图 7.2 所示,不同于二面角扭曲势能,非正常二面角扭转势能的形成原因是分子中某些原子呈现出 sp^2 杂化且有共平面的趋势。目前在模拟中,对非正常二面角扭曲势能使用比较广泛的函数是调和函数,其表达形式如下:

$$E(\chi) = k(\chi - \chi_0)^2 \tag{7.5}$$

图 7.2 非正常二面角扭转势能示意图

调和函数在 CHARMM 力场中使用较多,除此之外还有余弦函数形式,该形式在 AMBER 力场中广泛使用。

5. 范德瓦耳斯相互作用项

范德瓦耳斯作用指分子间作用力,主要包括取向力、色散力、诱导力。目前在模拟中表示范德瓦耳斯作用使用较为广泛的函数形式主要有伦纳德–琼斯 (Lennard-Jones, L-J) 函数、白金汉 (Buckingham) 函数和 Morse 函数三种。

Lennard-Jones 函数、Buckingham 函数和 Morse 函数的表达式分别见式 (7.6),式 (7.7),式 (7.8)。

$$E(r_{rj}) = \varepsilon_{ij} \left[\left(\frac{R_{ij}^0}{r_{ij}} \right)^{12} - 2 \left(\frac{R_{ij}^0}{r_{ij}} \right)^6 \right] \tag{7.6}$$

$$E(r_{rj}) = A \exp\left(\frac{-r_{ij}}{\rho} \right) - \frac{c}{r_{ij}^6} \tag{7.7}$$

$$E(r_{ij}) = E_0 \left\{ [1 - \exp[-\alpha(r_{ij} - r_0)]]^2 - 1 \right\} \tag{7.8}$$

6. 静电作用项

目前认为原子上一般是带有电荷的,故在原子间或多或少地存在电荷间的相互吸引或排斥作用。在模拟时将原子间电荷近似视为点电荷,因此原子之间静电作用项适用于库仑作用,其表达式见式 (7.9)。

$$E(r_{ij}) = \frac{q_i q_j}{r_{ij}} \tag{7.9}$$

7.2.2 常见的分子力场

对力场的描述除势函数外，还应有原子类型和力场参数。原子类型是对原有原子的分子力学特性进行近似处理。原子类型没有统一的标准，更多的是力场构建者的经验。在确定好势函数和原子类型后，下一步是将力场参数化。

目前，在应用中存在很多力场，这些力场在函数形式、考虑因素等方面有一定不同，但总体上可分为三类，即全分子力场、联合原子力场和粗粒度力场。

1. 全分子力场

在全分子力场中，研究人员认为体系的力点与分子中的全部原子一一对应，且质量集中在原子核上。比较常见的全分子力场有 OPLS 力场、AMBER 力场、CHARMM 力场等。

1) OPLS 力场

OPLS 力场由 Jorgensen 团队开发，主要在多肽、蛋白、核酸、有机溶剂等液体体系中进行应用。OPLS 力场的势函数主要包括键结作用和非键相互作用，键结作用又包括 harmonics 键长和键角势能、傅里叶 (Fourier) 扭矩势能，非键相互作用主要包括 L-J 势函数和库仑 (Coulomb) 势函数。

2) AMBER 力场

AMBER 力场是生物学中对大分子进行模拟计算时较为常用的一种力场。研发该力场的最初目的是研究蛋白质和核酸体系，后来人们对该力场不断进行改进，现在的 AMBER 力场已经成为既可以对生物大分子进行模拟，也可以对有机小分子进行模拟的综合性力场。但是，由于该力场研发最初只适用于生物大分子，即使经过改进，在对小分子进行模拟时计算结果依然不尽如人意，因此 AMBER 力场常用在大分子模拟计算中。

3) CHARMM 力场

CHARMM 力场是由哈佛大学 Martin Karplus 课题组所研究和发展的力场，其全名为 Chemistry at HARvard Macromolecular Mechanics。与 AMBER 力场相似，该力场也在生物大分子模拟中较为常见，主要是对肽、蛋白质、辅助基团、小分子配体、核酸、脂类和碳水化合物等物质进行模拟研究。

2. 联合原子力场

由于全分子力场计算量较大，计算效率较低，因此逐渐发展出联合原子力场。联合原子力场的中心思想是在进行模拟时，有选择地忽略分子中的一些原子，同时将这些被忽略的原子间相互作用整合在与这些原子成键的原子上，通过联合原子力场可以大幅度降低力场的复杂性，减少势函数。在联合原子力场中，由于力点数少于原子数，因此，该力场是对分子的不完全表述。

7.2 分子力场

常见的联合原子力场有 GROMOS 力场、COMPASS 力场、TraPPE 力场。

1) GROMOS 力场

在 20 世纪 80 年代早期, GROMOS 力场就已经在生物模拟领域有所应用, 在此之后, 研究人员对 GROMOS 力场不断地改进和发展, 目前已经形成 GROMOS37C4、GROMOS43A1、GROMOS53A6 等多种力场形式。

GROMOS 系列力场选用纯流体或者混合流体在凝聚态下的热力学特征作为目标数据, 各个版本的主要不同在于非键相互作用能量项参数有一定不同。

2) COMPASS 力场

在 COMPASS 力场被发明之前, 对有机分子体系模拟所使用的力场与对无机分子体系模拟所使用的力场两者是不同的, COMPASS 力场是第一个既适用于有机分子也适用于无机分子的力场。COMPASS 力场能够很好地模拟小分子、大分子, 以及一些金属离子与金属氧化物, 由于该力场对于有机体系与无机体系均有不同的模型, 因此即使对有机体系与无机体系混合模拟, COMPASS 力场仍然有较合理的模型对其进行描述。

COMPASS 力场主要有共价键模型、离子模型、准离子模型和金属模型, 这些模型可以实现对不同分子体系的描述。

3) TraPPE 力场

TraPPE 力场的力场参数是基于模拟分子在整个气液相平衡范围及临界点的试验数据并经过优化后得到的, 因此 TraPPE 力场在气液相平衡计算方面具有天然优势。TraPPE 力场主要包括 TraPPE-UA、TraPPE-EH 和 TraPPE-pol 三种形式, 该力场适用于大部分有机化合物, 尤其在预测线性烷基气液平衡时结果相当准确, 但 TraPPE 力场在预测气相压力、饱和气相密度和临界点时准确度较低。目前, 该力场一直在不断发展完善中。

3. 粗粒度力场

研究人员研发粗粒度力场的目的是希望获得一个较为简单的力场模型, 这个力场模型能极大地减少体系的自由度, 但却能保留化合物中核心的化学细节。粗粒度力场的优点是计算速度快、易于使用, 可适用于大范围生物分子系统。常见的粗粒度力场主要有马提尼 (Martini) 粗粒度力场。

Martini 粗粒度力场是一种广泛应用于生物分子系统模拟的力场。在标准的 Martini 力场中, 粗粒化粒子分为极化粒子、非极化粒子、反极化粒子和带电粒子共 4 大类、18 个小类, 粒子之间相互作用强度有 10 个能级, 在模拟中通过调节粒子能级来表征粒子间相互作用力的大小。

在 Martini 粗粒度力场中, 粒子间范德瓦耳斯作用势能采用 L-J 势, 其表达式见式 (7.10), 静电相互作用项通过库仑定律表述, 表达式见式 (7.11), 键伸缩

势能通过式 (7.12) 来表述，键角势能通过式 (7.13) 来表述。为使力场更加简洁，在 Martini 粗粒度力场中，没有显式地考虑二面角势能。

$$U_{\text{LJ}}(r) = 4\varepsilon_{ij}\left[\left(\frac{\sigma_{ij}}{r}\right)^{12} - \left(\frac{\sigma_{ij}}{r}\right)^{6}\right] \tag{7.10}$$

$$U_{\text{LJ}}(r) = \frac{q_i q_j}{4\pi\varepsilon_0 \varepsilon_r r} \tag{7.11}$$

$$V_{\text{bond}}(R) = \frac{1}{2}K_{\text{bond}}(R - R_{\text{bond}})^2 \tag{7.12}$$

$$V_{\text{bond}}(\theta) = \frac{1}{2}K_{\text{angle}}(\cos\theta - \cos\theta_0)^2 \tag{7.13}$$

7.3 分子系综

系综是指近乎无穷个与研究系统处于完全相同条件下但又互不影响的系统的集合，目前，在分子动力学模拟中常见的系综有微正则系综、正则系综、等温等压系综、等焓等压系综 4 种。

1. 微正则系综 (NVE)

微正则系综是一种孤立的保守系综。在微正则系综中，系统的微观运动状态存在且只存在于 $E = H$ 的能量曲线上，在这个曲面外权重因子函数必然等于 0，即在其相邻两个能量曲面 E 和 $E + \Delta E$ 之间，当 $\Delta E \to 0$ 时，权重因子函数趋于一个常数，但在其他区域权重因子函数为 0。在微正则系综中，原子数、体积和能量均保持不变。

2. 正则系综 (NVT)

在正则系综中，系综中粒子数、体积、温度为一个常数，且系统中动量守恒。在模拟时，由于 NVT 系综的体量非常大，在模拟时出现诸多难点，因此，为了简化计算，在模拟时常忽略边际效应和表面效应。在计算时，正则系综内部的能量可能会发生一些变化，但整个正则系综的温度保持稳定。

在正则系综中，统计平均权函数形式见式 (7.14)。

$$\rho = Z\exp(-\beta H) \tag{7.14}$$

式中，$\beta = \dfrac{1}{KT}$；H 代表系统的哈密顿量；K 代表系统总动能；T 代表热力学温度；其中配分函数为

$$Z(\beta) = \frac{h^{3N}}{N!}\int_v e^{-\beta H} dq^S sp^S \tag{7.15}$$

3. 等温等压系综 (NPT)

在等温等压系综中，外部的温度、压强和原子数不发生变化。由于在实际中，大量的化学反应在等温等压的环境中发生，该系综与实际环境较为吻合，因此是研究中较为常用的系综之一。

4. 等焓等压系综 (NPH)

等焓等压系综适合对固态相变的研究。在该系综中，焓值、压强和原子数保持不变，但由于在模拟过程中对等焓等压系综的实现有较大难度，故该系综在实际模拟中应用较少。

7.4 温度控制方法

在模拟时，系统中必然会存在动能和势能的转化，这种转化可能会导致温度不稳定，为保证整个系统在目标温度下进行反应，需要对分子的动能进行调整，即对温度进行控制。选择合适的方法对温度进行控制是确保模拟成功的重要因素，目前常用的温度控制方法有速率法、贝伦德森 (Berendsen) 法、Nose-Hoover 法等。

1. 速率法

通过速率法控制温度的优点是迅速，无论体系温度高于或低于目标温度，它都能使体系迅速达到平衡状态。其公式见式 (7.16)。

$$\left(\frac{V_{i+1}}{V_i}\right)^2 = \frac{r_0}{r_i} \tag{7.16}$$

式中，V_{i+1} 代表 $t+1$ 时刻的速度；V_i 代表 t 时刻的瞬时速度。

2. Berendsen 法

Berendsen 法又叫 Berendsen 外部热浴法，是一种通过外部热浴吸收或释放能量来调节自身温度，使得整个体系达到恒温的方法。但是，由于其动能不严格遵守玻尔兹曼分布，有可能会产生"飞冰块现象"，即当分子平动或转动越来越强但振动越来越弱时，分子飞来飞去的现象，该现象形成的原因是 Berendsen 外部热浴法对分子振动能影响较大，但对平动能和转动能影响较小。因此，该方法适用于加热阶段，对预平衡状态则无法适用。其具体表达式是在速率法的基础上乘以一个因数 λ，λ 的表达式见式 (7.17)。

$$\lambda = \left[1 - \frac{\delta t}{\tau}\left(\frac{T_i - T_0}{T_i}\right)\right]^{\frac{1}{2}} \tag{7.17}$$

式中，δt 代表时间步长；τ 代表特征松弛时间。

3. Nose-Hoover 法

Nose-Hoover 法的中心思想是，假设在原有体系中有一个代表系统与外界非常大的热浴系统进行能量交换的新自由度，并用集合 Q 表示该自由度，对于广义坐标 q 与广义动量 p，自由度方向上的坐标假设为 s，动量假设为 ε，势能假设为 φ，则有

$$\left(\frac{\mathrm{d}q_i}{\mathrm{d}t}\right)^2 = \frac{p_i}{m_i} \tag{7.18}$$

$$\frac{\mathrm{d}q_i}{\mathrm{d}t} = -\frac{\mathrm{d}\varphi}{\mathrm{d}q_i} - \varepsilon p_i \tag{7.19}$$

$$\frac{\mathrm{d}\varepsilon}{\mathrm{d}t} = \frac{\sum \frac{p_i^2}{m_i} - gk_\mathrm{B}T}{Q} \tag{7.20}$$

求解该运动方程，有

$$f(v) = \left(\frac{m}{2\pi kt}\right)^{\frac{3}{2}} \mathrm{e}^{-\frac{mv}{2kT}} 4\pi v^2 \tag{7.21}$$

式中，m 代表原子质量；v 代体系的平均瞬时速度；t 代表模拟时间。

参考前人研究，ClayFF 力场在水泥基材料中有着广泛应用并取得了较好的研究效果，因此，本研究在对混凝土模拟时采用 ClayFF 力场。而在无机材料中，研究人员大量使用 CVFF 力场并取得了一定的研究成果，因此，本研究对环氧树脂和碳纳米管进行模拟时采用 CVFF 力场。为模拟在室温条件下的纤维拉拔过程，本研究采用正则系综，将温度设置为 300 K 恒温，温度控制方法选取 Nose-Hoover 法。

7.5 动力学模型的建立

7.5.1 碳纳米管模型

在实际中，由于生产工艺、技术的限制，即使是同一型号的碳纳米管，其长度也很难保证完全一致。因此，为了更好地模拟实际情况，使试验更加科学严谨，本研究在进行计算机模拟时，建立两种不同长度的碳纳米管模型，将其混合接枝在碳纤维上。首先，利用 Materials Studio 建立两种不同长度的单臂有端帽锯齿型碳纳米管模型，参考相关文献，碳纳米管模型直径设定为 5 Å，长度分别设定为 50 Å 和 25 Å。所建立的不同长度碳纳米管模型如图 7.3 所示。

(a) 长度为50Å的碳纳米管模型

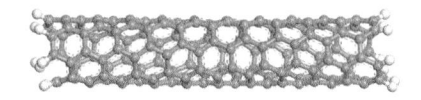

(b) 长度为25Å的碳纳米管模型

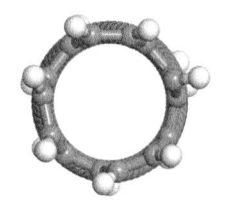

(c) 碳纳米管侧视图

图 7.3　建立的不同长度碳纳米管模型

7.5.2　碳纤维初始模型

在实际中，碳纤维结构非常复杂且直径较大，无法通过 LAMMPS 直接模拟，但大量研究认为碳纤维表层是由石墨片层组成的[206]，在 2～3 nm 的厚度可以认为是规则的石墨晶体。在石墨层中，碳原子以六边形的形式排列，碳纤维中每个碳原子与其周围的碳原子形成 sp^2 杂化轨道，同时有一个未杂化的轨道，这些层面叠加在一起形成了石墨三维晶体结构。

为了简化计算，本研究参考文献 [206] 对碳纤维模型进行简化，即将碳纤维模型简化为石墨完美晶体结构，同时用 4 层石墨片层代替复杂的碳纤维结构。在模拟过程中，由于尺寸效应的影响，它的晶胞参数值应比计算出的石墨表面积更大，因此在建立模型时，设定 $a = 6.817$ nm，$b = 10.332$ nm。由于石墨烯在实际中为三维周期晶胞，但在进行模拟时，石墨烯结构通常被简化为二维周期结构，这在一定程度上会给模拟结果造成误差。为了消除这种误差，人为地提高三维晶胞参数中的 c 值，参考相关论文，设置 c 值为 5 nm，$\alpha = \beta = \gamma = 90°$。最后，参考实际的碳纤维结构，在碳纤维表面添加羧基和氧原子。

简化后所建立的碳纤维初始模型如图 7.4 所示。

7.5.3　混凝土模型

在建立碳纤维模型后，下一步需要建立混凝土模型。混凝土的主要成分是由硅氧四面体、钙离子和水组成的凝胶结构，由于混凝土组成成分复杂、内部孔隙较多，在分子模拟时很难实现对混凝土的完全模拟。参考文献 [207]，本研究以托贝莫来石晶体结构为基础，利用 MS Materials Visualizer 模块构建混凝土结构。单个混凝土凝胶晶胞初始模型如图 7.5 所示。

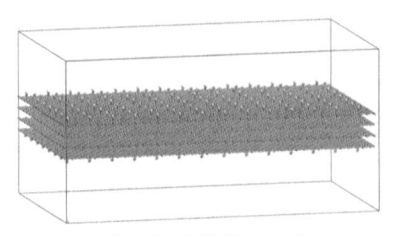

图 7.4　简化后的碳纤维初始模型示意图

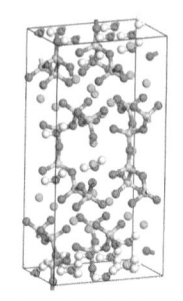

图 7.5　混凝土凝胶单个晶胞初始模型

建立混凝土模型后，为在混凝土中插入石墨插层模型，将混凝土凝胶单个晶胞模型在 Z 轴方向重复，并将其沿中间分开，从而得到中间有孔隙的混凝土模型结构，其结构如图 7.6 所示。

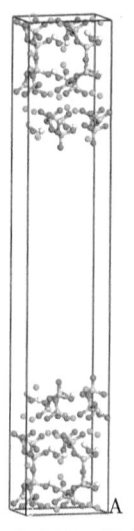

图 7.6　中间有孔隙的混凝土凝胶晶胞模型

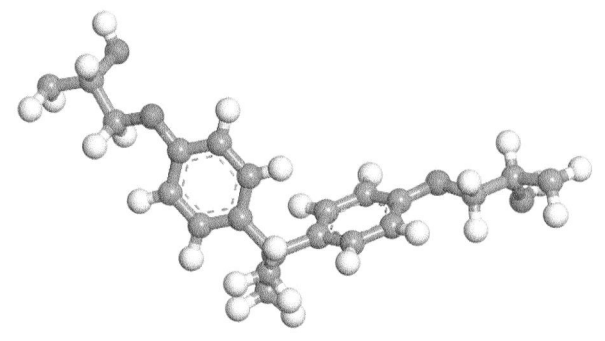

图 7.7　树脂 DGEBA 的模型

7.5.4　环氧树脂模型

环氧树脂主要成分为双酚 A 二缩水甘油醚 (DGEBA)，在建立环氧树脂模型时，首先利用 MS Materials Visualizer 模块绘制环氧树脂的初始分子结构，设置环氧树脂聚合度为 1，并对其能量进行优化以得到稳定的构象。树脂 DGEBA 的模型如图 7.7 所示。

在实际中，环氧树脂中必然有固化剂的存在，因此模拟时需要在环氧树脂中加入固化剂分子，同时参考文献 [206]，删除固化剂分子中与氮原子键合的氢原子和环氧树脂分子末端的环氧键，并对末端的氧原子进行加氢处理，使环氧树脂与固化剂分子处于断键后的反应状态。固化剂分子的模型如图 7.8 所示。

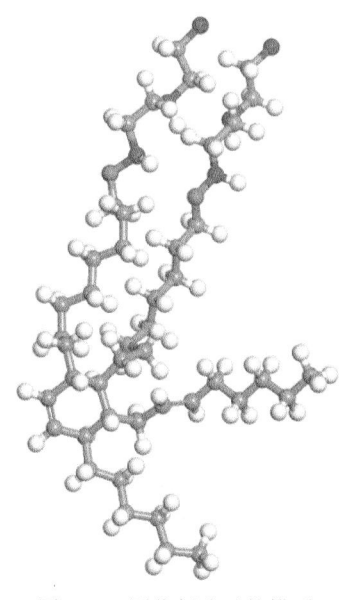

图 7.8　固化剂分子的模型

7.5.5 多尺度纤维/混凝土界面模型

在建立混凝土与碳纤维的分子模型之后，需要将碳纤维与混凝土界面进行结合。调整 7.5.3 节中所建立的混凝土凝胶晶胞模型中间孔隙的大小，确保其与前文建立的碳纤维模型大小相同，之后将其置入碳纤维三维晶胞中，然后往混凝土和碳纤维之间上下两个界面分别引入 9 根 50 Å 长和 5 根 25 Å 长的碳纳米管，为更加符合实际，模拟时将碳纳米管部分埋入 C-S-H 中模拟多尺度纤维被混凝土包裹效果，部分与碳纤维接触。设置碳纤维、混凝土基体和碳纳米管的距离为 0.3 ~ 0.4 nm，置入过程中适当调整三者的距离和位置，使分子之间有充分的范德瓦耳斯吸引作用，同时确保混凝土、碳纤维和碳纳米管的原子不重叠。多尺度纤维/混凝土复合材料初始界面模型如图 7.9 所示。

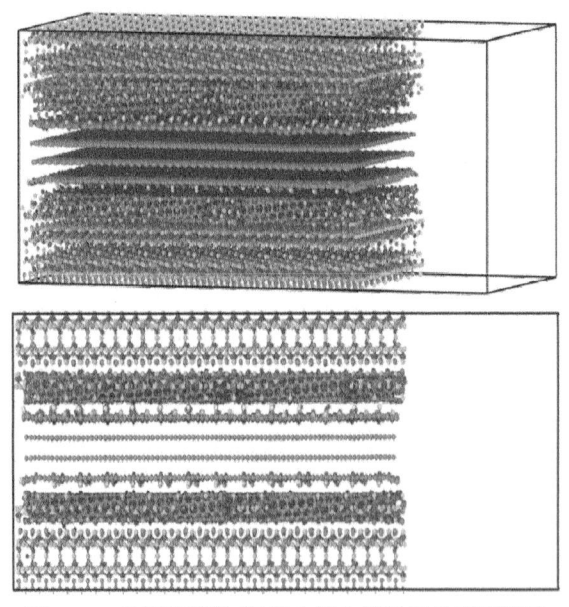

图 7.9 多尺度纤维/混凝土复合材料初始界面模型

在模拟多尺度纤维拉拔试验之前，需要对其进行分子动力学弛豫，分子动力学弛豫的目的是得到一个平衡、均匀的反应物，防止初始结构不合理，进而导致分子动力学模拟结果不可靠。模拟时间为 10 ps，时间步长为 1 fs。在模拟过程中，温度控制方法选用 Nose-Hoover 法。其势能–模拟时间曲线见图 7.10，温度–模拟时间曲线见图 7.11，可以看出，当模拟步长达到 6000 步时，系统势能趋于稳定，且温度在目标温度值附近波动。稳定后即可得到多尺度纤维/混凝土界面模型。

图 7.10　势能–模拟时间曲线　　　　　图 7.11　温度–模拟时间曲线

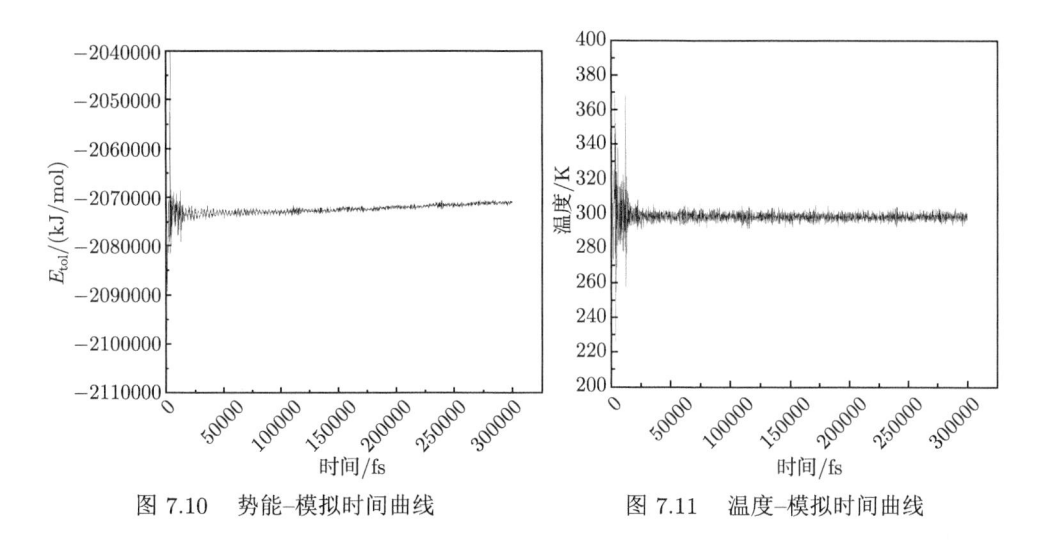

7.5.6　普通碳纤维/混凝土界面模型

同多尺度纤维/混凝土界面模型类似,首先调整中间有孔隙的混凝土凝胶晶胞模型中的孔隙大小,确保其与 7.5.2 节所建立的碳纤维模型大小相同,之后将其置入碳纤维三维晶胞中。同样设置碳纤维、混凝土基体的距离为 0.3 ~ 0.4 nm,置入过程中适当调整混凝土与碳纤维之间的距离和位置,使混凝土与碳纤维之间有充分的范德瓦耳斯力、氢键吸引作用,同时确保混凝土与碳纤维不重叠。所建立碳纤维/混凝土复合材料初始界面模型如图 7.12 所示。

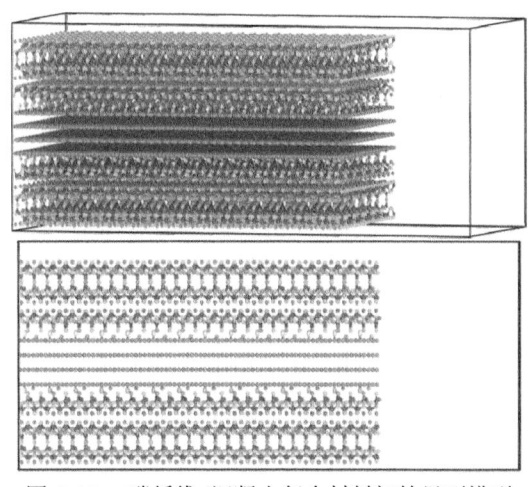

图 7.12　碳纤维/混凝土复合材料初始界面模型

与多尺度纤维增强混凝土类似,在 NVT 系综、300 K 温度下,对碳纤维/混凝土复合材料体系进行分子动力学模拟，时间步长与前文类似，温度控制方法同样采用 Nose-Hoover 法。其势能−模拟时间曲线见图 7.13，温度−模拟时间曲线见图 7.14，可以看出，当模拟步长达到 6000 步时，系统势能趋于稳定，且温度在目标值附近波动。稳定后即可得到普通碳纤维/混凝土界面模型。

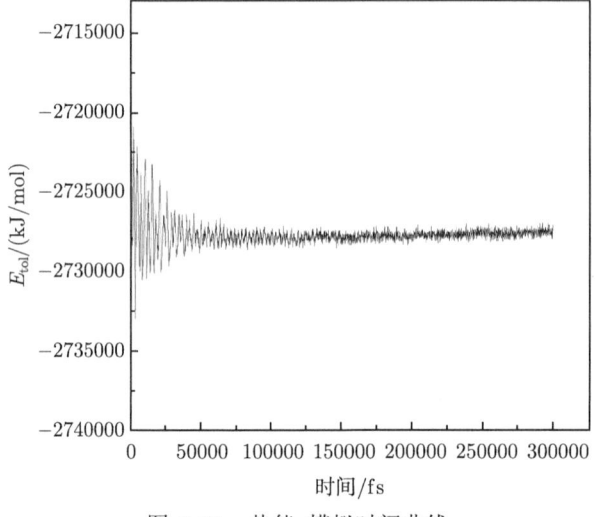

图 7.13　势能−模拟时间曲线

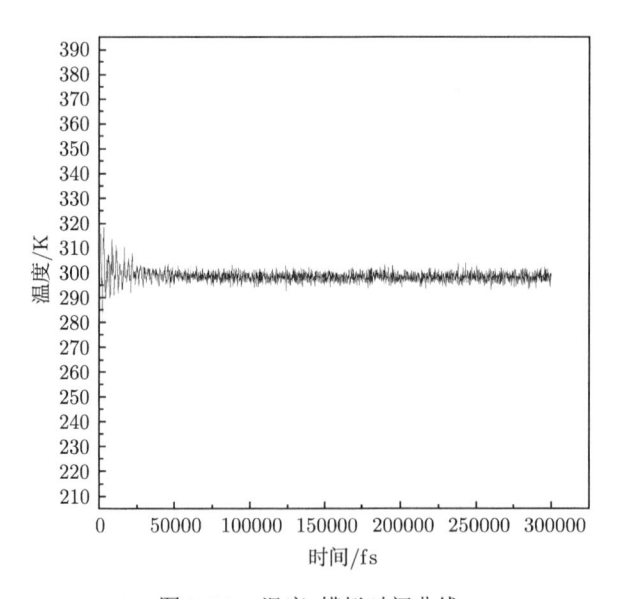

图 7.14　温度−模拟时间曲线

7.5.7 多尺度纤维/环氧树脂界面模型

与前文类似，在之前建立的碳纤维模型的基础上，在上下两个表面分别引入 9 根 50 Å 和 5 根 25 Å 的碳纳米管，并随机排列，之后利用 MS Amorphous 模块，将固化剂分子与环氧树脂分子按照 50%比例进行共混并置入包含碳纳米管的碳纤维晶胞模型中，根据晶胞参数及聚合物密度，设定固化剂分子个数为 160，环氧树脂分子个数为 320，共混后环氧树脂密度设定为 1.1 g/cm^3。之后利用交联脚本实现环氧树脂的交联固化，在环氧树脂的固化完成后，环氧树脂与碳纤维表层之间有充分的范德瓦耳斯力和氢键作用，建立环氧树脂固化后与多尺度纤维的初始界面模型，如图 7.15 所示。

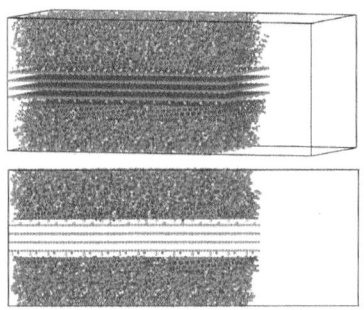

图 7.15　多尺度纤维/环氧树脂复合材料初始界面模型

该部分同样采用 NVT 系综，在 300 K 温度下对环氧树脂/多尺度纤维界面进行分子动力学模拟计算，模拟时间同样为 10 ps，时间步长为 1 fs，温度控制方法与前文类似。其势能-模拟时间曲线见图 7.16，温度-模拟时间曲线见图 7.17，

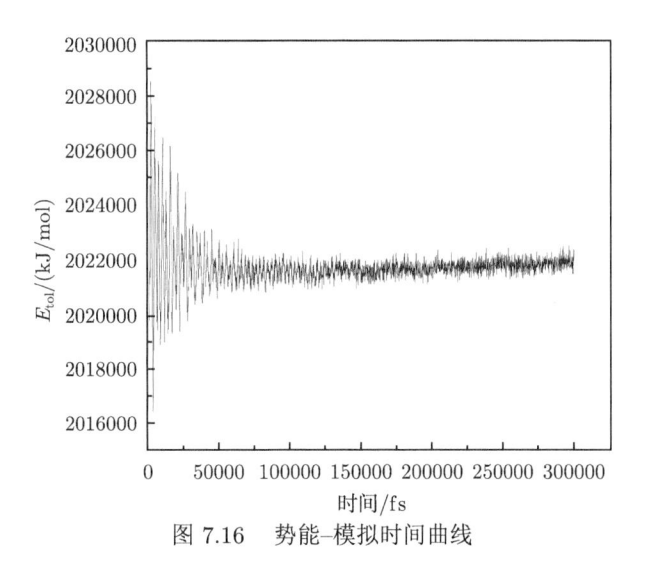

图 7.16　势能-模拟时间曲线

可以看出，当模拟步长达到 6000 步时，系统势能趋于稳定，且温度在目标值附近波动。稳定后即可得到多尺度纤维/环氧树脂界面模型。

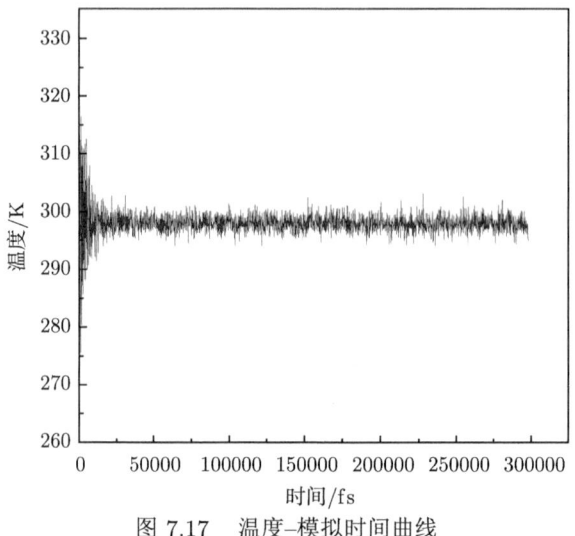

图 7.17 温度–模拟时间曲线

7.5.8 普通碳纤维/环氧树脂界面模型

环氧树脂分子动力学模型的建立过程与 7.5.7 节类似，在此不再赘述。建立环氧树脂固化后的复合材料初始界面模型，如图 7.18 所示。

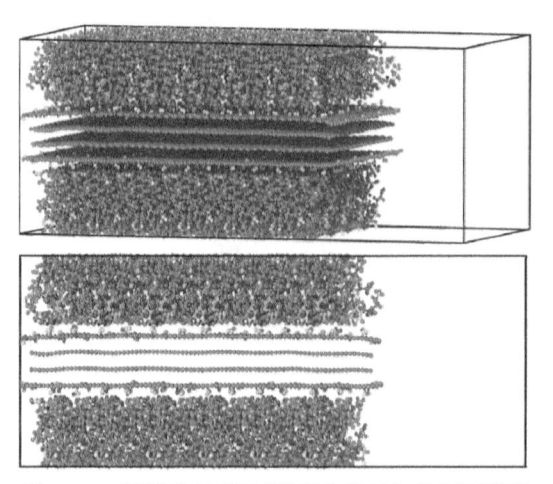

图 7.18 碳纤维/环氧树脂复合材料初始界面模型

与前文类似，采用 NVT 系综，在 300 K 温度下对碳纤维/环氧树脂界面进行分子动力学模拟计算，模拟时间同样为 10 ps，时间步长为 1 fs，温度控制方法

7.5 动力学模型的建立

与前文类似。其势能–模拟时间曲线见图 7.19，温度–模拟时间曲线见图 7.20。可以看出，当模拟步长达到 6000 步时，系统势能趋于稳定，且温度在目标值附近波动。稳定后即可得到普通碳纤维/环氧树脂界面模型。

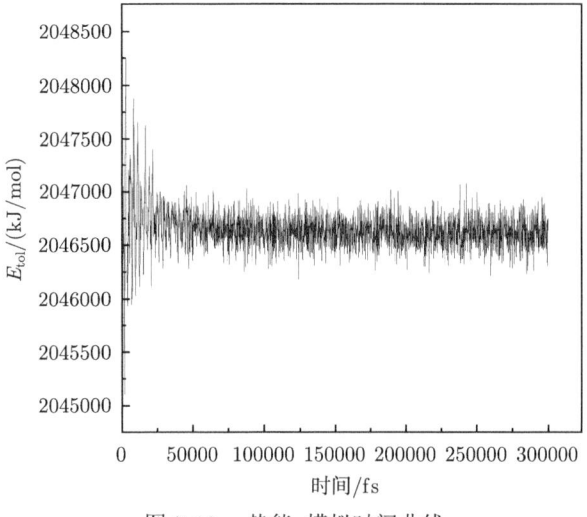

图 7.19 势能–模拟时间曲线

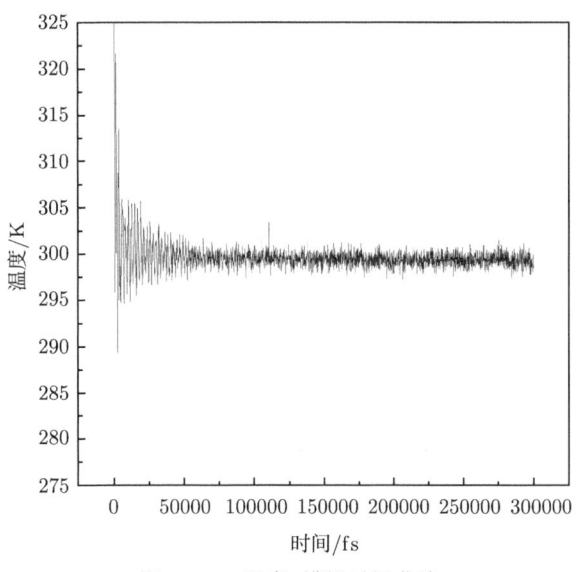

图 7.20 温度–模拟时间曲线

7.6 相互作用能与界面作用力的计算

建立好模型之后，对碳纤维/混凝土界面、碳纤维/环氧树脂界面、多尺度纤维/混凝土界面和多尺度纤维/环氧树脂界面拉拔进行模拟，拉拔过程如图 7.21 所示。

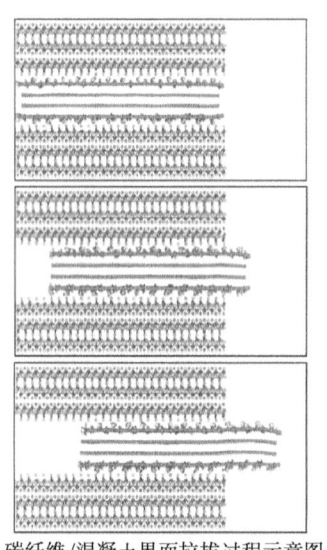

(a) 碳纤维/混凝土界面拉拔过程示意图 (b) 多尺度纤维/混凝土界面拉拔过程示意图

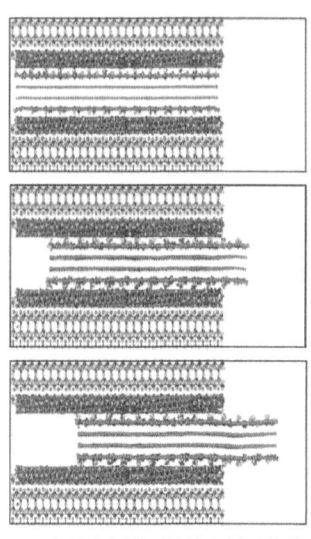

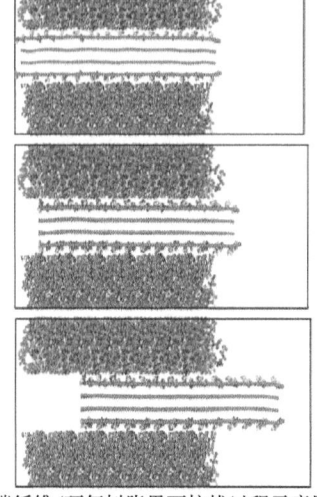

(c) 碳纤维/环氧树脂界面拉拔过程示意图 (d) 多尺度纤维/环氧树脂界面拉拔过程示意图

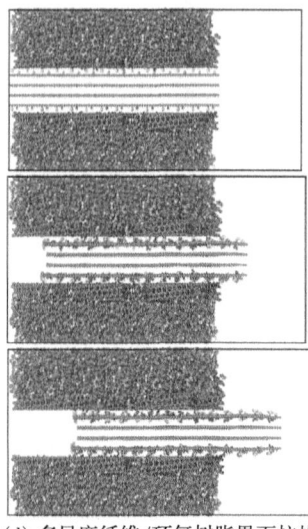

图 7.21　拉拔过程示意图

7.6 相互作用能与界面作用力的计算

查阅相关资料，在拉拔过程中，研究人员主要从相互作用能和最大拉拔力两个角度对拉拔模拟试验结果进行表征，因此，重点对碳纤维/混凝土界面、碳纤维/环氧树脂界面、多尺度纤维/混凝土界面和多尺度纤维/环氧树脂界面的相互作用能与最大拉拔力的变化情况进行研究，从分子角度定量地表征碳纤维、多尺度纤维在混凝土材料中的界面力学特性。

7.6.1 相互作用能

在分子动力学模拟中，相互作用能是表征复合材料界面性能的重要标准与依据，相互作用能负值越大，表示两者相互吸引作用越强，在拔出时所需要的外部能量就越大。

在 300 K 下通过分子动力学模拟得到的普通碳纤维/环氧树脂界面、多尺度纤维/环氧树脂界面、普通碳纤维/混凝土界面和多尺度纤维/混凝土界面稳定构相中随机选取 10 组，计算它们的相互作用能，计算结果见表 7.1。

表 7.1 不同纤维改性混凝土相互作用能

名称	相互作用能/(kJ/mol)
碳纤维/混凝土	−2222.58
碳纤维/环氧树脂	−3822.18
CNT-CF/混凝土	−6009.99
CNT-CF/环氧树脂	−4439.45

研究发现，普通碳纤维/混凝土界面相互作用能为 −2222.58 kJ/mol，多尺度纤维/混凝土界面相互作用能为 −6009.99 kJ/mol，普通碳纤维/环氧树脂界面相互作用能为 −3822.18 kJ/mol，而多尺度纤维/环氧树脂界面相互作用能为 −4439.45 kJ/mol。在相互作用能定义中，负值代表两者相互吸引，即在加入纤维后，纤维与混凝土或环氧树脂分子均存在相互吸引作用，但相对于普通碳纤维，多尺度纤维与混凝土或环氧树脂的吸引作用更强。这是因为相同长度下，多尺度纤维的比表面积更大，与混凝土或环氧树脂的接触面积更大，分子间吸引力更强。这意味着多尺度纤维从环氧树脂或混凝土中拔出时需要更多的能量与功，因此，多尺度纤维更加难以拔出。

7.6.2 最大拉拔力

最大拉拔力是对纤维拉拔过程所需拉力的直接表征，碳纤维/混凝土界面、碳纤维/环氧树脂界面、多尺度纤维/混凝土界面和多尺度纤维/环氧树脂界面的最大拉拔力如表 7.2 所示。

界面剪切强度计算公式如下：

$$\text{IFSS} = \frac{F_{\max}}{\pi d_f L_e} \tag{7.22}$$

表 7.2　不同纤维改性混凝土最大拉拔力

名称	最大拉拔力/nN
碳纤维/混凝土	11.54
碳纤维/环氧树脂	12.18
CNT-CF/混凝土	17.78
CNT-CF/环氧树脂	16.82

由于多尺度纤维是由普通碳纤维制备而成的，其直径与普通碳纤维相比未发生变化，同时，在试验中认为纤维在环氧树脂中所包裹的长度不变，因此界面剪切强度 (IFSS) 只与环氧树脂脱黏时的最大荷载 $F_{\max}$ 有关，在分析时可以直接选取模拟中最大拉拔力的增大幅度与试验中界面剪切强度的增大幅度进行对比。

在模拟中，多尺度纤维/环氧树脂界面的最大拉拔力为 16.82 nN，而碳纤维/环氧树脂界面的最大拉拔力为 12.18 nN，相比而言增大了 38.1%。而在前文中，通过界面剪切试验证实，多尺度纤维/环氧树脂界面相较于普通碳纤维/环氧树脂界面，界面剪切强度增大 40.8%，两者结果较为相近，证实在分子动力学模拟中对碳纤维的假设是可信的。

对普通碳纤维/混凝土界面、多尺度纤维/混凝土界面进行分析，结果发现，在碳纤维/混凝土界面中最大拉拔力为 11.54 nN，而多尺度纤维/混凝土界面中最大拉拔力为 17.78 nN，大约提高了 54.1%，多尺度纤维/混凝土界面的界面性能更好，更不易拔出。其原因主要有两点：① 相比于碳纤维，多尺度纤维的比表面积更大，其表面附着的碳纳米管增大了纤维与混凝土的接触面积，纤维与混凝土之间的分子吸引力更强；② 多尺度纤维表面更加粗糙，其表面附着的碳纳米管能够深入混凝土内部并被混凝土包裹，使纤维更加不易拔出。以上两种因素综合作用，使得多尺度纤维在拔出时需要更多的力与功。

由此可见，在普通碳纤维表面附着一层碳纳米管可以有效提高纤维/混凝土界面间的力学性能，多尺度纤维与碳纤维两者界面的不同是两种混凝土力学性能不同的主要原因之一。

7.7　小　　结

本章通过分子动力学模拟，对多尺度纤维、普通碳纤维在混凝土、环氧树脂中进行拉拔模拟，最后利用最大拉拔力和相互作用能，定量地描述多尺度纤维与普通纤维的界面力学性质，结论如下所述。

(1) 通过所建立的多尺度纤维增强混凝土和环氧树脂模型的拉拔试验结果与界面剪切试验数值进行对比，发现两者数值较为接近，证实了将碳纤维简化为 4 层石墨片层的理论可行性。

7.7 小　　结

(2) 相比于普通碳纤维，无论外部介质是环氧树脂还是混凝土，多尺度纤维的相互作用能负值均有明显提高，这代表着多尺度纤维与环氧树脂或混凝土的相互吸引力更强，因此多尺度纤维更加难以拔出。

(3) 通过研究证实，对于纤维与基体的最大拉拔力，在环氧树脂基体中由碳纤维的 12.18 nN 提高到多尺度纤维的 16.82 nN，提升约 38.1%；在混凝土基体中由碳纤维的 11.54 nN 提高到多尺度纤维的 11.78 nN，提升约 54.1%。本研究从分子模拟角度证明了在碳纤维表面接枝碳纳米管改性混凝土力学性能试验思路的正确性与可行性。

第 8 章 多尺度纤维增强混凝土的微观结构及机理分析

8.1 引　言

材料的微观形态、孔隙结构等是影响其整体物理力学性质的关键因素，对材料的微观结构进行研究，可以从本质上解释材料所表现出的宏观性能[208]。混凝土作为一种内部含有许多原生孔隙及微裂纹的非均质复合材料，其力学行为与微观结构之间有着紧密的联系，将碳纳米管-碳纤维复合多尺度纤维 (CNT-CF) 加入混凝土基体中，势必会造成混凝土微观结构的改变，最终引起混凝土宏观性能的相应变化。因此，多尺度纤维增强混凝土 (CMFRC) 的微观特性研究是阐明其宏观力学性能变化规律的重要依据。鉴于目前学者在 CMFRC 微观形貌、孔结构特征，以及 CNT-CF 与混凝土基体界面黏结特点等方面的分析较少，有必要针对 CMFRC 的微观结构特性进行相关研究，从而更好地认识其宏观力学性能与改性机理，为进一步优化 CMFRC 材料的制备并推广其在工程中的实际应用提供理论支撑。

本章通过进行混凝土样品的 X 射线衍射 (XRD) 试验、扫描电子显微镜 (SEM) 测试以及压汞试验 (MIP)，对比分析 CMFRC 的微观形貌和孔结构特征，与力学试验结果相互验证、互为补充，同时结合纤维增强体的多尺度结构设计思想，在微观层面探究 CNT-CF 对混凝土宏观力学性能的影响机制，并提出 CMFRC 各组分构成的微观结构物理模型。

8.2 微观结构测试与分析

8.2.1 试样准备及测试仪器

本研究微观测试所用试样均选取静态抗压试验中试件破坏后的碎块制备。样品准备方法为：在混凝土试件受压破坏后的中间部位选取粒径大约为 5 mm 的碎块，将所选样品用无水乙醇清洗、浸泡，48 h 后取出并置于干燥箱内烘干备用。扫描电子显微镜测试时，需首先对样品表面进行镀金处理，以获得高质量的观察效果；压汞试验前，应准确称量并记录样品质量。微观测试过程中所使用的试验仪器如下所述。

8.2 微观结构测试与分析

(1) 扫描电子显微镜：采用如图 8.1 所示的 JSM-6700F 型冷场场发射扫描电子显微镜，生产厂家为日本电子株式会社。可观察物体二次电子像、背散射电子像；分辨率为 1.0 nm (15 kV)、2.2 nm (1 kV)；放大倍数为 ×25～×300000。

(2) 离子溅射仪：采用如图 8.2 所示的 ETD-800 型全自动离子溅射仪，制造方为北京博远微纳科技有限公司。靶材材质为金、银、铂等；溅射速率优于 40 nm/min；最高真空度为 4×10^{-2} mbar；离子电流为 50 mA (最大)；工作电流为 20 mA。

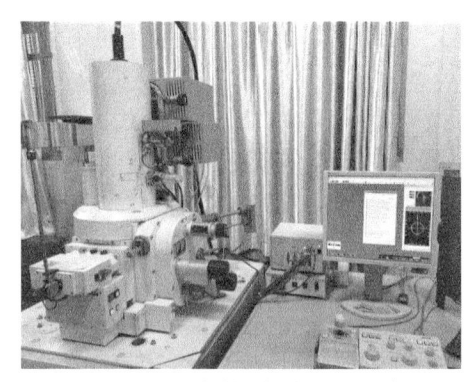

图 8.1　场发射扫描电子显微镜

图 8.2　ETD-800 型全自动离子溅射仪

(3) 压汞仪：采用如图 8.3 所示的 PoreMaster 33GT 型全自动压汞仪，制造方为美国康塔仪器公司。孔分布测定范围为 6.4 nm～950 μm；压力范围为 20～33000 psia。

(4) X 射线衍射仪：采用如图 8.4 所示的 X 射线衍射仪，型号为德国 Bruker 公司的 D8 Advance，是目前最先进的 X 射线衍射仪之一，能够对多种样品进行分析和精准测量。试验时，首先将 0.5 g 试样研磨过 200 目筛，然后放入试样进行扫描，扫描角度为 5°～90°，扫描速度为 8(°)/min。

图 8.3　全自动压汞仪

图 8.4　X 射线衍射仪

(5) 电子分析天平：采用上海精科天美科学仪器有限公司生产的 FA2204C 型高性能分析天平。可读性精度为 0.1 mg；称量范围为 0~220 g。

8.2.2 基于 SEM 试验技术的微观形貌特征分析

本研究对 CMFRC 的微观形貌特征进行了观测，CNT-CF 样品和 CMFRC 样品的微观形貌分别如图 8.5、图 8.6 所示。从 SEM 照片中可以看出，CMFRC 的微观结构相对疏松，而 CNT-CF 增强混凝土的微观结构则相对更加密实。CNT-CF 表面被一层致密的水化产物所包裹，而且其与基体之间的界面连接更加紧密，能够达到理想的黏结效果，起到良好的增强、增韧作用。这一方面是由于碳纳米管的存在促进了多尺度纤维–基体界面过渡区水泥的水化，另一方面是由于 CNT-CF 表面的碳纳米管填充了界面处的纳米孔隙，促使过渡区致密性增加。这都可以说明水泥水化产物已经渗透到 CNT-CF 表面的碳纳米管沉积层。同时可以发现，CNT-CF 在水泥基体中具有较好的分散性，主要分布形式为单丝状态，并且被水泥水化产物紧紧包裹，与基体结合十分紧密。而碳纤维表面则较为光滑，几乎无水化产物。当 CNT-CF 的体积掺量适度时，CNT-CF 在混凝土基体中分散均匀，可在微米、纳米尺度填充基体的孔洞等缺陷，密实基体结构。此外，当混凝土基体中的 CNT-CF 体积掺量较高时，CNT-CF 同样难以达到均匀分散的效果，从而发生团聚成束的现象。

图 8.5 CNT-CF 样品的微观形貌

沉积在 CNT-CF 表面的碳纳米管能够促进界面过渡区的水泥水化、填充界面处的微裂隙，同时碳纳米管可在混凝土承受荷载时起到抵抗外力和传递荷载的作用。在混凝土受荷破坏过程中，CNT-CF 表面的碳纳米管有拔出、剥离和断裂三种失效形式[168]。当混凝土承受外界荷载时，水泥石基体将荷载通过碳纳米管传递给 CNT-CF 的主体部分 (碳纤维)，而碳纳米管也会消耗能量，阻止界面过渡区裂缝的产生。当碳纳米管承受到的应力比其与基体之间的黏结强度大时，碳

8.2 微观结构测试与分析

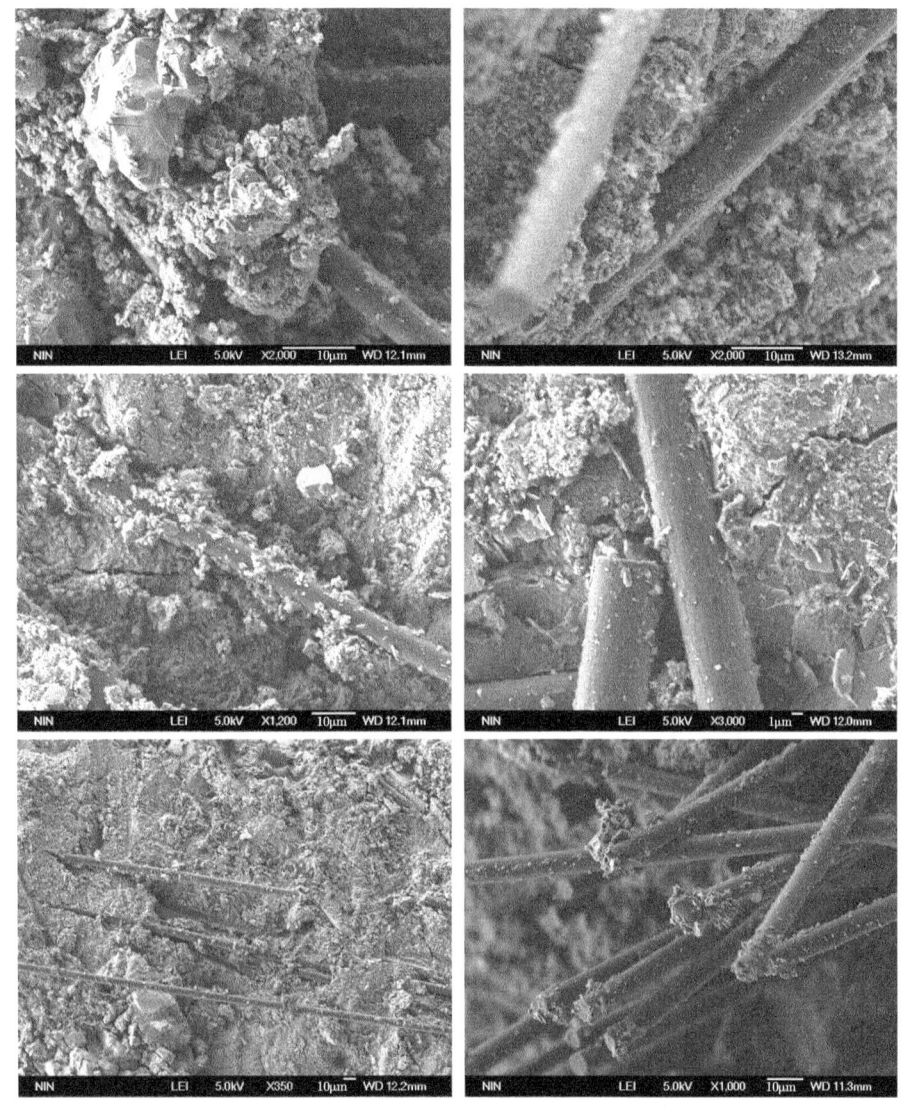

图 8.6 CMFRC 样品的微观形貌

纳米管被从界面过渡区拔出;而当碳纳米管与基体间的黏结力比碳纳米管与碳纤维之间的接枝强度大时,碳纳米管则从碳纤维表面剥离脱落或断裂。此外,可以观察到在界面结合区生长有许多水泥水化产物,将界面充分填密。在受到冲击荷载作用时,CNT-CF 在水泥浆体中乱向分布,横穿连接冲击裂缝,承担部分应力,吸收部分能量,从而延缓裂缝的开展,提高混凝土强度及韧性。总之,碳纳米管和碳纤维跨尺度组合形成 CNT-CF,能够在混凝土中起到协同增益作用,充分增强了 CNT-CF 与基体的界面黏结性能,弥补了常规纤维增强体系存在的不足[209]。

CMFRC 的微观形貌分析结果表明，CNT-CF 与水泥石基体之间界面黏结性能更优越的原因主要在于：CNT-CF 表面沉积的碳纳米管通过与界面过渡区的水化产物结合，填充界面过渡区的纳米裂隙，在纤维–基体界面处形成更强的连接体系。CNT-CF 微纳多尺度结构的存在进而显著提升了混凝土材料的整体力学性能。

8.2.3　基于 MIP 试验技术的孔隙结构特征分析

针对混凝土内部孔隙尺寸的大小，我国混凝土科学领域专家吴中伟院士提出了 "孔级配"[210] 的概念，并根据孔隙尺寸对混凝土结构的危害程度依次将孔径划分为无害 (<20 nm)、少害 (20~50 nm)、有害 (50~200 nm)、多害 (>200 nm) 四个等级 [211,212]。同时，对采用压汞法测得的孔隙结构分布特征，可按照孔径大小将孔隙归类为小于 10 nm 的凝胶孔，10~100 nm 的过渡孔，100~1000 nm 的毛细孔以及超过 1000 nm 的大孔 [213,214]。

图 8.7 ~ 图 8.10 分别为普通混凝土、碳纤维增强混凝土、多尺度纤维增强混凝土和碳纳米管增强混凝土的孔径分布微分曲线。普通混凝土、碳纤维增强混凝土、多尺度纤维增强混凝土和碳纳米管增强混凝土孔隙特征参数分别列于表 8.1 ~ 表 8.4。

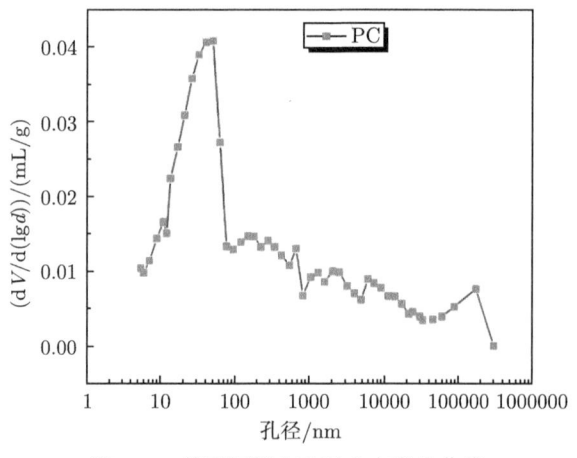

图 8.7　普通混凝土孔径分布微分曲线

为了更直观地对试验结果进行对比分析，如图 8.11 和图 8.12 所示，分别绘制普通混凝土与碳纤维增强混凝土四种不同类型孔隙所占比例分布及孔隙量分布。

观察图 8.11 可知，加入碳纤维后，在混凝土内部过渡孔所占比例有一定降低，而大孔所占比例却有一定程度增加，凝胶孔和毛细孔所占比例未发生明显变化。碳纤维增强混凝土孔隙变化的原因主要有以下三点。

(1) 纤维对混凝土的填充作用导致过渡孔含量有所降低。

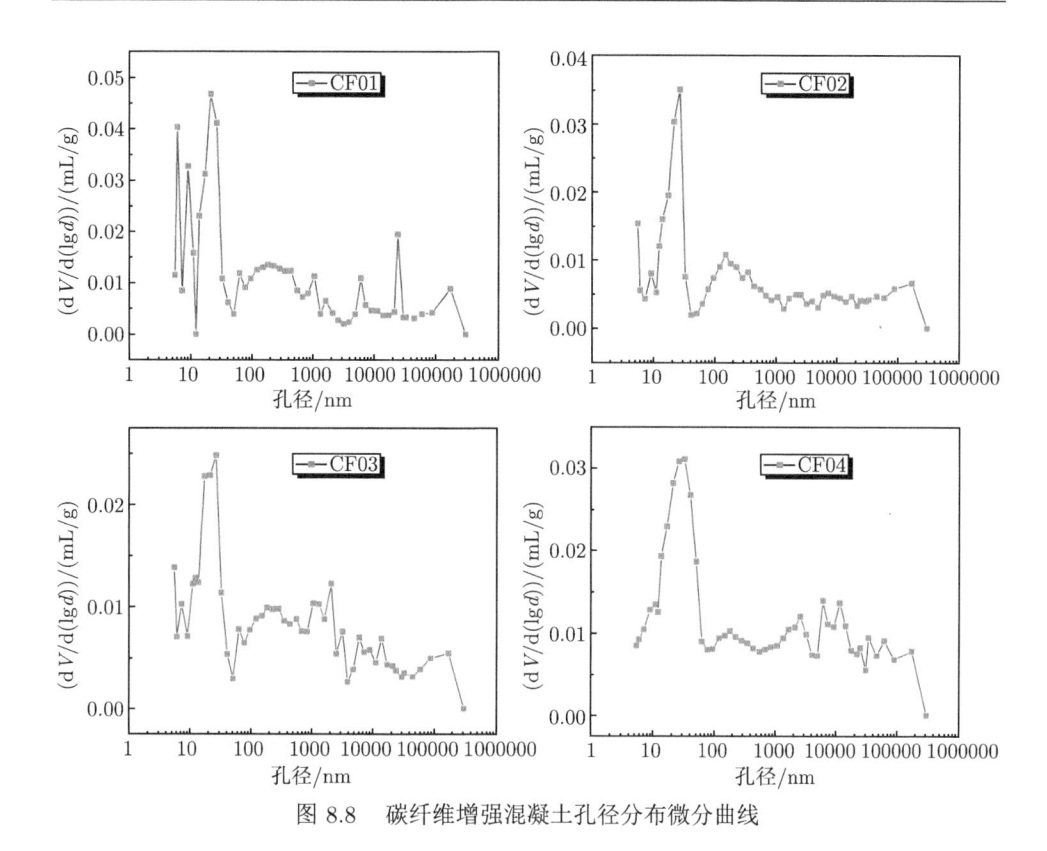

8.2 微观结构测试与分析

图 8.8 碳纤维增强混凝土孔径分布微分曲线

(2) 随着碳纤维掺量的不断增加,碳纤维分散不均匀,混凝土内部碳纤维容易聚集成团,引入气泡,从而导致大孔隙增加。

(3) 前文研究证实,在碳纤维与混凝土界面之间存在界面过渡区,相比于混凝土基体,界面过渡区孔隙占比较高。过量的纤维会引入更多的界面过渡区,导致混凝土内部大孔所占比例变大。

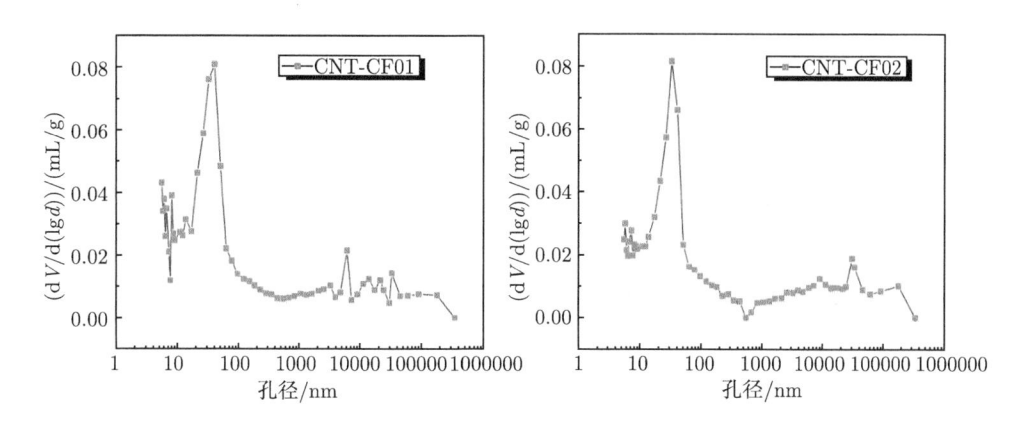

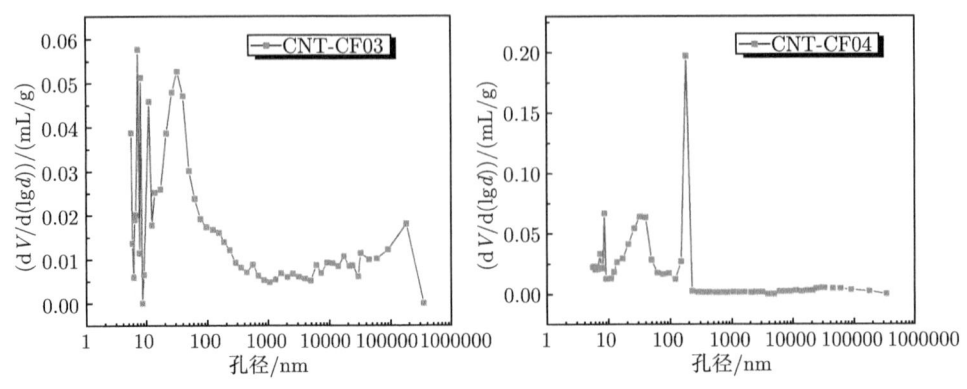

图 8.9　多尺度纤维增强混凝土孔径分布微分曲线

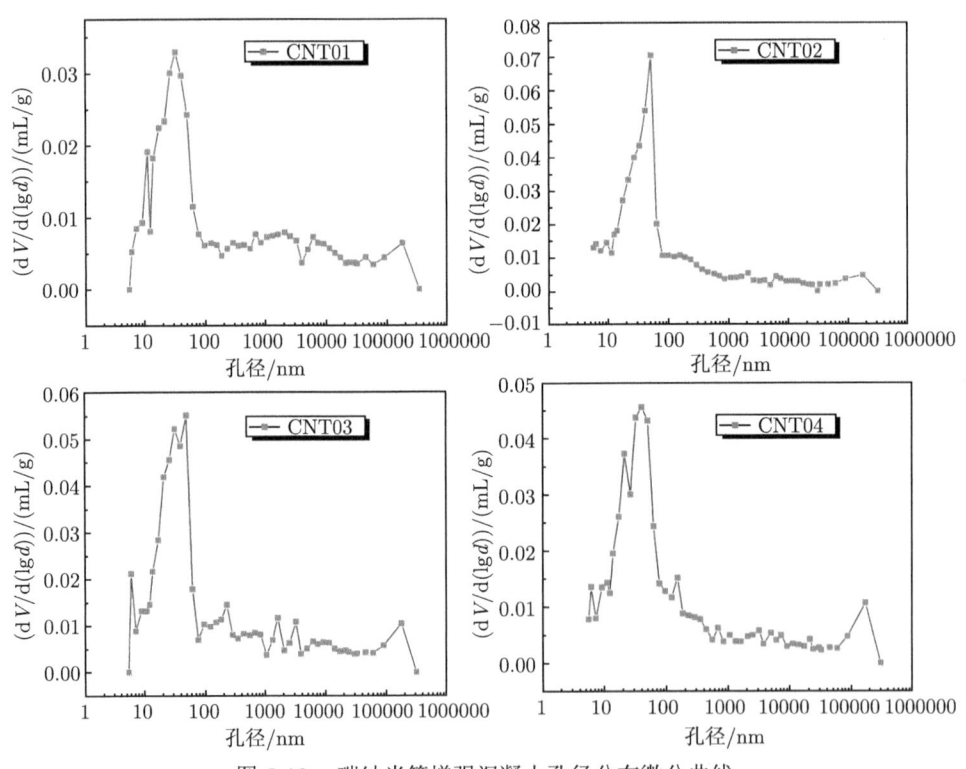

图 8.10　碳纳米管增强混凝土孔径分布微分曲线

表 8.1　普通混凝土的孔隙特征参数

试样编号	平均孔径/nm	孔隙比例/%			
		<10nm	10~100nm	100~1000nm	>1000nm
PC	42.0	5.9	47.6	19.6	26.9

8.2 微观结构测试与分析

表 8.2 碳纤维增强混凝土的孔隙特征参数

试样编号	平均孔径/nm	孔隙比例/%			
		<10nm	10~100nm	100~1000nm	>1000nm
CF01	29.1	14.5	37.5	21.0	27
CF02	39.1	6.5	38.4	20.7	34.4
CF03	41.0	7.2	34.2	22.0	36.6
CF04	46.2	5.9	37.4	15.4	41.3

表 8.3 多尺度纤维增强混凝土各组试样的孔隙特征参数

试样编号	平均孔径/nm	孔隙比例/%			
		<10nm	10~100nm	100~1000nm	>1000nm
CNT-CF01	30.9	10.8	52.3	9.6	27.2
CNT-CF02	32.7	9.6	51.0	8.1	31.3
CNT-CF03	36.1	7.9	46.2	13.1	32.7
CNT-CF04	32.3	10.0	49.1	31.6	9.3

表 8.4 碳纳米管增强混凝土各组试样的孔隙特征参数

试样编号	平均孔径/nm	孔隙比例/%			
		<10nm	10~100nm	100~1000nm	>1000nm
CNT01	41.8	5.0	48.9	13.7	32.4
CNT02	32.9	8.0	62.7	13.5	15.8
CNT03	38.0	6.3	54.0	14.8	24.9
CNT04	36.7	6.5	57.2	14.6	21.7

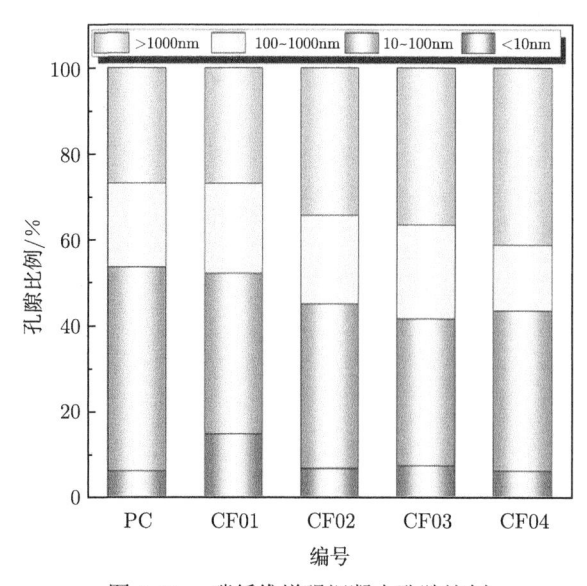

图 8.11 碳纤维增强混凝土孔隙比例

同时，观察图 8.12 发现，碳纤维增强混凝土孔隙量随着纤维掺量的增加呈现出先降低后增加的趋势。这是因为在刚开始时，碳纤维加入量较少，相对而言碳纤维分散较为均匀，同时少量碳纤维引入的界面过渡区有限，此时碳纤维对混凝土内部孔隙以孔隙填充作用为主。但随着碳纤维掺量的增加，碳纤维无法均匀分散，易发生团聚现象，且过量的碳纤维会引入气泡，团聚的碳纤维也无法对混凝土内部孔隙起到良好的填充，同时，过量的纤维也会引入更多的界面过渡区，导致混凝土孔隙量变大。

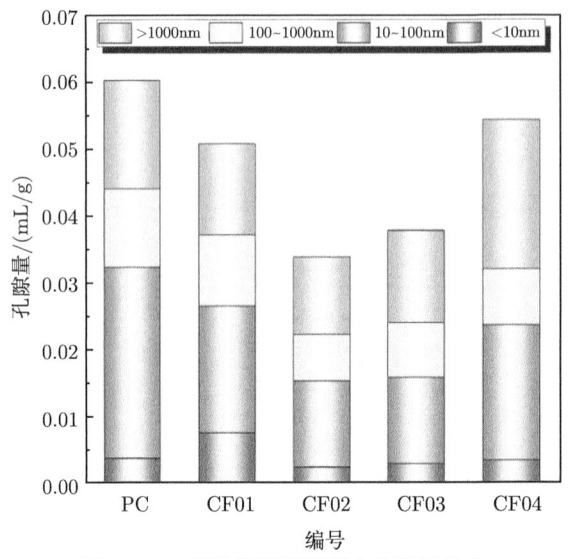

图 8.12 碳纤维增强混凝土孔隙量分布

在对多尺度纤维增强混凝土孔隙进行分析时，与碳纤维增强混凝土类似，首先绘制普通混凝土和多尺度纤维增强混凝土中四种不同类型孔隙所占比例分布与孔隙量分布，分别如图 8.13 和图 8.14 所示。

由孔隙比例分布图可以看出，随着多尺度纤维掺量的增加，除个别试样外，混凝土中大孔所占比例有一定增加，与之相反，过渡孔与毛细孔所占比例有一定降低，凝胶孔所占比例并未发生明显变化。引起多尺度纤维增强混凝土孔隙变化的原因主要有以下两点：

(1) 碳纤维及其表面附着的碳纳米管对过渡孔和毛细孔有较好填充作用，导致过渡孔与毛细孔含量降低；

(2) 随着多尺度纤维掺量的增加，其越来越难以分散，在混凝土中引入气泡，导致大孔隙增多。

观察图 8.14，多尺度纤维增强混凝土孔隙量分布总体呈现出先增加后降低的趋势，这是因为纤维与混凝土界面处水灰比较大，后期水分蒸发后会在表面留下

8.2 微观结构测试与分析

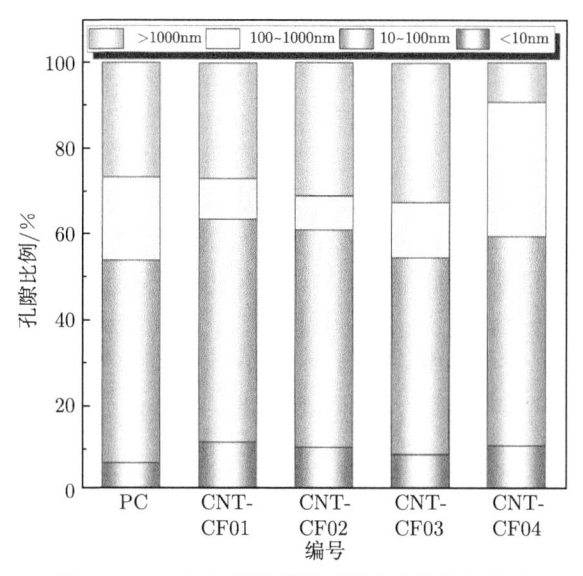

图 8.13 多尺度纤维增强混凝土孔隙比例分布

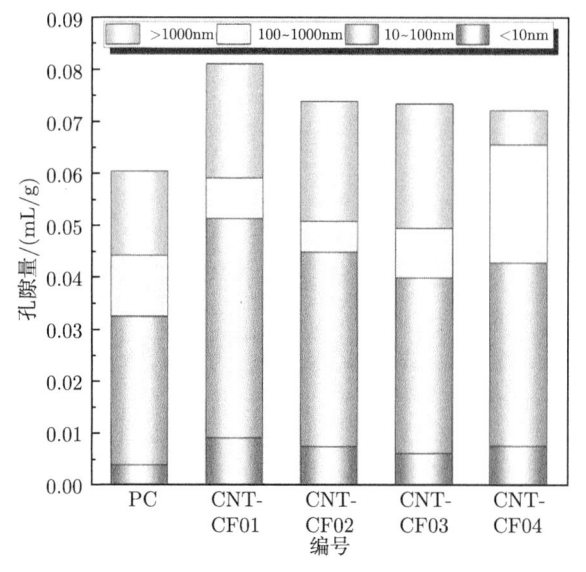

图 8.14 多尺度纤维增强混凝土孔隙量分布

孔隙,但相对于碳纤维,多尺度纤维表面附着一层碳纳米管,碳纳米管的存在可以起到对孔隙的填充作用。当多尺度纤维掺量较低时,少量的纤维中所携带的碳纳米管不足以填充水分蒸发所留下的孔隙,导致孔隙量增大;当多尺度纤维掺量过大时,虽然多尺度纤维会引入气泡,水分蒸发后也会留下孔隙,但更多的多尺度纤维会带入更多的碳纳米管，同时大量加入多尺度纤维时纤维分散性变差，容易聚集，导致碳纳米管分布集中，这些碳纳米管的存在填充了水分蒸发留下的孔隙。同时前文研究证实，碳纳米管的存在能够促进混凝土水化。以上两种因素的综合作用在一定程度上抵消了多尺度纤维界面处的孔隙，导致多尺度纤维增强混凝土孔隙量降低。但由于多尺度纤维中碳纳米管与碳纤维相连接，混凝土内部碳纳米管并非自由分布，因此只能对多尺度纤维周围孔隙进行填充，无法有效填充混凝土基体中的大孔隙，因此混凝土中大孔所占比例有一定程度增加。

在对碳纳米管增强混凝土孔隙进行研究时，与碳纤维增强混凝土和多尺度纤维增强混凝土相似，首先绘制普通混凝土和碳纳米管增强混凝土四种不同类型孔隙所占比例分布与孔隙量分布，分别如图 8.15 和图 8.16 所示。

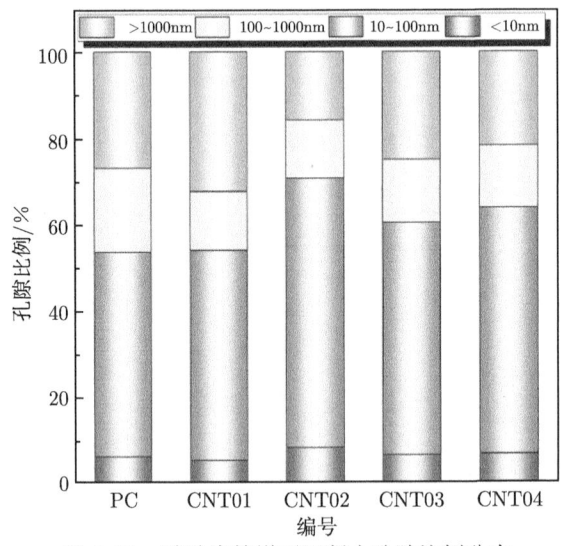

图 8.15　碳纳米管增强混凝土孔隙比例分布

观察图 8.15 发现，与碳纤维增强混凝土、多尺度纤维增强混凝土不同，随着碳纳米管的加入，碳纳米管增强混凝土孔隙中大孔隙含量有所降低。产生这种现象的原因主要有以下几点。

(1) 不同于常规材料，纳米材料非常微小，相对于碳纤维和多尺度纤维，碳纳米管更容易均匀分布于材料中，虽然纳米材料尺寸较小，无法有效对混凝土中的大孔进行填充，但却可以对大孔进行分割，使其变为过渡孔等其他孔，导致大孔隙含量降低。

(2) 相比于宏观材料，碳纳米管具有表面积大、表面活性强等特点，这些特点在一定程度上可以促进混凝土的水化，因此在碳纳米管增强混凝土中，混凝土水化更加均匀且充分，导致碳纳米管增强混凝土中大孔隙所占比例有所降低。

8.2 微观结构测试与分析

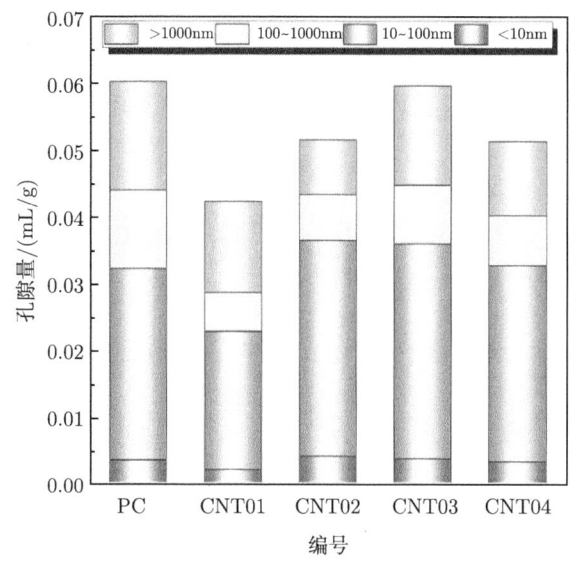

图 8.16 碳纳米管增强混凝土孔隙量分布

观察图 8.16，碳纳米管增强混凝土孔隙量变化规律不明显，这是因为碳纳米管过于细小，相对纤维分散更加均匀，但在碳纳米管增强混凝土内部总会有含量较多与较少区域，取样具有一定的离散性。但总体上，碳纳米管增强混凝土孔隙量明显低于普通混凝土，这是因为碳纳米管尺寸较小，对混凝土内部孔隙有一定填充，而且碳纳米管可以促进混凝土水化，使得混凝土更加密实。在这些因素综合作用下，碳纳米管增强混凝土的孔隙量、大孔比例均有一定降低，这说明碳纳米管对混凝土孔隙结构有一定优化，从而导致碳纳米管增强混凝土力学性能有所提高。

1. 孔结构理论与分析基础

大量研究认为，构成混凝土的材料在细观分布上具有一定的随机性，且这种随机性服从随机分布。同时，由于混凝土抗拉性能较差，在混凝土材料内部会不可避免地出现微裂缝等初始损伤，研究认为，这种初始损伤及损伤后期的演化也服从随机分布，同时在一定程度上表现出自相似性。在混凝土研究中常用到分形理论对上述微裂缝进行分析。

分形理论以几何学为基础，通过分形维数对混凝土中的自相似性和标度不变性等特性进行表征。目前研究人员利用分形理论对混凝土断裂力学行为、骨料分布特性、断裂能规律、孔隙分布特征、声发射特性等领域均有较为深入的研究。分形维数是对系统局部和整体以某种自相似方式集合的度量，是具有自相似对称性的几何现象，反映了复杂形体占有空间的有效性，是复杂形体不规则性和多孔物质不均匀程度的表征，因此，通过分形维数可以对混凝土内部孔隙的随机性和不均匀性进行有效表征，分形维数的值越大，代表混凝土的孔隙结构越复杂，不规则程度越大。目前对于分形维数的研究方法主要有吸附法、压汞法和 SEM 图像分析法等。本研究以混凝土中孔结构分析为基础，建立混凝土孔隙特征的数学表达式，并对孔隙分形维数进行研究。

首先假定混凝土内部所有孔隙均为刚性且形状均为圆柱形，可根据式 (8.1) 计算出孔隙的表面积。

$$A = 2\pi r l \tag{8.1}$$

式中，r 代表混凝土中孔隙的孔径；l 代表混凝土总孔隙的孔隙长度。

在试验时，压入该孔隙汞的表面能可通过式 (8.2) 计算。

$$W_1 = -2\pi r l \gamma \cos\theta \tag{8.2}$$

式中，γ 代表汞的表面张力；θ 代表汞的浸润角，在本试验中 θ 取 $130°$。

试验中，汞进入样品内部后，外力做的功可通过式 (8.3) 计算。

$$W_2 = p\pi r^2 l \tag{8.3}$$

在不计其他作用时，试验中压入该孔隙汞的表面能与外力做的功是相等的，联立式 (8.2) 和式 (8.3)，有

$$p_r = -2\gamma \cos\theta \tag{8.4}$$

目前，研究人员通常通过门格尔 (Menger) 海绵体分形模型和基于热力学关系而建立的分形模型对压汞试验的孔隙结构特征模型进行研究。

其中，Menger 分形模型的基本思想是在待测样品中选取一个立方体微元，然后对所选取的立方体微元进行等分，人为拟定一个规则去掉等分后微元内部的小立方体，按照此规则进行重复 (图 8.17)。在研究时，Menger 海绵体分形模型对混凝土做出基本假定，即将待测样品内部孔隙视为规则的立方体几何形状，但是很明显，混凝土内部的孔隙形状具有一定随机性，不可能符合规则几何形状的假设，该假设与实际中混凝土孔隙情况明显不符，贸然使用则会产生较大的误差，因此本研究采用基于热力学关系的分形模型进行计算。下面对该分形模型进行重点介绍。

在真空状态下，汞液在外部压力的作用下进入混凝土试样孔隙内部的过程中，根据能量守恒定律，式 (8.5) 成立。

$$\int_0^V p\mathrm{d}V = -\int_0^S \sigma \cos\theta \mathrm{d}S \tag{8.5}$$

式中，p 代表外界压力；σ 代表汞的表面张力；V 代表进汞量；S 代表所测试件的孔隙表面积；θ 代表汞浸润角，在本试验中 θ 取 $130°$。

8.2 微观结构测试与分析

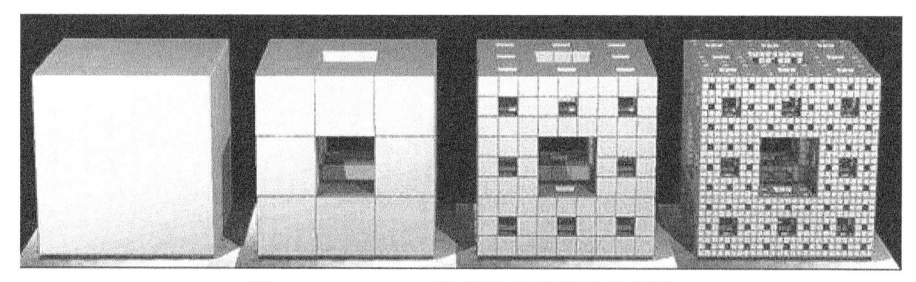

图 8.17 Menger 海绵体分形模型示意图

对式 (8.5) 进行离散化处理，得到式 (8.6)。

$$\sum_{i=1}^{n} \bar{p}_i \Delta V_i = C R_n^2 \left(V_n^{1/3}/R_n \right)^{D_\mathrm{p}} \tag{8.6}$$

式中，n 代表整个进汞阶段所施加压力的间隔数；$\bar{p}_i$ 代表第 i 次进汞的平均压力；ΔV_i 代表第 i 次进汞时的进汞量；R_n 代表第 n 次进汞的孔径；V_n 代表第 n 次进汞时的累积进汞量；D_p 代表孔表面积分形维数。

令 $W_n = \sum_{i=1}^{n} \bar{p}_i \Delta V_i$，$Q_n = V_n^{1/3}/R_n$，将其代入式 (8.6) 并取对数，有

$$\ln \left(W_n/R_n^2 \right) = D_\mathrm{p} \ln Q_n + \ln C \tag{8.7}$$

式 (8.7) 中，$\ln(W_n/R_n^2)$ 和 $\ln Q_n$ 可直接计算，对计算得出的 $\ln(W_n/R_n^2)$ 和 $\ln Q_n$ 进行线性分析，斜率则代表孔表面积的分形维数。

2. 计算结果与分析

根据分形模型的计算方法，首先，分别计算普通混凝土、碳纤维增强混凝土、多尺度纤维增强混凝土和碳纳米管增强混凝土的 $\ln(W_n/R_n^2)$ 与 $\ln Q_n$ 值，并对计算出的结果进行线性拟合求得孔表面积分形维数。

普通混凝土、碳纤维增强混凝土、多尺度纤维增强混凝土和碳纳米管增强混凝土的线性拟合结果分别如图 8.18 ~ 图 8.21 所示。

根据拟合结果，分别绘制碳纤维增强混凝土、多尺度纤维增强混凝土、碳纳米管增强混凝土的分形维数与掺量关系图，如图 8.22 所示。

由图 8.22 可以看出，碳纤维增强混凝土的分形维数随着纤维掺量的增加呈现出先增加后降低的趋势，在掺量为 0.1% 时达到最大值。与碳纤维增强混凝土相反，多尺度纤维增强混凝土的分形维数随着掺量的增加呈现出先降低后增加的趋势，在多尺度纤维掺量为 0.2% 时达到最小值。而碳纳米管增强混凝土的分形维数随着碳纳米管掺量的增加而出现一定波动，未出现明显峰值，但总体呈现增加趋势。

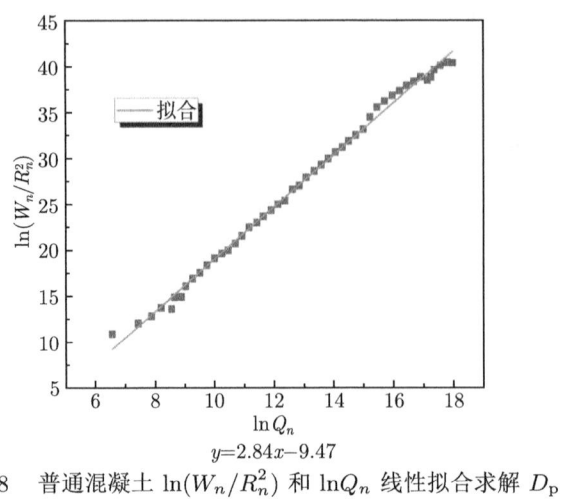

$y=2.84x-9.47$

图 8.18　普通混凝土 $\ln(W_n/R_n^2)$ 和 $\ln Q_n$ 线性拟合求解 $D_{\rm p}$

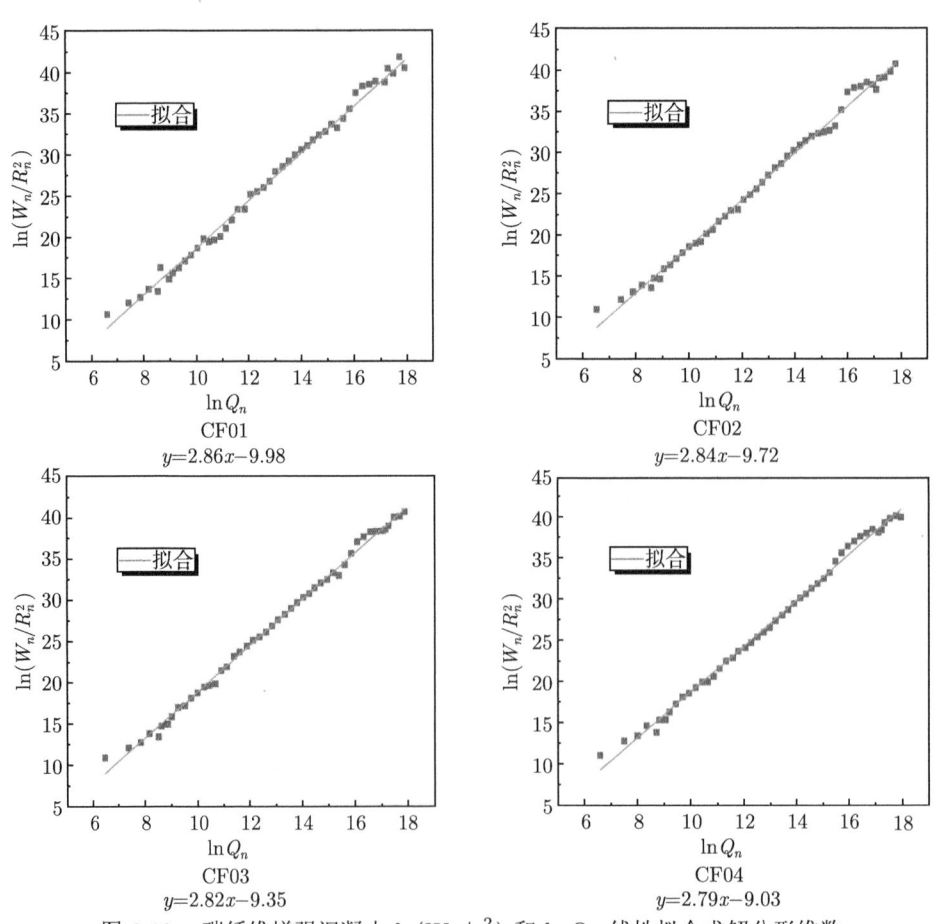

CF01
$y=2.86x-9.98$

CF02
$y=2.84x-9.72$

CF03
$y=2.82x-9.35$

CF04
$y=2.79x-9.03$

图 8.19　碳纤维增强混凝土 $\ln(W_n/r_n^2)$ 和 $\ln Q_n$ 线性拟合求解分形维数

8.2 微观结构测试与分析

CNT-CF01
$y=2.80x-9.07$

CNT-CF02
$y=2.79x-9.18$

CNT-CF03
$y=2.80x-9.46$

CNT-CF04
$y=2.83x-9.76$

图 8.20 多尺度纤维增强混凝土 $\ln(W_n/R_n^2)$ 和 $\ln Q_n$ 线性拟合求解分形维数

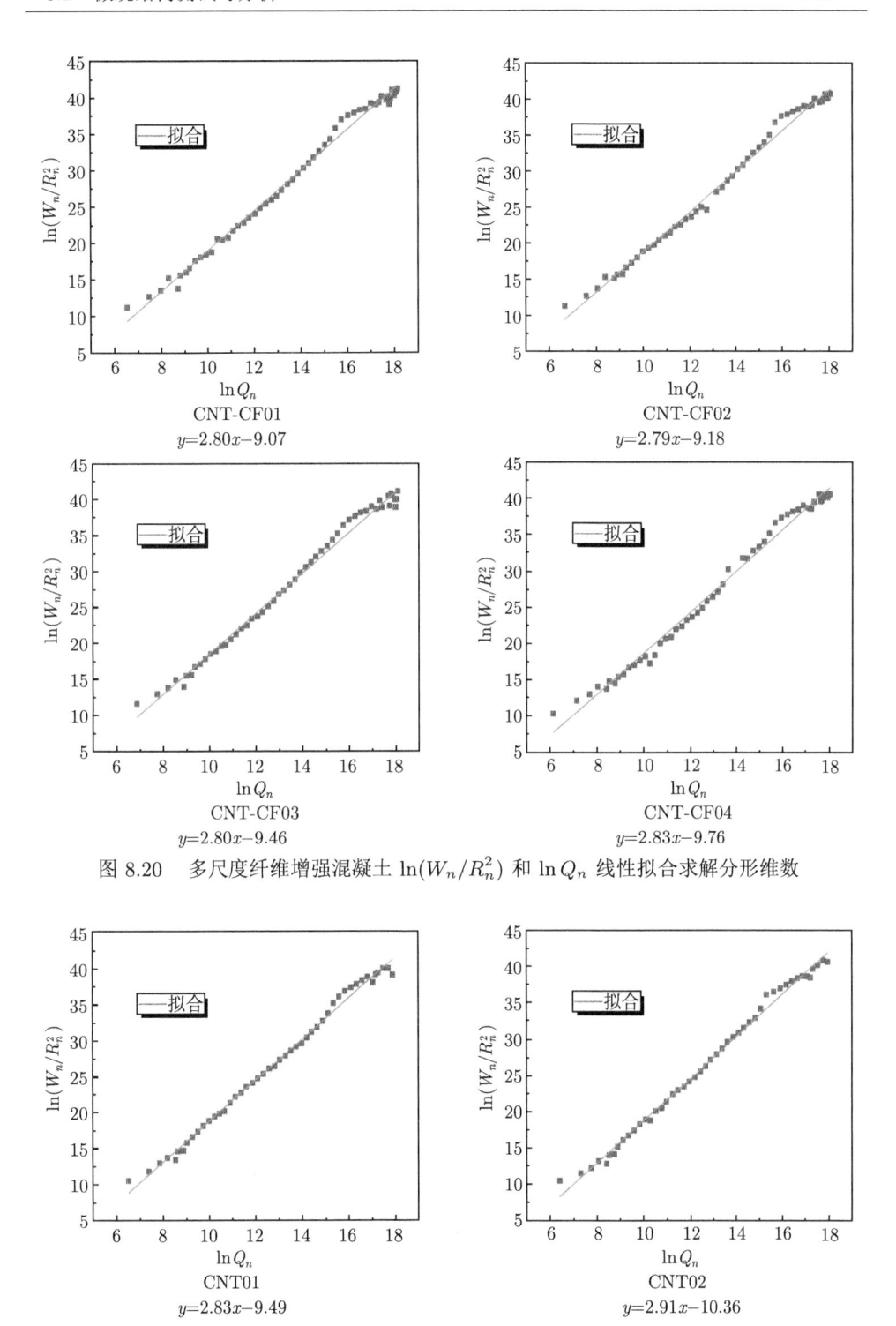

CNT01
$y=2.83x-9.49$

CNT02
$y=2.91x-10.36$

图 8.21　碳纳米管增强混凝土 $\ln(W_n/R_n^2)$ 和 $\ln Q_n$ 线性拟合求解分形维数

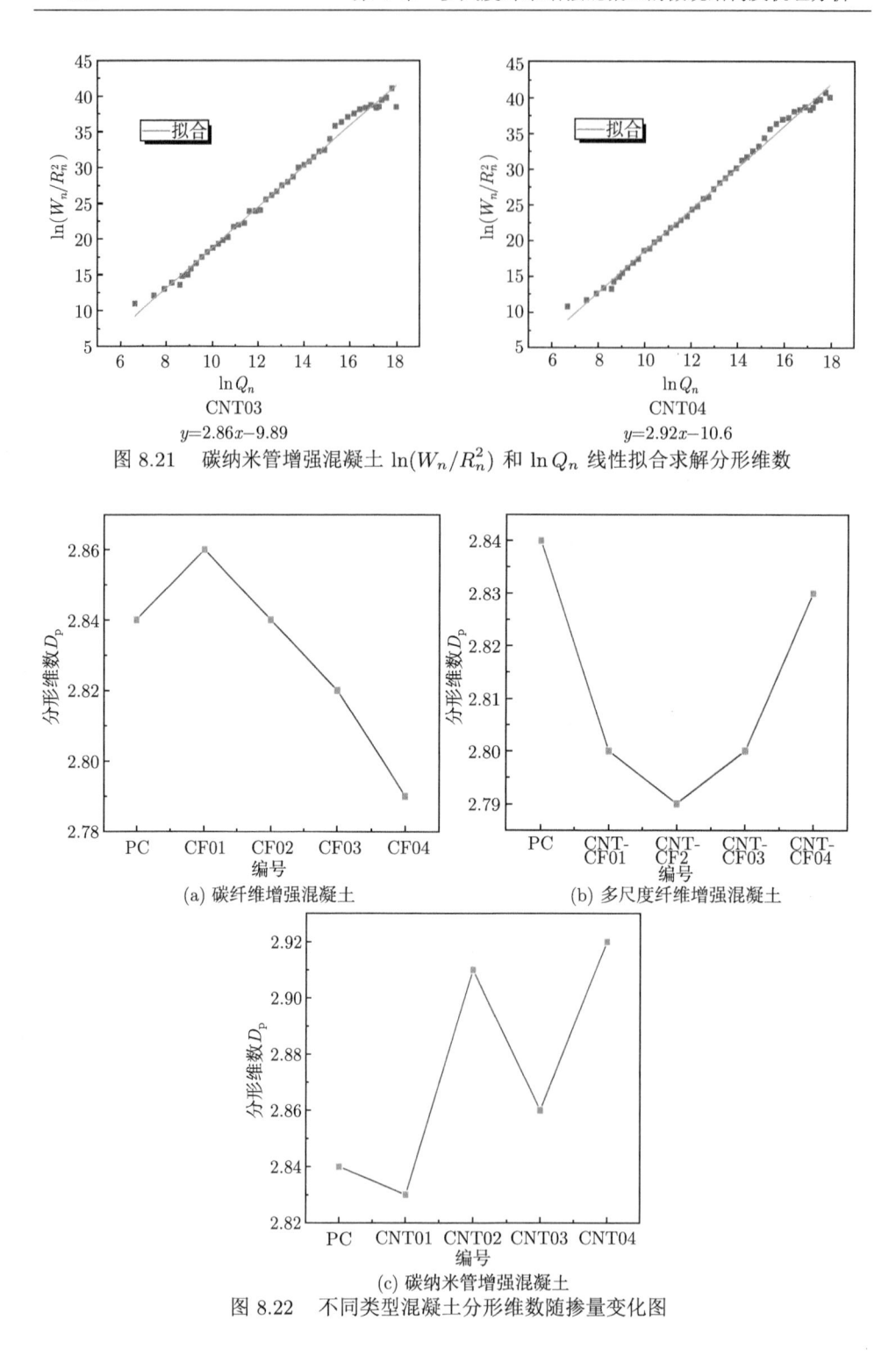

(a) 碳纤维增强混凝土

(b) 多尺度纤维增强混凝土

(c) 碳纳米管增强混凝土

图 8.22　不同类型混凝土分形维数随掺量变化图

8.2 微观结构测试与分析

目前，研究人员利用分形维数来表示多孔材料结构特征的时间较短，在该领域的研究依然有诸多争议和不确定性，甚至存在部分观点的对立。究其原因是混凝土在浇筑、取样过程中存在离散性，影响了混凝土分形维数的试验结果，因此，通过该指标表征混凝土内部孔隙并不绝对。

在本研究中，碳纤维增强混凝土与多尺度纤维增强混凝土的分形维数变化规律并不一致，甚至完全相反，但碳纤维增强混凝土与多尺度纤维增强混凝土强度均表现出先增加后降低的趋势，表明改性混凝土的强度与分形维数大小并非一一对应的关系。而分形维数是对孔隙结构的复杂性与不规则程度的表征，这说明混凝土内部孔隙结构特征会对混凝土宏观力学特性产生影响，但不应将其视为影响混凝土强度的唯一因素。纤维对混凝土强度的影响是由纤维本身性质、混凝土水化、界面过渡区、混凝土孔隙变化情况等诸多因素综合的结果。

8.2.4 基于 XRD 试验技术的水化物相特征分析

目前，研究人员对物质的物相组成和晶体结构进行分析时，最常用的方法是 X 射线衍射分析法。X 射线衍射分析法简称 XRD，是一种利用 X 射线在晶体中衍射进而对物质结构进行分析的技术，该方法对试验样品没有损伤与污染，测试方便且精度高，同时能够对晶体结构的完整性进行分析，因此，X 射线衍射分析法广泛地应用于材料成分、结构等领域的分析中，已经成为材料学中最基本的研究方法之一。

普通混凝土、碳纤维增强混凝土、多尺度纤维增强混凝土和碳纳米管增强混凝土 XRD 试验结果如图 8.23 ~ 图 8.26 所示。

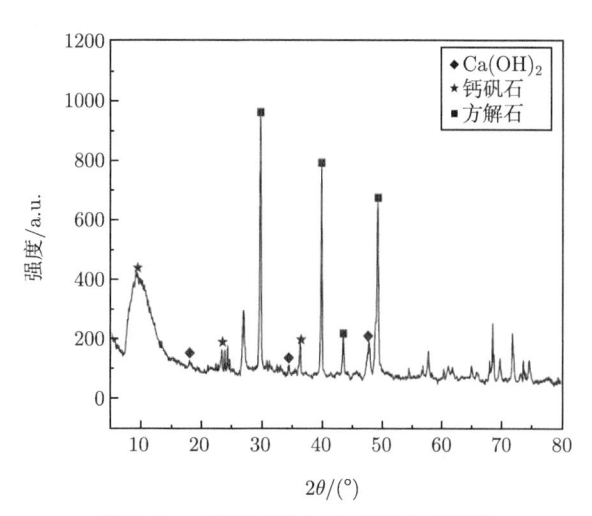

图 8.23 普通混凝土 X 射线分析图谱

图 8.24　碳纤维增强混凝土 X 射线分析图谱

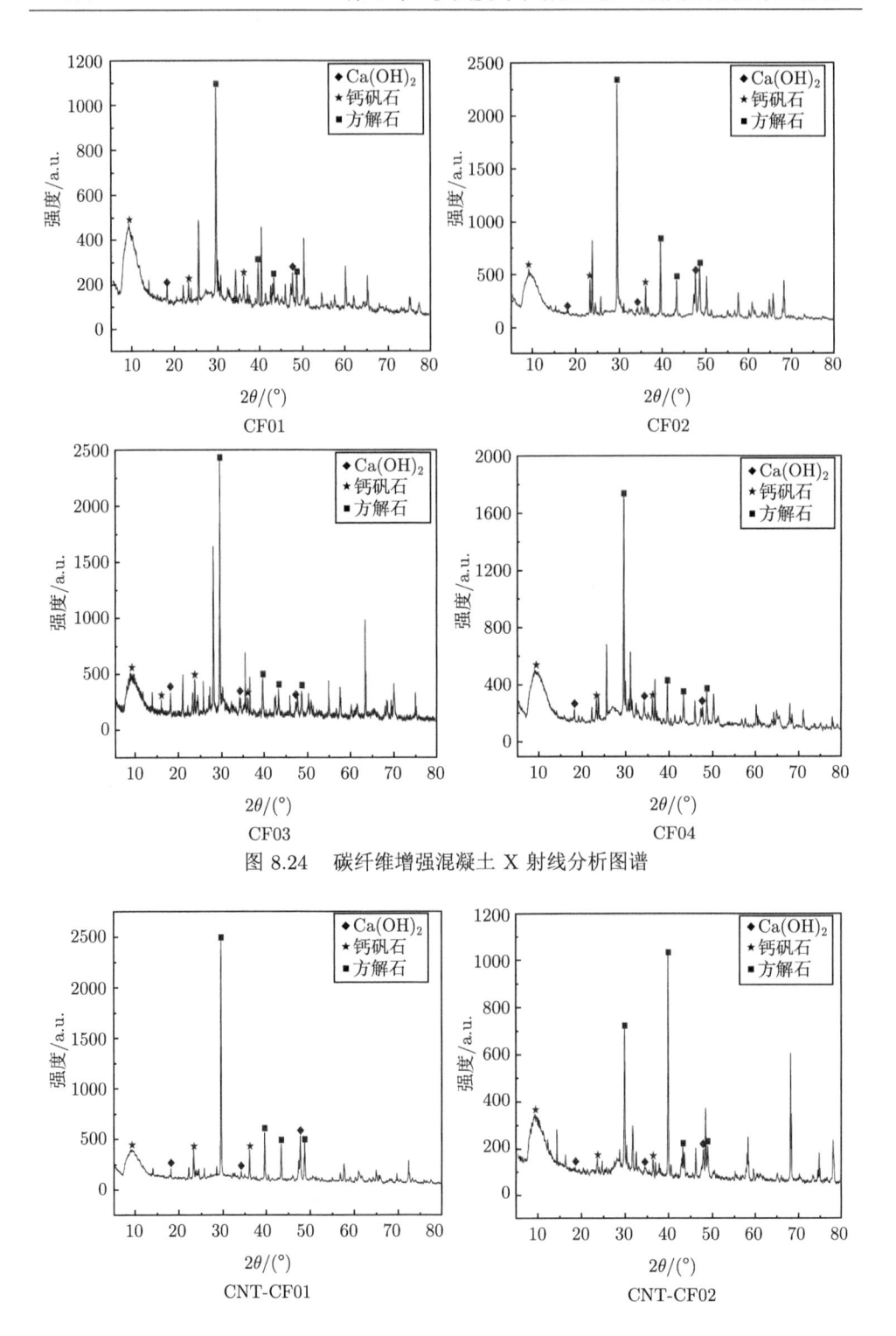

8.2 微观结构测试与分析

图 8.25　多尺度纤维增强混凝土 X 射线分析图谱

图 8.26　碳纳米管增强混凝土 X 射线分析图谱

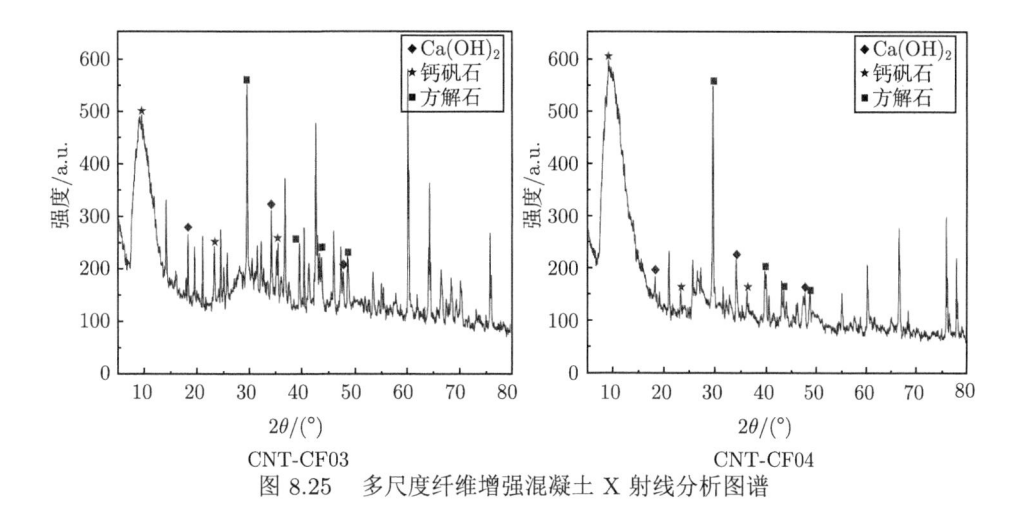

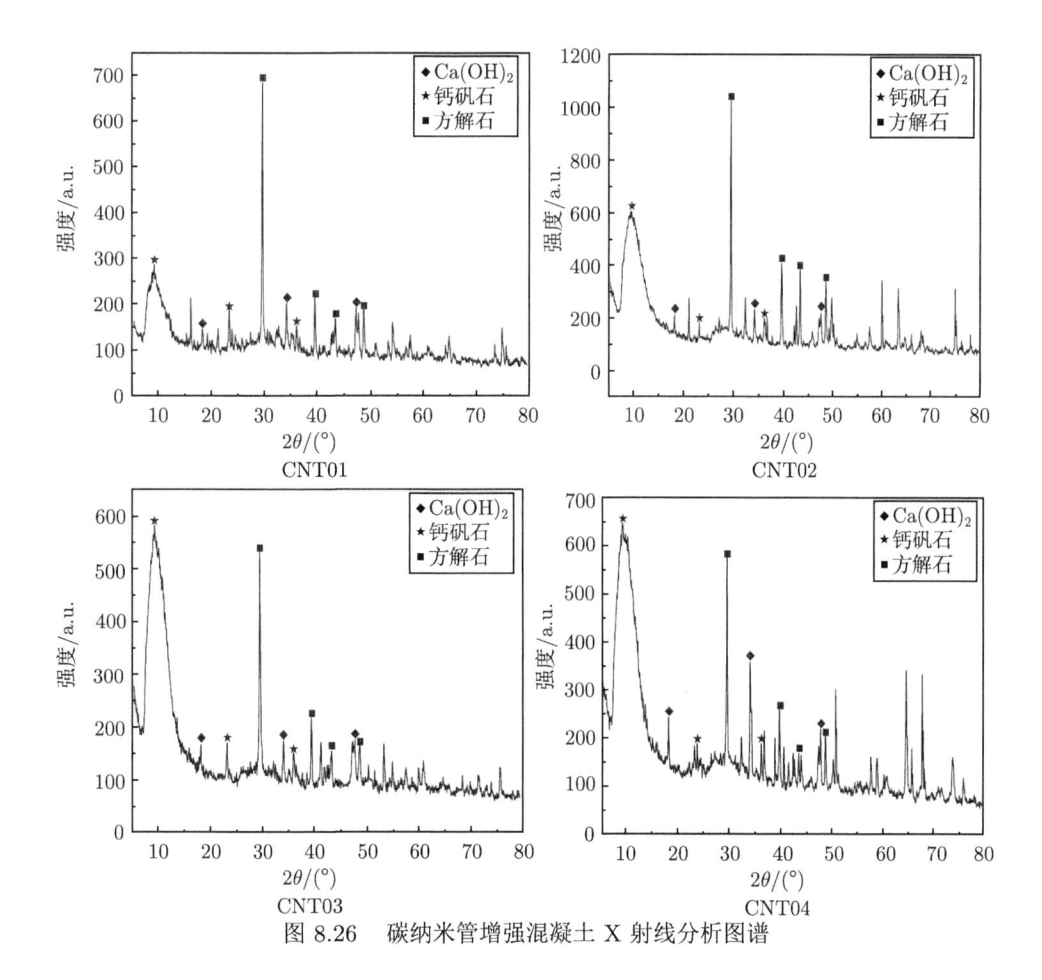

通过对普通混凝土、碳纤维增强混凝土、多尺度纤维增强混凝土和碳纳米管增强混凝土的 XRD 试验进行分析发现，普通混凝土与碳纤维增强混凝土各峰峰值差异不明显，这说明碳纤维对混凝土水化产物没有产生明显影响。仔细观察 XRD 试验结果发现，多尺度纤维增强混凝土水化后氢氧化钙含量有一定提高，表明多尺度纤维能促进混凝土的水化。与多尺度纤维增强混凝土类似，碳纳米管增强混凝土水化产物中氢氧化钙含量也有一定提高，这说明碳纳米管也能对混凝土水化产生促进作用。

观察碳纤维增强混凝土、多尺度纤维增强混凝土和碳纳米管增强混凝土 XRD 试验结果发现，当在混凝土中加入纳米材料时，如碳纳米管，混凝土的水化会有一定程度的提高，但当混凝土中只掺入碳纤维时，对混凝土的水化并没有非常明显的影响，同时，多尺度纤维对混凝土水化有一定促进作用，但其骨架材料即碳纤维对混凝土水化反应未产生明显影响，这说明在多尺度纤维增强混凝土中，真正对水化产生促进的是多尺度纤维表面所附着的碳纳米管。研究证实纳米材料可以在一定程度上提高混凝土的水化程度，这是因为纳米材料比表面积较大，在混凝土水化过程中可提供大量的异质形核位点，促进混凝土水化，同时，碳纳米管表面活性较强，在一定程度上也能促进混凝土水化。

8.3 CMFRC 的微观改性机理分析

8.3.1 纤维结构的多尺度设计

受植物根系分级结构形态的启发，Thostenson 等 [131] 在 2002 年提出多尺度增强体的概念，使复合材料增强体的设计进入了全新的阶段。多尺度增强体是性能优异的纳米碳材料与微米级碳纤维的有机结合体，它可以将不同物质成分通过一系列尺度上的组装，提高与基体的接触面积，加强相互之间的机械啮合作用，用以改善界面黏结性能，从而制备高强、高韧的复合材料 [170]。

混凝土主要由水泥水化产物及其聚集体 (水泥浆体) 与砂石等构成，其本身结构组成便具有多尺度的特点。混凝土材料的破坏过程也是在多个尺度层次上进行的，整个破坏过程贯穿了不同的层次和阶段，其内部裂纹随时间逐步发展，进而扩张为宏观裂缝，并最终导致破坏。考虑到混凝土材料的自身结构组成及破坏过程均表现出多尺度特征，许多学者尝试在混凝土中混杂掺入多种尺寸或类型的纤维，以期在相应层次、相应阶段实现层层阻裂，进而对混凝土的力学性能进行增强 [215-217]。但这种方法主要有利于增加混凝土的基体韧性，而无法有效解决微米、纳米级纤维增强体的分散问题以及混凝土内部的界面薄弱问题，从客观角度而言，混杂纤维改性混凝土材料的整体增强效果较为有限 [218]。此外，混杂纤维材料的选用与搭配过程十分繁杂，而且混杂纤维掺入复合材料中可能会产生负混

8.3 CMFRC 的微观改性机理分析

杂效应,导致混凝土的力学性能不升反降[219]。

如前所述,单独利用碳纤维作为复合材料的增强体时,其界面过渡区薄弱,限制了复合材料整体力学性能的进一步提升;而仅依靠碳纳米管作为增强体时,其会出现相互缠绕、团聚现象,难以均匀分散在复合材料基体中,不利于自身优良特性的充分发挥。构筑多尺度增强体可以较好地解决碳纤维以及碳纳米管在水泥基复合材料中存在的上述问题:一方面,CNT-CF 具有的多尺度结构形态增加了在界面处的有效接触面积,增大了 CNT-CF 与混凝土基体的相互连接效果;另一方面,碳纳米管由于固定在 CNT-CF 表面而获得了稳定的体系结构,有助于实现碳纳米管在混凝土基体中的均匀分散。更加值得引起关注的是,碳纤维和碳纳米管的尺度不同,其在复合材料中发挥作用的层次阶段也不相同,本研究期望借鉴这种不同尺寸量级纤维复合的设计方式来协同增强混凝土材料的力学性能。

8.3.2 CMFRC 的微观结构物理模型

混凝土材料的内部组成及微观结构复杂多变,而通过开展必要的试验测试并进行充分的理论分析,从而合理地构建出材料组成–结构–性能之间的物理关系模型,是预测其宏观物理力学性能、优化材料结构设计的有效途径[220]。

从混凝土在力学试验中受荷发生破坏的截面上可以直观地看到粗、细骨料以及由胶凝材料构成的水泥浆体(水泥石基体)。同时,从混凝土微观结构的角度来看,水泥石基体内部存在界面过渡区[218]。而相较于普通混凝土,CMFRC 中同时包含浆体–骨料界面过渡区和浆体-CNT-CF 界面过渡区,因此,构建 CMFRC 的微观结构物理模型可为进一步分析 CNT-CF 改性混凝土的宏观力学性能提供有效的参考依据。

根据水泥水化产物、微孔隙及微裂纹在混凝土内部的分布情况,结合 CNT-CF 对混凝土基体与界面的影响机制,构建出 CMFRC 的微观结构物理模型,如

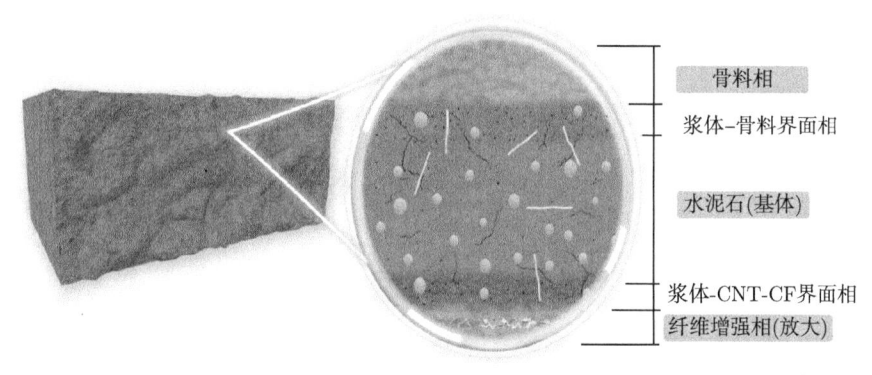

图 8.27 CMFRC 微观结构物理模型示意图

图 8.27 所示。通常当混凝土遭受外部荷载作用时，界面过渡区最容易遭受破坏，进而逐步导致混凝土整体趋于破坏。对于 CMFRC 而言，分布于界面过渡区的 CNT-CF 可稳固搭接过渡区两侧的水泥石基体，发挥增强效果，限制微裂缝的产生与扩展，从而显著提升混凝土的宏观力学特性。

8.3.3 CNT-CF 对混凝土的改性机制

纤维增强体在混凝土中的改性效果，不仅取决于纤维自身固有的性质及其掺量，同时也在很大程度上受到纤维与材料基体之间界面黏结性能的影响。由碳纳米管和碳纤维结合而成的 CNT-CF 可以在混凝土材料的受荷破坏过程中充分发挥各自的增强作用，层层阻裂，同时相互激发，在多个尺度层次上协同对混凝土基体及界面进行有效强化。

1. 基体改性

通常而言，综合使用不同量级的纤维可以改善混凝土基体的微观结构，抑制微裂纹的扩张与连通，同时对宏观裂缝起到阻裂和约束的作用[221]。因此，碳纤维和碳纳米管这两种不同尺度的纤维材料相互结合，可以逐级起到增强混凝土整体性的作用。CNT-CF 对混凝土基体的改性机理可从以下四个方面进行阐述。

(1) 小尺寸效应。CNT-CF 表面的碳纳米管属于纳米材料，可在混凝土内部发挥微纤维和微集料的双重小尺寸效应，改善颗粒级配，提升稳定性。同时，碳纳米管比表面积极大，具有很高的化学活性，这一方面对于水泥的水化反应具有促进作用，使水化程度更加彻底，水化产物增多；另一方面，由于纳米材料的成核作用和吸附作用，使得水泥在水化反应时能够形成以 CNT-CF 为核心的胶凝体系，加强了水泥水化产物的整体性，从而对混凝土强度发展具有明显的提升效果。

(2) 增强作用。CNT-CF 本身拥有特殊的微纳分级结构，具备极高的强度和断裂韧性，同时保持了碳系填料的固有优良性质，将其掺入混凝土中，可以填充混凝土内部的微孔洞等缺陷，降低混凝土中有害大孔的含量，改善混凝土的原始孔隙结构，增强基体的密实度。同时，杂乱而密布的 CNT-CF 能够形成纤维网状结构，加强混凝土各组分之间的联系，改善水泥石基体的结构，减缓混凝土内部微裂缝处的尖端应力集中效应，从而有效提升其力学特性。

(3) 增韧作用。混凝土在破坏过程中会产生裂缝，同时消耗断裂能，因此混凝土韧性的提高主要取决于断裂能是否消耗充分。对于 CMFRC 而言，当其破坏时，基体中的 CNT-CF 可以缓解大的裂纹，并且当大裂纹传播到 CNT-CF 时，CNT-CF 表面的碳纳米管会诱导产生更多小的微裂纹，这可以增加断裂能量的耗散，从而延缓混凝土的损坏。CNT-CF 作为高弹性模量的纤维组合体，其可以通过提高材料的强度和变形特性来进一步有效强化混凝土的韧性。

8.3 CMFRC 的微观改性机理分析

(4) 阻裂作用。当混凝土受到外部荷载作用时，内部微裂纹萌生并且逐渐延伸，其发展轨迹会经过乱向分布的 CNT-CF，或者 CNT-CF 已经横穿某一初始裂纹，并且其两端与裂纹两侧混凝土基体黏结良好。当荷载达到某一临界限值，迫使 CNT-CF 开始受力时，部分荷载便转移到 CNT-CF 上，由其承担部分应力，裂缝开裂有所缓解，使混凝土基体在没有被破坏的状态下能够承受较大的荷载。由于 CNT-CF 本身能够承担一定荷载且其与裂纹两侧的水泥石基体具有较强的黏结力，因而混凝土被有机地结合成一个整体，承受外部荷载的能力有所增强。

此外，过多的掺入 CNT-CF 会对混凝土力学性能产生一定的削弱作用，主要原因是大量的 CNT-CF 在混凝土内部无法均匀分散，造成团聚现象。CNT-CF 聚集成团后不仅无法有效填充混凝土内部的有害孔洞，反而会使其周围形成更多的有害缺陷，导致混凝土结构密实度的减小，力学性能有所下降。

2. 界面改性

在复合材料中，增强体并不是完全独立区分于基体的，在两者之间存在着界面过渡区域，界面的主要作用就是将荷载由基体传导至增强体，从而使基体和增强体共同承担外力，并可有效地阻挡裂纹的进一步扩展。关于 CNT-CF 对复合材料的界面改善机理，相关学者认为[222]，在复合材料的制备过程中，沉积在 CNT-CF 表面的部分碳纳米管会脱落并逐渐向基体中分散，导致多尺度纤维-基体界面处的碳纳米管含量呈梯度分布，该种形式的界面过渡区域能够显著减少复合材料在受力过程中的应力集中，提高应力传递效率，进而提高复合材料的力学性能。

CNT-CF 对混凝土内部结构界面的增强效果可从界面的微观物理结构和化学状态两方面进行分析：碳纳米管引入碳纤维表面 (形成 CNT-CF)，使碳纤维的比表面积与表面粗糙程度均获得提高，有利于增加 CNT-CF 与水泥石基体的机械啮合作用，增大了相互之间制约彼此运动的可能性，强化了界面；界面处的羧基化碳纳米管能够改善 CNT-CF 与混凝土基体的接触状态，可使 CNT-CF 与混凝土基体实现有效的物理连接。同时，羧基化碳纳米管的含氧官能团可促进水泥的水化反应，实现了 CNT-CF 与混凝土基体之间的化学连接。因此，与碳纤维增强混凝土相比，在混凝土的界面破坏过程中，CNT-CF 可使一部分碳纳米管固定在碳纤维表面，另一部分由混凝土基体中拔出，或是从碳纤维表面剥离甚至在脱黏过程中发生断裂，这些过程将会消耗大量的能量，提高界面韧性[223]。CMFRC 在纤维-基体界面处的应力传递过程可以结合图 8.28 说明。

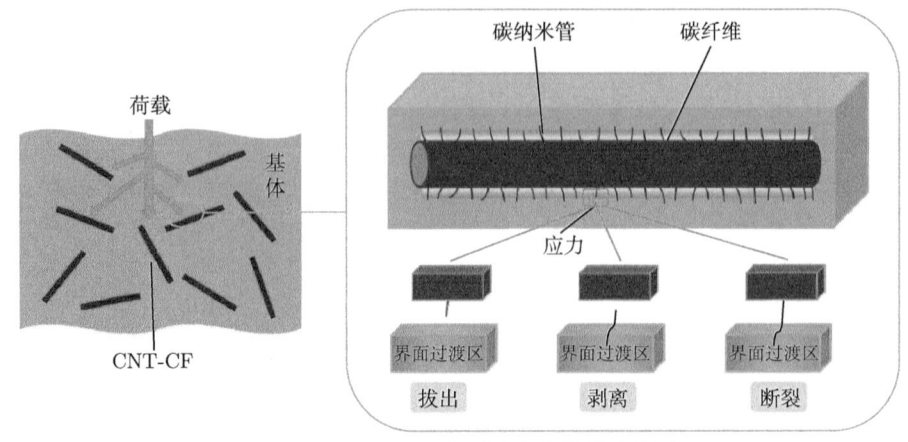

图 8.28　CMFRC 界面处应力传递示意图

8.4　小　　结

本章通过进行扫描电镜试验、压汞试验、XRD 试验，测试并探讨了 CNT-CF 对混凝土微观形貌及孔隙结构的影响规律，为 CMFRC 宏观力学性能的改性机理研究提供了科学依据。主要结论如下所述。

(1) CNT-CF 在混凝土基体中乱向分布，使 CNT-CF 横穿连接裂缝，承担部分应力，CNT-CF 表面的碳纳米管能够与界面过渡区的水化产物结合、填充界面过渡区的纳米级孔隙，从而使 CNT-CF 与水泥石基体之间连接更加紧密，CNT-CF 的多尺度结构有利于提升混凝土材料的力学性能。

(2) CNT-CF 的掺入能够减少混凝土内部大孔的含量和比例，使混凝土的力学性能得到明显提升，同时小孔数量增多，其在吸收能量发展成为破坏裂纹时所耗散的能量有所增加，亦即试件破坏所承受的荷载更大，CNT-CF 的掺入能够通过细化混凝土内部孔隙、改善孔隙结构从而提升混凝土的力学性能。

(3) 与常规的纤维增强混凝土相比，CNT-CF 表面的碳纳米管能够在混凝土内部界面处发生破坏时，一部分固定在碳纤维表面，另一部分由混凝土基体中拔出，或是从碳纤维表面剥离甚至在脱黏过程中发生断裂，这些过程能够分解消耗更多的能量，使混凝土材料的界面韧性获得提高。

(4) CMFRC 力学性能的提升不仅归因于 CNT-CF 对混凝土基体的改性，而且更重要的是 CNT-CF 在界面处的增强作用，CNT-CF 作为混凝土内部荷载传递的桥梁，可以减轻应力集中现象，减少界面脱黏，从而提高混凝土材料的力学性能。

第 9 章 结论与展望

9.1 结 论

碳纳米管–碳纤维复合多尺度纤维 (CNT-CF) 是一种在原始碳纤维表面接枝碳纳米管而形成的新型纤维类增强材料，其具有特殊的跨尺度结构，能够改善碳纤维与基体之间的界面黏结特性，进而有效提升传统混凝土材料的力学性质。本研究聚焦于持续强化军事混凝土防护结构抗震、防爆、耐冲击性能的工程背景，以 5 种 CNT-CF 体积掺量 (分别为 0%、0.1%、0.2%、0.3%和 0.4%) 的多尺度纤维增强混凝土 (CMFRC) 为主要研究对象，通过试验测试、理论分析和模型构建相结合的研究手段，重点针对 CNT-CF 与 CMFRC 的制备方法，CMFRC 的基本静态力学性能，以及其在冲击荷载作用下的动态受压力学响应规律展开研究，并解释了 CNT-CF 对混凝土力学性能的影响机理。获得的主要研究结论及关键成果如下所述。

(1) 电泳沉积是制备 CNT-CF 的一种有效方式，在电泳沉积过程中，引入超声波可降低水分子电解对碳纳米管沉积形貌的不利影响，改善 CNT-CF 的制备效果，电泳沉积处理后，大量的碳纳米管被均匀地接枝到碳纤维表面，使得碳纤维的表面粗糙程度增加、表面活性官能团增多，进而显著增大了碳纤维的比表面积和化学反应活性，有利于 CNT-CF 与复合材料基体之间相互作用力的提高。

(2) CNT-CF 对混凝土的基本静力强度特性具有显著影响，掺入适量的 CNT-CF 能够有效缓解混凝土内部应力集中现象的发生，提升混凝土的抗压强度和抗折强度，且 CNT-CF 存在一个 0.3%的相对最佳体积掺量，CMFRC 抗折强度的提高幅度明显高于抗压强度，当 CNT-CF 体积掺量为 0.3%时，相较于普通混凝土，其抗压强度的提高幅度为 8.79%，而抗折强度的提高幅度可达 27.76%。

(3) CNT-CF 对提升混凝土韧性具有积极作用，其折压比整体上表现出随 CNT-CF 体积掺量增大而逐渐增加的变化趋势，较普通混凝土具有 8.47%~19.16%的提高率；同时，掺入 CNT-CF 能够使混凝土在承受压应力和弯曲应力发生破坏时整体性保持较好，更好地维持原有形态，坏而不散，裂而不断，并且仍具有一定的残余承载能力，混凝土的破坏失效模式由脆性破坏逐渐向塑性破坏转变。

(4) CMFRC 在冲击荷载作用下的动态强度特性、变形特性及韧性指标均随应变率的增加而逐渐增大，表现出明显的应变率增强效应，并且 CMFRC 的动力强度增强因子与应变率对数之间,以及冲击韧度与应变率之间具有显著的线性相关性,同时 CMFRC 的冲击破坏特征具有应变率敏感性,应变率小时试件破坏程度较轻,试件破碎分离现象随应变率的增大而逐渐加剧。

(5) 掺入适量的 CNT-CF 可以提高混凝土的动态抗压强度、峰值应变、极限应变、峰前韧度以及冲击韧度,并且随着 CNT-CF 体积掺量的增加,CMFRC 的动态抗压强度、冲击韧度均呈现出先升高后降低的变化趋势,CNT-CF 对混凝土动态抗压强度和冲击韧度增益的最优体积掺量均为 0.3%。

(6) 引入 Weibull 概率分布函数作为损伤变量,同时考虑 CNT-CF 的增益效应和应变率强化效应,可构建含损伤的 CMFRC 动态压缩本构方程,基于试验数据的拟合结果表明,该模型计算曲线与实测数据之间具有较高的契合度,能够较好地反映 CMFRC 在中高应变率荷载作用下的宏观力学响应特征,具有一定的合理性。

(7) 通过纳米压痕试验证实,在改性材料与水泥基体之间存在一层界面过渡区,且界面过渡区的厚度与改性材料有直接关系,在碳纤维增强混凝土中,界面过渡区厚度为 16 μm,但在 CMFRC 与碳纳米管增强混凝土中,界面过渡区厚度为 12 μm。界面过渡区的弹性模量明显低于水泥基体,且界面过渡区处,孔隙及低密度水化硅酸钙含量较多。碳纳米管增强混凝土的界面过渡区弹性模量最大,达到 32.95 GPa,CMFRC 次之,碳纤维增强混凝土在界面过渡区处弹性模量最低,仅为 25.18 GPa。

(8) 通过分子动力学模拟证实,相比于碳纤维,多尺度纤维与混凝土的吸引力更强,且多尺度纤维表面更为粗糙,因此,在混凝土基体中,最大拉拔力由碳纤维的 11.54 nN 提高到多尺度纤维的 7.78 nN,提升约 54.1%。

(9) CNT-CF 表面的碳纳米管能够与水泥石基体界面处的水化产物相互渗透结合,填充混凝土界面薄弱区的微孔隙,从而使 CNT-CF 与基体连接更加紧密,同时 CNT-CF 的掺入可以减少混凝土内部大孔的含量,降低有害孔的比例,通过细化混凝土内部孔隙、改善整体孔隙结构而实现对混凝土力学性能的有效提升。

(10) CMFRC 力学性能的改善不仅归因于 CNT-CF 对混凝土基体的阻裂作用,而且更重要的是 CNT-CF 表面碳纳米管在界面处的增强、增韧作用,CNT-CF 作为混凝土基体内部荷载传递的纽带,有利于降低应力集中,防止裂纹直接向纤维表面扩散,从而减少界面脱黏,有效提高混凝土材料在静动态荷载作用下的力学特性。

本书所开展研究的创新点主要体现在以下方面。

(1) 针对原始碳纤维与混凝土基体之间界面黏结性能较差的问题,综合考虑 CNT-CF 的多尺度协同增强效应及其特殊的界面优化作用,依据复合材料增强理论,提出一种新的混凝土材料改性设计理念。

(2) 引入电泳沉积技术和超声波辅助手段，制备 CNT-CF 及 CMFRC，通过试验测试及理论分析，明确 CNT-CF 对复合材料的界面增效机制，并据此提出 CMFRC 微观结构组成的物理模型。

(3) 探索 CNT-CF 对混凝土静动态力学性能及微观结构的影响机理，建立 CMFRC 在中高应变率荷载作用下的动态压缩损伤本构模型，揭示了 CNT-CF 对混凝土材料的微观界面增强机制。

9.2 展 望

防护工程作为国防建设体系中不可或缺的一部分，历来被认为是维护国家安全的重要屏障。从近期的几场局部战争实践来看，新型攻击性武器的杀伤效果已然对工程设施的防御能力提出了更加严苛的要求。建筑材料是决定防护工程和各类基础设施抗力水平的关键因素。当前，混凝土材料在军事工程以及民用建筑中得到了最为广泛的应用。本书提出了利用 CNT-CF 对混凝土材料进行协同改性的理念，并基于此开展了系统的基础科学研究，结果表明，CNT-CF 的强度特性和韧性指标均获得了明显的增强，这在很大程度上改善了普通混凝土韧性差的缺点，实现了混凝土材料力学性能的新跃升，有助于满足实际工程应用中混凝土结构抗震及防爆性能的要求。

CNT-CF 具有优异的物理力学特性，其生产规模正在逐步扩大，随着混凝土所处的服役环境愈发恶劣，采用 CNT-CF 改善混凝土力学性能已成为必然趋势。目前，CNT-CF 在混凝土中的应用研究尚处于初始阶段。本书对由其改性制备而成的多尺度纤维增强混凝土开展了较为系统的力学试验与理论分析，初步对 CMFRC 的静动态力学性能进行了积极的探索，并且取得了一些有价值的结论，但由于时间和试验条件的限制，应持续开展以下几方面的研究工作。

(1) 虽然本研究优化了纤维增强混凝土的拌和工艺，并基于此制备得到了基础力学性能优良的多尺度纤维增强混凝土试件，但 CNT-CF 在混凝土基体中的分散均匀性仍有待进一步提高，需要在反复试验的基础上进一步探索能够大规模制备 CMFRC 的实际应用方法。

(2) 尽管本研究基于电泳沉积工艺制备出 CNT-CF，并发现将其掺入混凝土中能够较大幅度提升混凝土的力学性能，但对于 CNT-CF 在界面处的应力传递效率以及其与基体 (水泥石) 之间的黏结强度等力学性质，仍需要进一步借助更精确的试验技术开展深度表征。

(3) 鉴于纤维类材料的长度和表面状态等物理、化学特征均会对纤维增强混凝土的改性效果产生一定影响，后续应当不断完善 CNT-CF 增强混凝土力学性能变化规律与此类因素之间关系的研究；同时，对于 CMFRC 的抗侵彻能力、冲击拉伸力学性能等，也都有必要开展相应的研究。

碳纤维增强混凝土在现代化、智能化的社会背景下，在智能建造、监控、检测等行业都具有较为广阔的应用前景，其力学性能是其应用中一个非常关键的因素。对于高科技背景下的现代战争，智能混凝土的需求更加强烈，这就对混凝土动力特性提出了更高要求。本书研究的成果正是为碳纤维增强混凝土在民用和军事领域中的应用提供理论和技术支撑。CNT-CF 兼具碳基纤维和纳米材料的优越效应，是一种特殊的功能性填料，从理论上而言，将 CNT-CF 掺入混凝土中，可以使其获得自主屏蔽 (吸收、反射损耗) 电磁波的效能。CMFRC 在国防工程设施的抗力提升、结构健康监测、融雪化冰和电磁辐射防护等领域具有广阔的发展前景，未来有望成为一种极具应用潜力的新型建筑材料。

参 考 文 献

[1] 张良. 来自"地平线"的攻击——"战斧"式巡航导弹对叙空军基地实施精确打击 [J]. 生命与灾害, 2017, (6): 14-19.

[2] 韩长喜, 邓大松, 张蕾, 等. 亚美尼亚纳卡冲突中的防空作战研究 [J]. 飞航导弹, 2021, (1): 55-60.

[3] 杨益, 任辉启. 智能化战争条件下国防工程建设构想 [J]. 防护工程, 2018, 40(6): 65-69.

[4] 陈琪, 杨文科. 高抗裂性水泥在北京大兴机场建设中的应用 [J]. 新型建筑材料, 2021, 48(4): 106-110.

[5] 张冬梅, 逄健, 任辉, 等. 港珠澳大桥拱北隧道施工变形规律分析 [J]. 岩土工程学报, 2020, 42(9): 1632-1641.

[6] 姚树洁. 世界金融危机之后高铁建设与中国经济持续发展 [J]. 武汉大学学报 (哲学社会科学版), 2018, 71(6): 114-128.

[7] 孙伟, 缪昌文. 现代混凝土理论与技术 [M]. 北京: 科学出版社, 2012.

[8] 张社荣, 宋冉, 王超, 等. 碾压混凝土的动态力学特性分析及损伤演化本构模型建立 [J]. 中南大学学报 (自然科学版), 2019, 50(1): 130-138.

[9] 许金余, 赵德辉, 范飞林. 纤维混凝土的动力特性 [M]. 西安: 西北工业大学出版社, 2013.

[10] Soe K T, Zhang Y X, Zhang L C. Material properties of a new hybrid fibre-reinforced engineered cementitious composite[J]. Construction and Building Materials, 2013, 43: 399-407.

[11] King J A, Tomasi J M, Klimek-McDonald D R, et al. Effects of carbon fillers on the conductivity and tensile properties of polyetheretherketone composites[J]. Polymer Composites, 2018, 39: 807-816.

[12] Baughman R H, Zakhidov A A, de Heer W A. Carbon nanotubes—the route toward applications[J]. Science, 2002, 297(5582): 787-792.

[13] Hu L, Hecht D S, Grüner G. Carbon nanotube thin films: fabrication, properties, and applications[J]. Chemical Reviews, 2010, 110(10): 5790-5844.

[14] Chou T W, Gao L M, Thostenson E T, et al. An assessment of the science and technology of carbon nanotube-based fibers and composites[J]. Composites Science and Technology, 2010, 70(1): 1-19.

[15] Karger-Kocsis J, Mahmood H, Pegoretti A. All-carbon multi-scale and hierarchical fibers and related structural composites: A review[J]. Composites Science and Technology, 2020, 186(15): 107932.

[16] Yao H, Sui X, Zhao Z, et al. Optimization of interfacial microstructure and mechanical properties of carbon fiber/epoxy composites via carbon nanotube sizing[J]. Applied Surface Science, 2015, 347: 583-590.

[17] Zollo R F. Fiber-reinforced concrete: An overview after 30 years of development[J]. Cement and Concrete Composites, 1997, 19(2): 107-122.

[18] 李冬. 纤维增强水泥基材料中的纤维分散量化及优化研究 [D]. 哈尔滨: 哈尔滨工业大学, 2019.

[19] Fu X, Chung D D L. Self-monitoring of fatigue damage in carbon fiber reinforced cement[J]. Cement and Concrete Research, 1996, 26(1): 15-20.

[20] Xu Y, Chung D D L. Carbon fiber reinforced cement improved by using silane-treated carbon fibers[J]. Cement and Concrete Research, 1999, 29(5): 773-776.

[21] Xu Y, Chung D D L. Cement-based materials improved by surface-treated admixtures[J]. ACI Materials Journal, 2000, 97(3): 333-342.

[22] Chung D D L. Carbon materials for structural self-sensing, electromagnetic shielding and thermal interfacing[J]. Carbon, 2012, 50(9): 3342-3353.

[23] Chung D D L. Processing-structure-property relationships of continuous carbon fiber polymer-matrix composites[J]. Materials Science and Engineering R Reports, 2017, 113: 1-29.

[24] Garcés P, Fraile J, Vilaplana-Ortego E, et al. Effect of carbon fibres on the mechanical properties and corrosion levels of reinforced Portland cement mortars[J]. Cement and Concrete Research, 2005, 35(2): 324-331.

[25] Al-Dahawi A, Öztürk O, Emami F, et al. Effect of mixing methods on the electrical properties of cementitious composites incorporating different carbon-based materials[J]. Construction and Building Materials, 2016, 104: 160-168.

[26] Gao J, Wang Z, Zhang T, et al. Dispersion of carbon fibers in cement-based composites with different mixing methods[J]. Construction and Building Materials, 2017,134: 220-227.

[27] Lu M, Xiao H, Liu M, et al. Improved interfacial strength of SiO_2 coated carbon fiber in cement matrix[J]. Cement and Concrete Composites, 2018, 91: 21-28.

[28] Raunija T S K. Effect of milling parameters on exfoliation-assisted dispersion of short carbon fibers in silicon carbide powder[J]. Advanced Powder Technology, 2016, 27(1): 145-153.

[29] 尚国秀. 碳纤维水泥基复合材料纤维分散性及导电性能试验研究 [D]. 郑州: 郑州大学, 2015.

[30] 钱觉时, 谢从波, 邢海娟, 等. 聚羧酸减水剂对水泥基材料中碳纤维分散性的影响 [J]. 功能材料, 2013, 44(16): 2389-2392.

[31] 岳彩兰. 碳纤维对混凝土性能的影响 [D]. 西安: 长安大学, 2016.

[32] 孙杰, 魏树梅. 碳纤维增强水泥基复合材料的制备及其性能研究 [J]. 新型建筑材料, 2018, 45(10): 61-64.

[33] Iijima S. Helical microtubules of graphitic carbon[J]. Nature, 1991, 354: 56-58.

[34] Sikora P, Elrahman M A, Chung S Y, et al. Mechanical and microstructural properties of cement pastes containing carbon nanotubes and carbon nanotube-silica core-shell structures, exposed to elevated temperature[J]. Cement and Concrete Composites, 2019,

95: 193-204.

[35] 严咸通. 碳纳米管及碳纤维改性水泥基材料力学性能研究 [D]. 深圳: 深圳大学, 2018.

[36] 刘巧玲, 李汉彩, 彭玉娇, 等. 多壁碳纳米管增强水泥基复合材料的纳米力学性能 [J]. 复合材料学报, 2020, 37(4): 952-961.

[37] 牛荻涛, 何嘉琦, 傅强, 等. 碳纳米管对水泥基材料微观结构及耐久性能的影响 [J]. 硅酸盐学报, 2020, 48(5): 705-717.

[38] Al-Rub R, Ashour A I, Tyson B M. On the aspect ratio effect of multi-walled carbon nanotube reinforcements on the mechanical properties of cementitious nanocomposites[J]. Construction and Building Materials, 2012, 35: 647-655.

[39] Hunashyal A, Banapurmath N, Jain A, et al. Experimental investigation on the effect of multiwalled carbon nanotubes and nano-SiO$_2$ addition on mechanical properties of hardened cement paste[J]. Advances in Materials, 2014, 3(5): 45-51.

[40] Cui H, Yan X, Monasterio M, et al. Effects of various surfactants on the dispersion of MWCNTs-OH in aqueous solution[J]. Nanomaterials, 2017, 7(9): 262-276.

[41] 朱平, 邓广辉, 邵旭东. 碳纳米管在水泥基复合材料中的分散方法研究进展 [J]. 材料导报, 2018, 32(1): 149-158.

[42] 阮燕锋. 碳纳米管水泥基复合材料静动态力学性能研究 [D]. 大连: 大连理工大学, 2019.

[43] 李庚英, 王培铭. 碳纳米管–水泥基复合材料的力学性能和微观结构 [J]. 硅酸盐学报, 2005, 1: 105-108.

[44] 李庚英, 曾令波, 汪磊, 等. 一种改善高掺量碳纳米管/水泥砂浆性能的方法 [J]. 功能材料, 2014, 45(18): 18107-18111.

[45] Parveen S, Rana S, Fangueiro R. A review on nanomaterial dispersion, microstructure, and mechanical properties of carbon nanotube and nanofiber reinforced cementitious composites[J]. Journal of Nanomaterials, 2013, 2013(7): 80.

[46] Materazzi A L, Ubertini F, D'Alessandro A. Carbon nanotube cement-based transducers for dynamic sensing of strain[J]. Cement and Concrete Composites, 2013, 37(1): 2-11.

[47] Szleifer I, Yerushalmi R R. Polymers and carbon nanotubes—Dimensionality, interactions and nanotechnology[J]. Polymer, 2005, 46(19): 7803-7818.

[48] Koh B, Park J B, Hou X M, et al. Comparative dispersion studies of single-walled carbon nanotubes in aqueous solution[J]. The Journal of Physical Chemistry B, 2011, 115(11): 2627-2633.

[49] Mendoza O, Sierra G, Tobón J I. Influence of super plasticizer and Ca(OH)$_2$ on the stability of functionalized multi-walled carbon nanotubes dispersions for cement composites applications[J]. Construction and Building Materials, 2013, 47: 771-778.

[50] Eitan A, Jiang K, Dukes D, et al. Surface modification of multiwalled carbon nanotubes: toward the tailoring of the interface in polymer composites[J]. Chemistry of Materials, 2003, 15(16): 3198-3201.

[51] Li G Y, Wang P M, Zhao X. Mechanical behavior and microstructure of cement composites incorporating surface-treated multi-walled carbon nanotubes[J]. Carbon, 2005, 43(6): 1239-1245.

[52] Xu S, Liu J, Li Q. Mechanical properties and microstructure of multi-walled carbon nanotube-reinforced cement paste[J]. Construction and Building Materials, 2015, 76: 16-23.
[53] 吴辰. 碳纳米管 (CNTs) 水泥砂浆复合材料实验研究 [D]. 北京: 清华大学, 2013.
[54] 罗健林, 段忠东. 表面活性剂对碳纳米管在水性体系中分散效果的影响 [J]. 精细化工, 2008(8): 733-738.
[55] 罗健林. 碳纳米管水泥基复合材料制备及功能性能研究 [D]. 哈尔滨: 哈尔滨工业大学, 2009.
[56] 张姣龙, 朱洪波, 柳献, 等. 碳纳米管在水泥基复合材料中的分散性研究 [J]. 武汉理工大学学报, 2012, 34(5): 6-9.
[57] Yousefi A, Muhamad Bunnori N, Khavarian M, et al. Dispersion of multi-walled carbon nanotubes in Portland cement concrete using ultra-sonication and polycarboxylic based superplasticizer[J]. Applied Mechanics and Materials, 2015, 802: 112-117.
[58] Nasibulina L I, Anoshkin I V, Nasibulin A G, et al. Effect of carbon nanotube aqueous dispersion quality on mechanical properties of cement composite[J]. Journal of Nanomaterials, 2012, 2012(1): 169262.
[59] 王志航, 白二雷, 许金余, 等. 聚合物改性碳纤维增强混凝土的动态压缩力学性能 [J]. 复合材料学报, 2023, 40(3): 1586-1597.
[60] Yang L. Xie H, Fang S, et al. Experimental study on mechanical properties and damage mechanism of basalt fiber reinforced concrete under uniaxial compression[J]. Structures, 2021, 31(9): 330-340.
[61] Alaskar A, Alabduljabbar H, Mohamed A M, et al. RETRACTED: Abrasion and skid resistance of concrete containing waste polypropylene fibers and palm oil fuel ash as pavement material[J]. Construction and Building Materials, 2021, 282(12): 122681.
[62] Yazici Ş, İnan G, Tabak V. Effect of aspect ratio and volume fraction of steel fiber on the mechanical properties of SFRC[J]. Construction and Building Materials, 2007, 21(6): 1250-1253.
[63] Bernal S, Gutierrez R D, Delvasto S, et al. Performance of an alkali-activated slag concrete reinforced with steel fibers[J]. Construction and Building Materials, 2010, 24(2): 208-214.
[64] Wille K, El-Tawil S, Naaman A E. Properties of strain hardening ultra high performance fiber reinforced concrete (UHP-FRC) under direct tensile loading[J]. Cement and Concrete Composites, 2014, 48(2): 53-66.
[65] Wu Z, Shi C, Khayat K H. Investigation of mechanical properties and shrinkage of ultrahigh performance concrete: Influence of steel fiber content and shape[J]. Composites, 2019, 174(1): 107021.1-107021.12.
[66] 焦楚杰, 孙伟, 秦鸿根, 等. 钢纤维高强混凝土单轴受压本构方程 [J]. 东南大学学报 (自然科学版), 2004(3): 366-369.
[67] 张玥. C50 钢纤维混凝土力学性能及耐久性能研究 [D]. 西安: 西安建筑科技大学, 2020.
[68] 叶中豹, 李永池, 赵凯, 等. 一种新形式的钢纤维混凝土冲击动态本构关系及材料参数的确

定 [J]. 爆炸与冲击, 2018, 38(2): 266-270.

[69] 胡显奇, 申屠年. 连续玄武岩纤维在军工及民用领域的应用 [J]. 高科技纤维与应用, 2005(6): 7-13.

[70] Ayub T, Shafiq N, Nuruddin M F. Mechanical properties of high-performance concrete reinforced with basalt fibers[J]. Procedia Engineering, 2014, 77: 131-139.

[71] Afroz M, Patnaikuni I, Venkatesan S. Chemical durability and performance of modified basalt fiber in concrete medium[J]. Construction and Building Materials, 2017, 154: 191-203.

[72] Kizilkanat A B, Kabay N, Akyüncü V, et al. Mechanical properties and fracture behavior of basalt and glass fiber reinforced concrete: An experimental study[J]. Construction and Building Materials, 2015, 100: 218-224.

[73] Branston J, Das S, Kenno S Y, et al. Mechanical behaviour of basalt fibre reinforced concrete[J]. Construction and Building Materials, 2016, 124: 878-886.

[74] Dong J F, Wang Q Y, Guan Z W. Material properties of basalt fibre reinforced concrete made with recycled earthquake waste[J]. Construction and Building Materials, 2017, 130: 241-251.

[75] Sun X, Gao Z, Cao P, et al. Mechanical properties tests and multiscale numerical simulations for basalt fiber reinforced concrete[J]. Construction and Building Materials, 2019, 202: 58-72.

[76] Liu R, Zhao S, Sun S, et al. Experimental study of the mechanical properties and microstructure of basalt fiber-reinforced concrete[J]. Journal of Materials in Civil Engineering, 2023, 35(7): 04023205.

[77] 李为民, 许金余, 沈刘军, 等. 玄武岩纤维混凝土的动态力学性能 [J]. 复合材料学报, 2008(2): 135-142.

[78] 李为民, 许金余. 玄武岩纤维混凝土的冲击力学行为及本构模型 [J]. 工程力学, 2009, 26(1): 86-91.

[79] 许金余, 范飞林, 白二雷, 等. 玄武岩纤维混凝土的动态力学性能研究 [J]. 地下空间与工程学报, 2010, 6(S2): 1665-1671.

[80] 聂良学, 许金余, 任韦波, 等. 玄武岩纤维混凝土冲击劈拉特性研究 [J]. 混凝土, 2014(11): 96-99.

[81] 刘俊良, 许金余, 董宗戈, 等. 玄武岩纤维混凝土高温损伤的声学特性研究 [J]. 混凝土, 2016(2): 56-59.

[82] 王斌, 张华, 谢骜宇. 玄武岩纤维混凝土冲击韧性和微观界面试验研究 [J]. 三峡大学学报 (自然科学版), 2016, 38(4): 55-59.

[83] 陈峰宾, 许斌, 焦华喆, 等. 玄武岩纤维混凝土纤维分布及孔隙结构表征 [J]. 中国矿业大学学报, 2021, 50(2): 273-280.

[84] Vrijdaghs R, Prisco M D, Van de Walle L. Uniaxial tensile creep of a cracked polypropylene fiber reinforced concrete[J]. Materials and Structures, 2018, 51(5): 5.

[85] Maida P D, Radi E, Sciancalepore C, et al. Pullout behavior of polypropylene macrosynthetic fibers treated with nano-silica[J]. Construction and Building Materials, 2015,

82: 39-44.

[86] Choi Y, Yuan R L. Experimental relationship between splitting tensile strength and compressive strength of GFRC and PFRC[J]. Cement and Concrete Research, 2005, 35(8): 1587-1591.

[87] Bagherzadeh R, Sadeghi A H, Latifi M. Utilizing polypropylene fibers to improve physical and mechanical properties of concrete[J]. Textile Research Journal, 2012, 82(1): 88-96.

[88] Kakooei S, Akil H M, Jamshidi M, et al. The effects of polypropylene fibers on the properties of reinforced concrete structures[J]. Construction and Building Materials, 2012, 27(1): 73-77.

[89] Wang H. Effect of polypropylene fiber on mechanical properties of concrete containing fly ash[J]. Advanced Materials Research, 2012, 346: 26-29.

[90] 刘新荣, 柯炜, 梁宁慧, 等. 基于 SHPB 试验的多尺寸聚丙烯纤维混凝土动态力学性能研究 [J]. 材料导报, 2018, 32(S1): 484-489.

[91] 张悦. 聚丙烯纤维混凝土力学性能及损伤破坏形态研究 [D]. 西安: 西安理工大学, 2019.

[92] Safiuddin M, Yakhlaf M, Soudki K A. Key mechanical properties and microstructure of carbon fibre reinforced self-consolidating concrete[J]. Construction and Building Materials, 2018, 164: 477-488.

[93] Ivorra S, Garcés P, Catalá G, et al. Effect of silica fume particle size on mechanical properties of short carbon fiber reinforced concrete[J]. Materials and Design, 2010, 31(3): 1553-1558.

[94] Yao W, Li J, Wu K. Mechanical properties of hybrid fiber-reinforced concrete at low fiber volume fraction[J]. Cement and Concrete Research, 2003, 33(1): 27-30.

[95] 王晓初, 刘洪涛. 碳纤维长度对 CFRC 力学性能影响试验研究 [J]. 混凝土, 2013(3): 60-63.

[96] 周乐, 王晓初, 刘洪涛. 碳纤维混凝土应力–应变曲线试验研究 [J]. 工程力学, 2013, 30(7): 200-204, 211.

[97] 王璞, 黄真, 周岱, 等. 碳纤维混杂纤维混凝土抗冲击性能研究 [J]. 振动与冲击, 2012, 31(12): 14-18.

[98] Zhang H Y, Kodur V, Wu B, et al. Effect of carbon fibers on thermal and mechanical properties of metakaolin fly-ash-based geopolymers[J]. ACI Materials Journal, 2015, 112(3): 375-381.

[99] Liu G J, Bai E L, Xu J Y, et al. Dynamic compressive mechanical properties of carbon fiber-reinforced polymer concrete with different polymer-cement ratios at high strain rates[J]. Construction and Building Materials, 2020, 261(7): 119995.

[100] Daghash S M, Soliman E M, Kandil U F, et al. Improving impact resistance of polymer concrete using CNTs[J]. International Journal of Concrete Structures and Materials, 2016, 10(4): 539-553.

[101] 王艳, 张彤昕, 郭冰冰, 等. 回收碳纤维混凝土导电性 [J]. 复合材料学报, 2022, 39(6): 2855-2863.

[102] 姚殿, 许金余, 夏伟, 等. 机场道面碳纤维改性混凝土吸波发热效率研究 [J]. 化工新型材料,

2022, 50(3): 285-289.

[103] Collins F, Lambert J, Duan W H. The influences of admixtures on the dispersion, workability, and strength of carbon nanotube-OPC paste mixtures[J]. Cement and Concrete Composites, 2012, 34(2): 201-207.

[104] Rocha V V, Ludvig P, Trindade A C C, et al. The influence of carbon nanotubes on the fracture energy, flexural and tensile behavior of cement based composites[J]. Construction and Building Materials, 2019, 209: 1-8.

[105] Gao F, Tian W, Wang Z, et al. Effect of diameter of multi-walled carbon nanotubes on mechanical properties and microstructure of the cement-based materials[J]. Construction and Building Materials, 2020, 260: 120452.

[106] 郑冰淼, 陈嘉琪, 施韬, 等. 多壁碳纳米管增强混凝土的断裂性能 [J]. 硅酸盐学报, 2021, 49(11): 2502-2508.

[107] 黄山秀, 陈小羊, 张传祥, 等. 不同应变率和碳纳米管掺量下混凝土的力学性质与能量演化特征 [J]. 高压物理学报, 2023, 37(1): 014101.

[108] 张迪, 陆富龙, 梁颖晶. 冲击荷载下碳纳米管对水泥动态力学性能影响及机理分析 [J]. 混凝土, 2020, (6): 19-24.

[109] 张玉武. UHMWPE 纤维混凝土静动态力学性能研究 [D]. 长沙: 国防科学技术大学, 2014.

[110] Chen J, Wei G, Maekawa Y, et al. Grafting of poly (ethylene-block-ethylene oxide) onto a vapor grown carbon fiber surface by γ-ray radiation grafting[J]. Polymer, 2003, 44(11): 3201-3207.

[111] 李峻青, 黄玉东, 王卓, 等. γ-射线辐照对碳纤维表面结构以及强度的影响 [J]. 航空材料学报, 2005, (6): 52-56.

[112] 许昆鹏, 潘书刚. 表面改性高模高强碳纤维与环氧树脂界面相容性研究 [J]. 热固性树脂, 2021, 36(2): 43-46.

[113] 刘杰, 郭云霞, 梁节英. 碳纤维表面电化学氧化的研究 [J]. 化工进展, 2004, (3): 282-285.

[114] 杜慧玲, 齐锦刚, 庞洪涛, 等. 表面处理对碳纤维增强聚乳酸材料界面性能的影响 [J]. 材料保护, 2003, (2): 16-18.

[115] Zhang Z, Wilson J L, Kitt B R, et al. Effects of oxygen plasma treatments on surface functional groups and shear strength of carbon fiber composites[J]. ACS Applied Polymer Materials, 2021, 3(2): 986-995.

[116] 袁晓君, 孙其忠, 刘江涛, 等. 添加气相生长碳纤维对改善碳纸性能的研究 [J]. 中国造纸, 2023, 42(1): 33-37, 98.

[117] 张学忠, 黄玉东, 王天玉, 等. CF 表面低聚倍半硅氧烷涂层对复合材料界面性能影响 [J]. 复合材料学报, 2006, (1): 105-111.

[118] Varelidis P C, McCullough R L, Papaspyrides C D. The effect on the mechanical properties of carbon/epoxy composites of polyamide coatings on the fibers[J]. Composites Science and Technology, 1999, 59(12): 1813-1823.

[119] 柴进, 孔海娟, 张新异, 等. 水溶性环氧上浆剂对碳纤维复合材料性能影响 [J]. 复合材料科学与工程, 2020, (11): 32-36.

[120] 张爱玲, 李秋, 王松, 等. 碳纤维上电聚合噻吩对复合材料性能的影响 [J]. 沈阳工业大学学报, 2020, 42(3): 276-280.

[121] Lin B, Sureshkumar R, Kardos J L. Electropolymerization of pyrrole on PAN-based carbon fibers: Experimental observations and a multiscale modeling approach[J]. Chemical Engineering Science, 2001, 56(23): 6563-6575.

[122] 刘丽, 傅宏俊, 黄玉东, 等. 碳纤维表面处理及其对碳纤维/聚芳基乙炔复合材料力学性能的影响 [J]. 航空材料学报, 2005, (2): 59-62.

[123] 钱春香, 陈世欣. 纤维表面处理对复合材料力学性能的影响 [J]. 高科技纤维与应用, 2003, (3): 36-38, 42.

[124] Harwell M G, Hirt D E, Edie D D, et al. Investigation of bond strength and failure mode between SiC-coated mesophase ribbon fiber and an epoxy matrix[J]. Carbon, 2000, 38(8): 1111-1121.

[125] 孙守金, 魏永良, 刘敏, 等. 碳纤维表面气相生长碳晶须 [J]. 金属学报, 1993, (4): 62-67.

[126] 王大伟, 李晔, 刘志浩, 等. 低温等离子体表面改性对 CFRP 胶接性能的影响 [J]. 复合材料学报, 2023, 40(4): 2026-2037.

[127] 贾玲, 周丽绘, 薛志云, 等. 碳纤维表面等离子接枝及对碳纤维/PAA 复合材料 ILSS 的影响 [J]. 复合材料学报, 2004, (4): 45-49.

[128] 刘新宇, 秦伟, 王福平. 冷等离子体接枝处理对碳纤维织物/环氧复合材料界面性能的影响 [J]. 航空材料学报, 2003, (4): 40-43.

[129] 邹田春, 刘志浩, 李晔, 等. 等离子体表面处理对碳纤维增强树脂基复合材料 (CFRP) 胶接性能及表面特性的影响 [J]. 中国表面工程, 2022, 35(1): 125-134.

[130] Down W B, Baker R. Modification of the surface properties of carbon fibers via the catalytic growth of carbon nanofibers[J]. Journal of Materials Research, 1995, 10(3): 625-633.

[131] Thostenson E T, Li W Z, Wang D Z, et al. Carbon nanotube/carbon fiber hybrid multiscale composites[J]. Journal of Applied Physics, 2002, 91(9): 6034-6037.

[132] Zhu S, Su C H, Lehoczky S L, et al. Carbon nanotube growth on carbon fibers[J]. Diamond and Related Materials, 2003, 12(10): 1825-1828.

[133] Hung K H, Tzeng S S, Kuo W S, et al. Growth of carbon nanofibers on carbon fabric with Ni nanocatalyst prepared using pulse electrodeposition[J]. Nanotechnology, 2008, 19(29): 295602.

[134] 安锋, 吕春祥, 郭金海, 等. 碳纳米管接枝炭纤维对环氧树脂浸润性能的影响 [J]. 新型炭材料, 2011, 26(5): 361-367.

[135] 安锋, 吕春祥, 郭金海, 等. 环己烷浮游催化法在碳纤维表面生长碳纳米管 [J]. 化工新型材料, 2012, 40(6): 51-53.

[136] Qian H, Greenhalgh E S, Shaffer M S.P, et al. Carbon nanotube-based hierarchical composites: A review[J]. Journal of Materials Chemistry, 2010, 20(23): 4751-4762.

[137] Zheng L, Wang Y, Qin J, et al. Scalable manufacturing of carbon nanotubes on continuous carbon fibers surface from chemical vapor deposition[J]. Vacuum, 2018, 152: 84-90.

[138] Bekyarova E, Thostenson E T, Yu A, et al. Multiscale carbon nanotube-carbon fiber reinforcement for advanced epoxy composites[J]. Langmuir, 2007, 23(7): 3970-3974.

[139] Lee S B, Choi O, Lee W, et al. Processing and characterization of multi-scale hybrid composites reinforced with nanoscale carbon reinforcements and carbon fibers[J]. Composites Part A: Applied Science and Manufacturing, 2011, 42(4): 337-344.

[140] Lee W, Lee S B, Choi O, et al. Formicary-like carbon nanotube/copper hybrid nanostructures for carbon fiber-reinforced composites by electrophoretic deposition[J]. Journal of Materials Science, 2011, 46(7): 2359-2364.

[141] Guo J, Lu C, An F, et al. Preparation and characterization of carbon nanotubes/carbon fiber hybrid material by ultrasonically assisted electrophoretic deposition[J]. Materials Letters, 2012, 66(1): 382-384.

[142] Guo J, Lu C. Continuous preparation of multiscale reinforcement by electrophoretic deposition of carbon nanotubes onto carbon fiber tows[J]. Carbon, 2012, 50(8): 3101-3103.

[143] Guo J, Lu C, An F. Effect of electrophoretically deposited carbon nanotubes on the interface of carbon fiber reinforced epoxy composite[J]. Journal of Materials Science, 2012, 47(6): 2831-2836.

[144] Zhang S, Liu W, Hao L, et al. Preparation of carbon nanotube/carbon fiber hybrid fiber by combining electrophoretic deposition and sizing process for enhancing interfacial strength in carbon fiber composites[J]. Composites Science and Technology, 2013, 88: 120-125.

[145] Liu Y, Yao T, Zhang W, et al. Laser welding of carbon nanotube networks on carbon fibers from ultrasonic-directed assembly[J]. Materials Letters, 2019, 236: 244-247.

[146] Zhao F, Huang Y, Liu L, et al. Formation of a carbon fiber/polyhedral oligomeric silsesquioxane/carbon nanotube hybrid reinforcement and its effect on the interfacial properties of carbon fiber/epoxy composites[J]. Carbon, 2011, 49(8): 2624-2632.

[147] He X, Wang C, Tong L, et al. Direct measurement of grafting strength between an individual carbon nanotube and a carbon fiber[J]. Carbon, 2012, 50(10): 3782-3788.

[148] Zhang F, Wang R, He X, et al. Interfacial shearing strength and reinforcing mechanisms of an epoxy composite reinforced using a carbon nanotube/carbon fiber hybrid[J]. Journal of Materials Science, 2009, 44(13): 3574-3577.

[149] Peng Q, He X, Li Y, et al. Chemically and uniformly grafting carbon nanotubes onto carbon fibers by poly (amidoamine) for enhancing interfacial strength in carbon fiber composites[J]. Journal of Materials Chemistry, 2012, 22: 5928-5931.

[150] Mei L, He X, Li Y, et al. Grafting carbon nanotubes onto carbon fiber by use of dendrimers[J]. Materials Letters, 2010, 64(22): 2505-2508.

[151] Laachachi A, Vivet A, Nouet G, et al. A chemical method to graft carbon nanotubes onto a carbon fiber[J]. Materials Letters, 2008, 62(3): 394-397.

[152] 李玉鑫. 碳纳米管改性多尺度复合材料化学/电泳法制备及性能研究 [D]. 哈尔滨: 哈尔滨工业大学, 2014.

[153] 李玮, 程先华. 稀土 Ce 接枝碳纳米管–碳纤维多尺度增强体对环氧树脂基复合材料界面性能的影响 [J]. 复合材料学报, 2020, 37(11): 2789-2797.

[154] Wu G, Liu L, Huang Y. Grafting of active carbon nanotubes onto carbon fiber using one-pot aryl diazonium reaction for superior interfacial strength in silicone resin composites[J]. Composites Communications, 2019, 13: 103-106.

[155] 郭金海. 碳纳米管–碳纤维多尺度增强体及其环氧复合材料的制备与性能研究 [D]. 北京: 中国科学院大学, 2012.

[156] 眭凯强, 张庆波, 刘丽. 碳纤维电泳沉积碳纳米管对界面性能的影响 [J]. 材料科学与工艺, 2015, 23(1): 45-50.

[157] 蔡安宁. 碳纳米管/碳纤维多尺度增强体及其复合材料研究 [D]. 沈阳: 沈阳航空航天大学, 2016.

[158] 邱廷田, 郭家铭, 刘浏, 等. 碳纤维表面多尺度界面构建及其复合材料力学性能研究 [J]. 化工新型材料, 2022, 50(6): 122-125, 130.

[159] 李娜, 李晓屿, 黄玉东, 等. 基于电泳沉积法碳纤维表面改性的研究进展及应用 [J]. 高分子通报, 2021(2): 29-37.

[160] Bentz D P, Stutzman P E, Garboczi E J. Experimental and simulation studies of the interfacial zone in concrete[J]. Cement and Concrete Research, 1992, 22(5): 891-902.

[161] Scrivener K L, Crumbie A K, Laugesen P. The interfacial transition zone (ITZ) between cement paste and aggregate in concrete[J]. Interface Science, 2004, 12: 411-421.

[162] 杨小震. 分子模拟与高分子材料 [M]. 北京: 科学出版社, 2002.

[163] 李陶然. 水泥主要组成的结构及力学性能的分子动力学模拟研究 [D]. 深圳: 深圳大学, 2019.

[164] 刘江龙, 郭焱, 席艺慧. $FeCl_3$ 和十六烷基三甲基溴化铵改性赤泥对水中铜离子的吸附性能和机理 [J]. 化工进展, 2020, 39(2): 776-789.

[165] Chen J, Wang N, Ma H, et al. Facile modification of a polythiophene/TiO_2 composite using surfactants in an aqueous medium for an enhanced Pb(II) adsorption and mechanism investigation[J]. Journal of Chemical and Engineering Data, 2017, 62(7): 2208-2221.

[166] Ma Z, Wang Y, Qin J, et al. Growth of carbon nanotubes on the surface of carbon fiber using Fe-Ni bimetallic catalyst at low temperature[J]. Ceramics International, 2021, 47(2): 1625-1631.

[167] 阿诺娜. 碳纳米管–碳纤维多尺度增强体的制备及性能研究 [D]. 南京: 南京理工大学, 2016.

[168] Hung K H, Kuo W S, Ko T H, et al. Processing and tensile characterization of composites composed of carbon nanotube-grown carbon fibers[J]. Composites Part A: Applied Science and Manufacturing, 2009, 40(8): 1299-1304.

[169] Peng Q, Li Y, He X, et al. Graphene nanoribbon aerogels unzipped from carbon nanotube sponges[J]. Advanced Materials, 2014, 26(20): 3241-3247.

[170] 彭庆宇. 复合材料增强体的跨尺度设计及其界面增强机制研究 [D]. 哈尔滨: 哈尔滨工业大学, 2014.

参考文献

[171] 郑林宝, 王延相, 陈纪强, 等. CF-CNTs 多尺度增强体的制备及 CF-CNTs/环氧树脂复合材料力学性能 [J]. 复合材料学报, 2017, 34(11): 2428-2436.

[172] Inoue K, Iwata K, Morishita T, et al. Enhancement of charpy impact value by electron beam irradiation of carbon fiber reinforced polymer[J]. Journal of the Japan Institute of Metals, 2006, 70(5): 461-466.

[173] Bai E, Xu J, Lu S, et al. Comparative study on the dynamic properties of lightweight porous concrete[J]. RSC Advances, 2018, 8(26): 14454-14461.

[174] 孟博旭, 许金余, 彭光. 纳米碳纤维增强混凝土抗冻性能试验 [J]. 复合材料学报, 2019, 36(10): 2458-2468.

[175] 夏伟, 许金余, 冷冰林, 等. 双轴受压状态下混凝土动态抗压特性试验研究 [J]. 土木与环境工程学报 (中英文), 2021, 43(2): 130-137.

[176] 邹经, 杨勇新, 岳清瑞, 等. 多尺度纤维混凝土拌合工艺研究 [J]. 施工技术, 2018, 47(20): 10-14.

[177] 许金余, 高原, 罗鑫. 地聚合物基快速修补材料的性能与应用 [M]. 西安: 西北工业大学出版社, 2017.

[178] 许金余, 刘石. 岩石的高温动力学特性 [M]. 西安: 西北工业大学出版社, 2016.

[179] 林龙. 冲击载荷作用下纤维砼的动力特性实验研究 [D]. 广州: 暨南大学, 2011.

[180] 卢芳云, 陈荣, 林玉亮, 等. 霍普金森杆实验技术 [M]. 北京: 科学出版社, 2013.

[181] 果春焕, 周培俊, 陆子川, 等. 波形整形技术在 Hopkinson 杆实验中的应用 [J]. 爆炸与冲击, 2015, 35(6): 881-887.

[182] 刘家文, 王冲, 熊光启. 可再分散沥青粉与纳米 SiO_2 复合制备刚性自防水混凝土的研究 [J]. 材料导报, 2020, 34(8): 8090-8095.

[183] 杜向琴, 刘志龙. 碳纤维对混凝土力学性能的影响研究 [J]. 混凝土, 2018, (4): 91-94.

[184] 梁宁慧. 多尺度聚丙烯纤维混凝土力学性能试验和拉压损伤本构模型研究 [D]. 重庆: 重庆大学, 2014.

[185] 薛辉庭. 纤维混凝土静动态力学性能与纤维作用效果分析 [D]. 青岛: 青岛理工大学, 2020.

[186] 杨润年. 钢纤维混凝土静力损伤及疲劳损伤研究 [D]. 广州: 华南理工大学, 2013.

[187] Huang T, Zhang Y X, Su C, et al. Effect of slip-hardening interface behavior on fiber rupture and crack bridging in fiber-reinforced cementitious composites[J]. Journal of Engineering Mechanics, 2015, 141(10): 04015035.

[188] Leung C. Design criteria for pseudoductile fiber-reinforced composites[J]. Journal of Engineering Mechanics, 1996, 122(1): 10-18.

[189] 黄海健, 宫能平, 穆朝民, 等. 泡沫混凝土动态力学性能及本构关系 [J]. 建筑材料学报, 2020, 23(2): 466-472.

[190] 过镇海. 常温和高温下混凝土材料和构件的力学性能 [M]. 北京: 清华大学出版社, 2006.

[191] Zheng D, Li Q. An explanation for rate effect of concrete strength based on fracture toughness including free water viscosity[J]. Engineering Fracture Mechanics, 2004, 71(16): 2319-2327.

[192] 黄桥平. 基于 Stefan 效应的混凝土随机细观黏性损伤模型 [J]. 结构工程师, 2013, 29(4): 31-37.

[193] Warren T L, Forrestal M J. Comments on the effect of radial inertia in the Kolsky bar test for an incompressible material[J]. Experimental Mechanics, 2010, 50(8): 1253-1255.

[194] 路德春, 穆嵩, 周鑫, 等. 混凝土材料的动态承载力与惯性效应 [J]. 北京工业大学学报, 2019, 45(4): 345-352.

[195] Klepaczko J R, Brara A. An experimental method for dynamic tensile testing of concrete by spalling[J]. International Journal of Impact Engineering, 2001, 25(4): 387-409.

[196] 王礼立, 胡时胜, 杨黎明, 等. 聊聊动态强度和损伤演化 [J]. 爆炸与冲击, 2017, 37(2): 169-179.

[197] 江见鲸, 陆新征. 混凝土结构有限元分析 [M]. 2 版. 北京: 清华大学出版社, 2013.

[198] 杨惠贤. 纤维增强水泥基复合材料的动态力学性能及动态本构模型研究 [D]. 广州: 华南理工大学, 2016.

[199] 李世超. 钢纤维混凝土的静动态力学性能研究 [D]. 南京: 南京理工大学, 2019.

[200] 李晓光, 王攀奇, 张郁, 等. 再生骨料混凝土毛细管负压和界面过渡区研究 [J]. 建筑材料学报, 2022, 25(6): 572-576.

[201] 吴丹. 基于纳米压痕技术和均匀化理论的混凝土弹性模量研究 [D]. 上海: 上海交通大学, 2019.

[202] Li W, Xiao J, Sun Z, et al. Interfacial transition zones in recycled aggregate concrete with different mixing approaches[J]. Construction and Building Materials, 2012, 35: 1045-1055.

[203] 徐礼华, 余红芸, 池寅, 等. 钢纤维-水泥基界面过渡区纳米力学性能 [J]. 硅酸盐学报, 2016, 44(8): 1134-1146.

[204] 刘海峰, 宁建国. 冲击荷载作用下混凝土材料的细观本构模型 [J]. 爆炸与冲击, 2009, 29(3): 261-267.

[205] 曾攀. 碳纳米管弯曲和拉伸等效弹性模量的计算分析 [J]. 纳米技术与精密工程, 2005, (1): 8-12.

[206] 张福华. 碳纳米管/碳纤维多尺度增强体及其复合材料界面研究 [D]. 哈尔滨: 哈尔滨工业大学, 2008.

[207] 李方军. 氧化石墨烯改性水泥基复合材料力学性能的数值模拟与实验研究 [D]. 重庆: 重庆大学, 2021.

[208] Cao M, Li L, Yin H, et al. Microstructure and strength of calcium carbonate ($CaCO_3$) whisker reinforced cement paste after exposed to high temperatures[J]. Fire Technology, 2019, 55(6): 1983-2003.

[209] 姚武, 左俊卿, 吴科如. 碳纳米管-碳纤维/水泥基材料微观结构和热电性能 [J]. 功能材料, 2013, 44(13): 1924-1927, 1931.

[210] 吴中伟, 廉慧珍. 高性能混凝土 [M]. 北京: 中国铁道出版社, 1999.

[211] 张金喜, 金珊珊. 水泥混凝土微观孔隙结构及其作用 [M]. 北京: 科学出版社, 2014.

[212] 代超. 钢纤维-水泥石基体界面特征及对混凝土宏观性能影响的研究 [D]. 重庆: 重庆交通大学, 2015.

[213] Kumar R, Bhattacharjee B. Porosity, pore size distribution and in situ strength of concrete[J]. Cement and Concrete Research, 2003, 33(1): 155-164.

参考文献

[214] 张朝阳, 蔡熠, 孔祥明, 等. 纳米 C-S-H 对水泥水化、硬化浆体孔结构及混凝土强度的影响 [J]. 硅酸盐学报, 2019, 47(5): 585-593.

[215] Pereira E, Fischer G, Barros J. Effect of hybrid fiber reinforcement on the cracking process in fiber reinforced cementitious composites[J]. Cement and Concrete Composites, 2012, 34(10): 1114-1123.

[216] Pakravan H, Latifi M, Jamshidi M. Hybrid short fiber reinforcement system in concrete: A review[J]. Construction and Building Materials, 2017, 142: 280-294.

[217] 韩凯. 多尺度纤维增强水泥基材料的性能及机理研究 [D]. 哈尔滨: 哈尔滨工业大学, 2017.

[218] 朱亮. 混杂纤维改性混凝土的力学性能与微观机理研究 [D]. 西安: 长安大学, 2019.

[219] Lawler J S, Zampini D, Shah S P. Microfiber and macrofiber hybrid fiber-reinforced concrete[J]. Journal of Materials in Civil Engineering, 2005, 17(5): 595-604.

[220] 李黎. 高温后多尺度纤维水泥基材料性能演化规律与微观机理 [D]. 大连: 大连理工大学, 2019.

[221] Banthia N, Gupta R. Hybrid fiber reinforced concrete (HyFRC): Fiber synergy in high strength matrices[J]. Materials and Structures, 2004, 37(10): 707-716.

[222] 赵忠博. 基于碳纳米管改性碳纤维增强环氧复合材料的力学、界面和抗疲劳性能 [D]. 天津: 天津工业大学, 2017.

[223] 王超. 碳纳米管/碳纤维多尺度复合材料界面增强机理研究 [D]. 哈尔滨: 哈尔滨工业大学, 2013.